Bohner
Ott
Deusch
Rosner

Mathematik für die Einführungsphase
Kerncurriculum Niedersachsen
Berufliches Gymnasium
Statistik und Analysis

Arbeitsheft Mathematik

Das Arbeitsheft ist klar strukturiert und exakt passend zum Lehrbuch, kann aber auch lehrwerksunabhängig eingesetzt werden.

- Aufgaben passend zum Unterrichtsverlauf
- Verständlich und individuell lernfördernd
- Für Hausaufgaben
- Inkl. Lösungen zur Selbstkontrolle

Bohner | Ott | Deusch

Mathematik für die Einführungsphase
Kerncurriculum Niedersachsen
Berufliches Gymnasium
Statistik und Analysis

Arbeitsheft

Merkur Verlag Rinteln

ISBN 978-3-8120-**2695-9**

Weitere Infos finden Sie unter www.merkur-verlag.de
Suche: 2695

Bohner
Ott
Deusch

Mathematik für die Einführungsphase

Kerncurriculum Niedersachsen

Berufliches Gymnasium

Statistik und Analysis

Gewinnzone

Merkur

Verlag Rinteln

Wirtschaftswissenschaftliche Bücherei für Schule und Praxis
Begründet von Handelsschul-Direktor Dipl.-Hdl. Friedrich Hutkap †

Die Verfasser:

Kurt Bohner
Lehrauftrag Mathematik am BS Wangen
Studium der Mathematik und Physik an der Universität Konstanz

Roland Ott
Studium der Mathematik an der Universität Tübingen

Ronald Deusch
Lehrauftrag Mathematik am BSZ Bietigheim-Bissingen
Studium der Mathematik an der Universität Tübingen

Stefan Rosner
Lehrauftrag Mathematik an der Kaufmännischen Schule in Schwäbisch Hall
Studium der Mathematik an der Universität Mannheim

* * * * * * * *

2 Auflage 2022
© 2018 by MERKUR VERLAG RINTELN

Gesamtherstellung: MERKUR VERLAG RINTELN Hutkap GmbH & Co. KG, 31735 Rinteln
E-Mail: info@merkur-verlag.de; lehrer-service@merkur-verlag.de
Internet: www.merkur-verlag.de

Merkur-Nr. 0695-02
ISBN 978-3-8120-0695-8

Vorwort

Vorbemerkungen

Der vorliegende Band „Mathematik für die Einführungsphase" ist ein Arbeitsbuch für den Mathematikunterricht in allen beruflichen Gymnasien in Niedersachsen der Fachrichtungen Wirtschaft und Verwaltung, Gesundheit und Soziales und weiterer Bildungsgängen, die den Erwerb der allgemeinen Hochschulreife ermöglichen. Das Buch behandelt den gesamten Lehrstoff, die Statistik, die Ganzrationalen Funktionen, die Exponentialfunktionen, die trigonometrischen Funktionen und eine Einführung in die Differenzialrechnung.

Grundlage der Inhalte ist das Kerncurriculum von 2017. Das Autorenteam berücksichtigt sowohl die in den Rahmenrichtlinien geforderten inhalts- als auch die prozessbezogenen Kompetenzen (modellieren, argumentieren, kommunizieren, nutzen mathematischer Werkzeuge und Darstellungen, lösen innermathematischer Problemstellungen sowie das Umgehen mit formalen und symbolischen Elementen).

Von den Autoren wurde bewusst darauf geachtet, dass die in den Richtlinien aufgeführten Kompetenzen wie auch die Zielformulierungen inhaltlich vollständig und umfassend thematisiert werden. Dabei bleibt den Lehrkräften genügend didaktischer Freiraum, eigene Schwerpunkte zu setzen.

Begleitend werden ein Arbeitsheft (ISBN 978-3-8120-2695-9) und eine Formelsammlung (ISBN 978-3-8120-1695-0) angeboten. Das Arbeitsheft soll Schüler und Lehrer durch Aufgaben zur Wiederholung und Vertiefung unterstützen.

Hinweise und Anregungen, die zur Verbesserung beitragen, werden dankbar aufgegriffen.

Die Verfasser

Der Aufbau dieses Buches

Jedes Hauptkapitel beginnt mit berufsbezogenen **Lernsituationen**, die die Schüler/innen eigenverantwortlich und selbstorganisiert bearbeiten. Die **Lösungen der Lernsituationen** befinden sich im Anhang.
Der Stoff in den einzelnen Kapiteln wird schrittweise anhand von **Musterbeispielen mit ausführlichen Lösungen** erarbeitet. Dabei legen die Autoren großen Wert auf die Verknüpfung von Anschaulichkeit und sachgerechter mathematischer Darstellung. Die übersichtliche Präsentation und die methodische Aufarbeitung beeinflusst den Lernerfolg positiv und bietet dem Schüler die Möglichkeit, Unterrichtsinhalte selbstständig zu erschließen bzw. sich anzuzeigen.

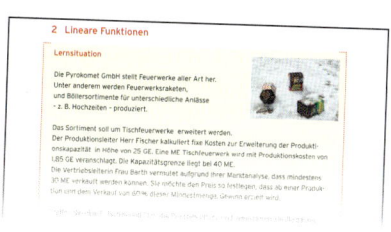

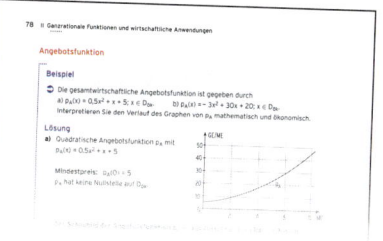

Kompetenzorientierte Fragestellungen mit unterschiedlichem Schwierigkeitsgrad ermöglichen es dem Schüler, den Stoff zu festigen und zu vertiefen. Beispiele und Probleme aus dem Alltag und aus der Wirtschaft stellen einen praktischen Bezug her.

Jede Lerneinheit endet mit einer umfassenden Anzahl von Aufgaben. Diese sind zur Ergebnissicherung und Übung gedacht, aber auch als Hausaufgaben geeignet.

Eine **Differenzierung der Aufgaben** ist durch Farben gegeben;

blau: Lösung ohne Hilfsmittel
schwarz: keine Vorgabe zur Lösung.

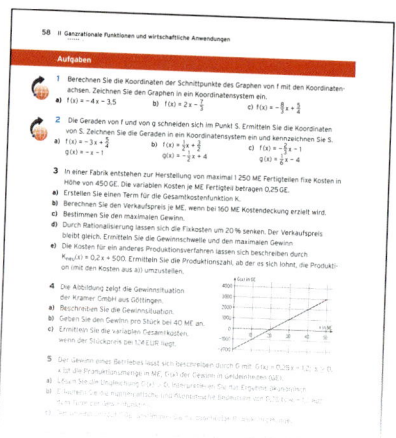

 Für Aufgaben mit dem Download-Logo stehen ausführliche Lösungen zum Download bereit. Sie finden diese im Downloadbereich zum Buch auf unserer Website http://www.merkur-verlag.de.

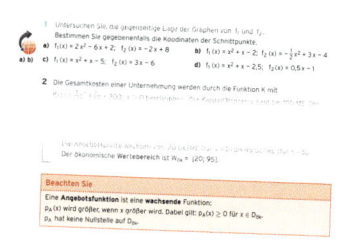

Definitionen, Festlegungen, Merksätze und mathematisch wichtige Grundlagen sind in Rot gekennzeichnet.

Grundwissen: Die Schüler im Beruflichen Gymnasium kommen aus verschiedenen Schularten mit unterschiedlichen Vorkenntnissen.
Um die Schüler dennoch möglichst schnell auf ein gleiches Wissensniveau zu bringen und damit gleiche Ausgangsbedingungen für den Mathematikunterricht zu schaffen, gibt es ein umfangreiches Kapitel zur Wiederholung der grundlegenden Rechentechniken und aller mathematischen Grundlagen aus der Mittelstufe.

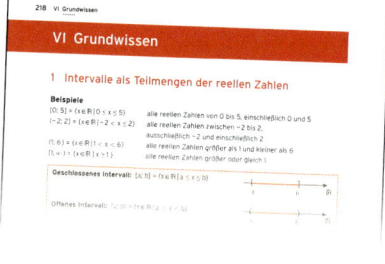

 Die Heftklammer im Lehrbuch mit Seitenangabe weist auf einen entsprechenden Abschnitt im

Seite 210 Kapitel Grundwissen hin.

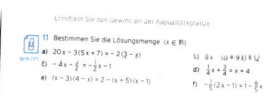

Die Aufgaben „Test zur Überprüfung Ihrer Grundkenntnisse" werden im Anhang ausführlich gelöst.

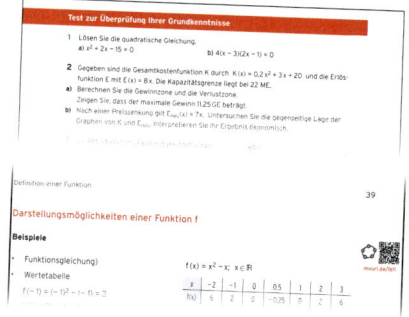

Die Entwicklung mathematischer Kompetenzen wird durch den sinnvollen Einsatz digitaler Mathematikwerkzeuge unterstützt. Im Buch wird Geogebra in vielfältiger Weise, zur Erarbeitung von mathematischen Inhalten und zur Lösung von Aufgaben eingesetzt.

Inhaltsverzeichnis

I Beschreibende Statistik

Handy und Überschuldung

Handys gehören zu den gewöhnlichen Dingen des Alltags, sie sind Standard. Das zwanglose Konsumieren kann in die Schuldenfalle führen. Die Bereitschaft der Jugendlichen, sich zu verschulden, ist sehr bedenklich. Im Kurs wollen wir uns mit solchen Jugendlichen beschäftigen.

Nach einer eingehenden, eigenständigen Informationssuche führen Sie eine Umfrage durch und füllen Sie die vorgeschlagene Liste aus:

Name	Alter	Preis aktuelles Handy	Alter aktuelles Handy	Ausgaben in EUR pro Monat	Finanzierung der Ausgaben
1					
2					
3					
4					
5					
6					

Diskutieren Sie in Ihrer **Arbeitsgruppe** die Möglichkeiten der Aufbereitung und Auswertung des Materials.

Werten Sie mit Ihrer **Gruppe** das Material aus und dokumentieren Sie Ihre Ergebnisse.

Die Informationen sollen mit Berechnungen aus der Statistik untermauert und durch grafische Darstellungen verdeutlicht werden.

Qualifikationen & Kompetenzen

- Daten erfassen (Umfrage, Stichprobe)
- Daten auswerten
  Häufigkeiten, Lage- und Streumaße berechnen
- Daten grafisch darstellen
- Grafiken beschreiben und interpretieren
- Daten interpretieren und bewerten

1 Erfassung und Darstellung von Daten

„Die Statistik hat eine erhebliche Bedeutung für eine staatliche Politik, die den Prinzipien und Richtlinien des Grundgesetzes verpflichtet ist ..." (Volkszählungsurteil des BVerfG).

In der **beschreibenden Statistik** werden **Daten erhoben, aufbereitet und analysiert**.
Die erhobenen Daten werden geordnet und übersichtlich dargestellt.
Dadurch bekommt man einen ersten Überblick, erkennt Zusammenhänge und Strukturen.
Die Struktur einer Verteilung wird durch Lagemaße (z. B. Mittelwert) und Streumaße
(z. B. Standardabweichung) beschrieben.

Datenerhebung

Bei der Aufnahme in das Berufliche Gymnasium werden Daten wie Name, Geschlecht, Alter, Note in Mathematik, usw. erhoben.

Der folgende Auszug ist ein Teil der **Urliste.** Alle erfassten Schülerinnen und Schüler bilden die **Grundgesamtheit der statistischen Erhebung.** Die Schülerinnen und Schüler sind **Merkmalsträger** für die **Merkmale** „Geschlecht", „Alter" und „Mathe-Note".

Die Merkmale kommen in verschiedenen **Ausprägungen** vor.

Merkmal	Merkmalsausprägung
Geschlecht	m, w
Alter	16, 17, 18
Mathe-Note	7, 10, 12, 13, 15

Name	Nr.	Geschlecht	Alter	M-Note
Abt	1	w	17	10
Bernhardt	2	m	16	12
Bodenmiller	3	m	17	10
Boneberg	4	w	17	10
Fuchs	5	w	17	12
Gleich	6	w	17	7
Glück	7	w	17	10
Halau	8	m	17	12
Hege	9	w	16	10
Kienel	10	w	17	10
Kierock	11	w	17	15
Picken	12	m	18	13
...				

Grafische Darstellung
Die erhobenen Daten können übersichtlich in einem Diagramm z. B in einem Säulendiagramm dargestellt werden.

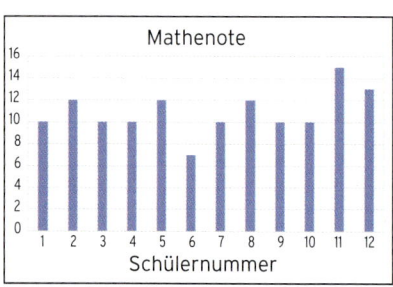

Aufgaben

1 In einer Umfrage werden 1000 Studenten der Universität Hannover zu folgenden Themen befragt:
   (1) Wie lange besuchen Sie täglich soziale Netzwerke?
   (2) Wie wichtig sind Ihnen die sozialen Netzwerke?
   (3 Was schätzen Sie an Facebook besonders?
   (4) Verfügen Sie über eine Flatrate, ja oder nein?
   Geben Sie für diese Stichprobe

a) die Grundgesamtheit und den Stichprobenumfang,

b) die Merkmalsträger,

c) die Merkmale und deren Ausprägungen an.

2 Ordnen Sie die folgenden Begriffe in einer Tabelle nach Merkmalen und den zugehörigen Merkmalsausprägungen.

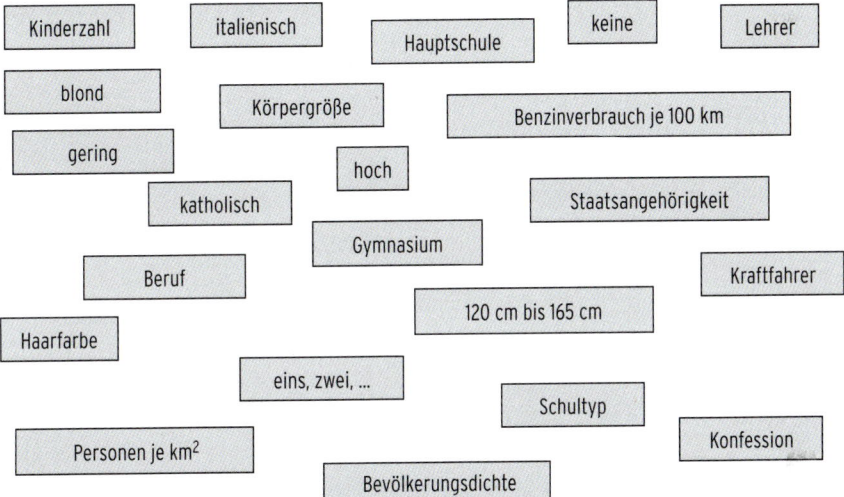

3 Bestimmen Sie zu den Merkmalen einer Studentenbefragung in Hannover zur Wohnsituation jeweils geeignete Merkmalsausprägungen.

a) Geschlecht

b) Semesterzahl

c) Studienrichtung

d) Zufriedenheit mit der Wohnung

e) Wohnfläche

f) Monatliche Miete

g) Monatliches Einkommen

Absolute und relative Häufigkeit

Beispiel

An einer Kreuzung werden innerhalb einer halben Stunde 125 Fahrzeuge gezählt. Davon sind 18 Fahrzeuge Lkw. Die **absolute Häufigkeit** der Lkw ist somit 18.
Dies sagt wenig darüber aus, wie groß der Anteil der Lkw am Verkehr auf dieser Kreuzung ist. Um ein brauchbares Maß für diesen Anteil zu bekommen, benötigt man die relative Häufigkeit.
Die **relative Häufigkeit** ist der Quotient aus absoluter Häufigkeit und dem Stichprobenumfang: $\frac{18}{125}$ = 0,144 = 14,4 %,
d. h., ca. 14 % der vorbeigefahrenen Fahrzeuge waren Lkw.

Beispiel

Ein Schüler erkundigt sich bei einer Zulassungsstelle nach der Anzahl der zugelassenen Autos, sortiert nach Automarken.
Häufigkeitsverteilung in Form einer **Häufigkeitstabelle.**

Automarke	Ford	VW	Mercedes	andere	Stichprobenumfang
absolute Häufigkeit H_i	2810	3211	1398	2081	n = 9500
relative Häufigkeit h_i	$\frac{2810}{9500} \approx 0,296$	$\frac{3211}{9500} \approx 0,338$	$\frac{1398}{9500} \approx 0,147$	$\frac{2081}{9500} \approx 0,219$	$\frac{9500}{9500} = 1$
relative Häufigkeit h_i in %	29,6 %	33,8 %	14,7 %	21,9 %	100 %

Für das Merkmal Automarke existieren in diesem Beispiel 4 Merkmalsausprägungen (Ford, VW, Mercedes, andere). Die 1. Merkmalsausprägung kommt 2810-mal vor, d.h. die absolute Häufigkeit ist H_1 = 2810. Die Summe der absoluten Häufigkeiten beträgt 9500. Mit dem Stichprobenumfang n = 9500 ergibt sich die relative Häufigkeit $h_1 = \frac{H_1}{n} = \frac{2810}{9500}$ = 0,296.

Festlegung

Die **absolute Häufigkeit** H_i einer Merkmalsausprägung i entspricht der Anzahl der Fälle, in denen die Ausprägung eintritt.
Ist n die Anzahl der Durchführungen (Stichprobenumfang), so ist $h_i = \frac{H_i}{n}$ die relative Häufigkeit der i-ten Merkmalsausprägung.

Relative Häufigkeit = $\dfrac{\text{absolute Häufigkeit der i-ten Merkmalsausprägung}}{\text{Stichprobenumfang}}$

Eigenschaften der relativen Häufigkeit:
- Für die **relative Häufigkeit** gilt: $0 \leq h_i \leq 1$.
- Die **Summe** der relativen Häufigkeiten ist 1 bzw. 100 %.

Eine **Häufigkeitsverteilung** bezeichnet eine Zusammenfassung für die Ausprägungen von Merkmalen und deren Häufigkeiten (Häufigkeitstabelle, Säulendiagramm).

Beispiel

◑ Eine Umfrage unter Schülern nach der Wichtigkeit einer gut ausgestatteten Bibliothek ergab folgendes Ergebnis:

Antwort	sehr wichtig (1)	wichtig (2)	geht so (3)	unwichtig (4)	keine Antwort (5)
Anzahl	203	48	11	2	94

a) Bestimmen Sie die relativen Häufigkeit, mit der die Schüler die Wichtigkeit beurteilen.
b) Ermitteln Sie den Anteil aller Schüler, für die die Ausstattung der Bibliothek wichtig oder sehr wichtig ist.

Lösung

a) Die Summe aller Befragten beträgt n = 203 + 48 + 11 + 2 + 94 = 358.

Allgemein gilt für die relative Häufigkeit: $h_i = \dfrac{H_i}{n} = \dfrac{Anzahl}{358}$.

x_i	1	2	3	4	5	Summe
Absolute Häufigkeit H_i	203	48	11	2	94	358
Relative Häufigkeit h_i in %	56,7	13,4	3,1	0,5	26,3	100

b) Gesamtzahl der betroffenen Schüler: 203 + 48 = 251

Anteil: $\dfrac{251}{358} \approx 0,7011 = 70,11\%$

Für etwa 70 % aller Schüler ist die Ausstattung der Bibliothek wichtig oder sehr wichtig.

Grafische Darstellungen einer Häufigkeitsverteilung

Beispiel 1

◑ Die Revisionsabteilung der Uhlmann AG registriert die krankheitsbedingten Fehltage in einer Arbeitswoche.
Stellen Sie die Häufigkeitsverteilung grafisch dar.

	Mo	Di	Mi	Do	Fr
Fehltage	20	14	9	7	8

Lösung

als **Stabdiagramm**

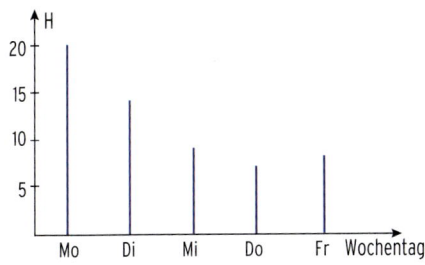

als **Säulendiagramm**

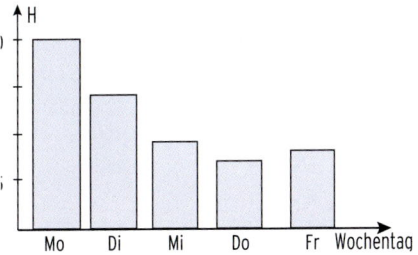

Auf der Ordinatenachse (y-Achse) werden die absoluten Häufigkeiten H abgetragen; auf der Abszissenachse (x-Achse) die Ausprägungen.

Beispiel 2

➲ Das Kreisdiagramm zeigt die Umsatzverteilung der verschiedenen Tochterunternehmen der Uhlmann AG im vergangenen Jahr. Der Gesamtumsatz liegt bei 134 Mio. EUR.
Berechnen Sie den Umsatz der einzelnen Tochterunternehmen in Mio. EUR.
Stellen Sie den Umsatz in einem Säulendiagramm dar.

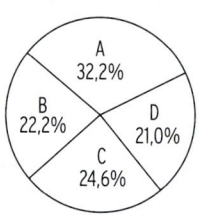

Lösung

Das **Kreisdiagramm** enthält die **relativen Häufigkeiten** der einzelnen Teilbetriebe.

Umsatz von A: 32,2 % von 134: $\frac{32,2}{100} \cdot 134 = 43,148$

Der Umsatz von Teilbetrieb A beträgt 43,148 Mio. EUR.

Umsatz von B: 22,2 % von 134: $\frac{22,2}{100} \cdot 134 = 29,748$

Der Umsatz von Teilbetrieb B beträgt 29,748 Mio. EUR.

Umsatz von C: 24,6 % von 134: $\frac{24,6}{100} \cdot 134 = 32,964$

Der Umsatz von Teilbetrieb C beträgt 32,964 Mio. EUR.

Umsatz von D: 21,0 % von 134: $\frac{21,0}{100} \cdot 134 = 28,14$

Der Umsatz von Teilbetrieb D beträgt 28,14 Mio. EUR.

Zusammenfassung

Tochterunternehmen	A	B	C	D	Stichprobenumfang
Relative Häufigkeit h in %	32,2	22,2	24,6	21,0	100
Umsatz in Mio. EUR	43,148	29,748	32,964	28,14	134

Darstellung in einem Säulendiagramm

An der Ordinatenachse werden die relativen Häufigkeiten h abgetragen.

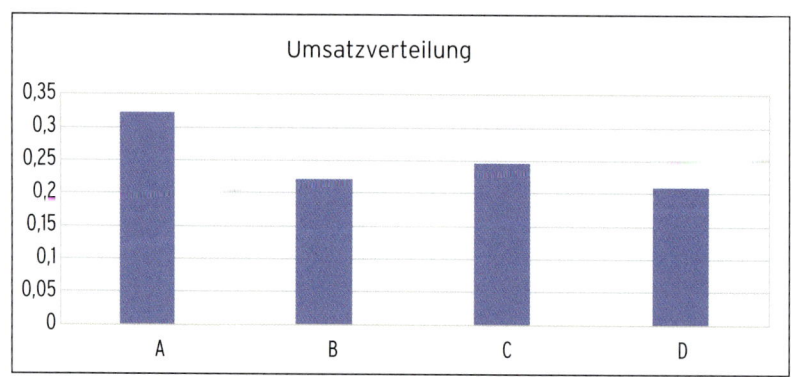

Hinweis: Ein Kreisdiagramm verdeutlicht die Anteile besser als ein Säulendiagramm.

1 Bei einer Mathematikprüfungsarbeit gab es folgende Notenpunkte:
13; 14; 13; 12; 13; 11; 15; 15; 14; 13; 13; 12; 11; 14; 12; 15; 14; 12; 14; 13

a) Erstellen Sie eine Häufigkeitstabelle für die relative Häufigkeit.

b) Stellen Sie die Häufigkeitsverteilung grafisch dar.

2 Bei einer Aufnahmeprüfung sind von jedem Bewerber 5 Aufgaben zu bearbeiten.
Das Ergebnis der Prüfung zeigt die folgende Tabelle. H ist die Anzahl der
Bewerber, die k Aufgaben richtig bearbeitet haben:

Anzahl k der richtig gelösten Aufgaben	5	4	3	2	1	0
Häufigkeit H	4	7	14	11	8	6

a) Ermitteln Sie die relative Häufigkeit dafür, dass ein Bewerber k Aufgaben richtig gelöst
hat. Stellen Sie die Häufigkeitsverteilung grafisch dar.

b) Überprüfen Sie die Aussage: 48 Prozent der bearbeiteten Aufgaben wurden richtig gelöst.

3 Das Unternehmen Waldner produziert Stifte. Die Stifte werden auf Abweichungen im
Durchmesser und in der Länge geprüft. Ein Stift ist fehlerhaft, wenn er im Durchmesser
oder in der Länge abweicht. Von 2000 Stiften gab es 65 Abweichungen im Durchmesser,
87 Abweichungen in der Länge und 25 Abweichungen im Durchmesser und in der Länge.
Bestimmen Sie die relative Häufigkeit der fehlerhaften Stifte.
Beurteilen Sie die Situation.

4 Erstellen Sie jeweils eine Häufigkeitstabelle.

a) Die Gesamtzahl der Verkehrsunfälle in Braunschweig von März bis Juli 2017 beträgt 559
(Abb. 1).

b) Die gesamten Betriebskosten der Waldner KG belaufen sich auf 450000 EUR (Abb. 2).
Abteilung 5 verursacht 5 % der gesamten Betriebskosten.

Abb. 1

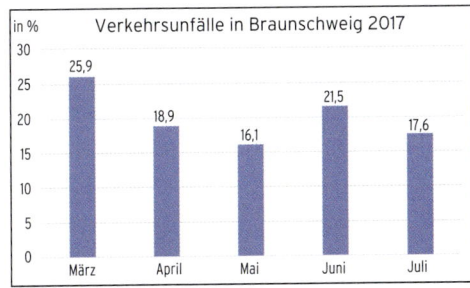

Abb. 2

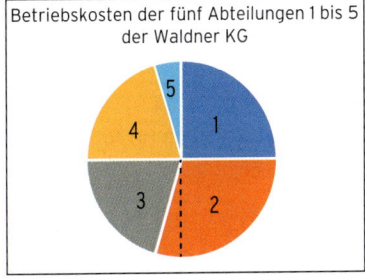

5 Das Säulendiagramm zeigt den Schulden-
stand eines Staates in Milliarden EUR.

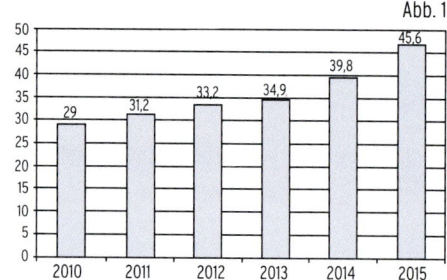

Abb. 1

a) Zeigen Sie, dass die Schulden im
Laufe der letzten 6 Jahre um ca. 57 %
angewachsen sind.

b) Zeichnen Sie ein Säulendiagramm, das den
jährlichen Schuldenzuwachs beschreibt.
Erläutern Sie das Diagramm.

6 Die Tabelle zeigt die Defizitquote der BRD der letzten Jahre in Prozent.

Jahr	2005	2006	2007	2008	2009	2010	2011	2012	2013	2014	2015
Quote	−3,3	−1,6	0,3	0,0	−3,0	−4,1	−0,9	+0,1	+0,2	+0,7	+0,7

a) Recherchieren Sie die Quote für 2016 und für das Jahr 2004.

b) Interpretieren Sie die Daten. Geben Sie die Jahre an, in denen die Defizit-Vorgabe der EU
eingehalten wird.

c) Nennen Sie Gründe für die starken Schwankungen.

7 Zur Wahl für den Niedersächsischen Landtag
am 15. Oktober 2017 bewarben sich 14 Parteien.
Das Säulendiagramm zeigt die Stimmenanteile der
im Landtag vertretenen Parteien.

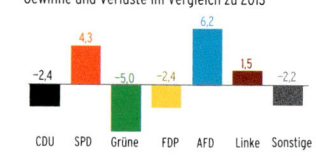

a) Die Addition der Stimmenanteile ergibt keine 100 %.
Erläutern Sie die Aussage.

b) Der 2017 gewählte Landtag umfasst insgesamt 135
Abgeordnete (ohne Überhangmandate).
Bestimmen Sie die Anzahl der Sitze der kleinsten Partei
nach ihrem Stimmenanteil.

c) Ermitteln Sie die Stimmenanteile der Parteien
bei der vorherigen Landtagswahl.

d) Nehmen Sie Stellung zu der Aussage: Der Stimmenanteil
der FDP hat deutlicher abgenommen als der der CDU.

e) Stellen Sie die Sitzverteilung in einem Kreisdiagramm dar.

8 Das Autohaus Sätz hat vier Niederlassungen, die eigenverantwortlich handeln.
Die Umsatzzahlen (in Mio. EUR) des Jahres 2012 werden für den Jahresabschluss
aufgelistet.

Niederlassung	Hannover	Göttingen	Osnabrück	Cuxhaven
Umsatz	22,7	14,6	6,3	5,4

a) Stellen Sie übersichtlich dar, welchen Anteil die Niederlassungen am Gesamtumsatz
haben.

b) Berechnen Sie den Anteil des Umsatzes, der insgesamt in den Filialen Hannover und
Göttingen erzielt wird, am Gesamtumsatz.

2 Datenauswertung

2.1 Lagemaße

Zu einer Beobachtungsreihe werden charakteristische Größen bestimmt, die Aussagen über die Lage der Beobachtungswerte zulassen. Das bekannteste Lagemaß ist das arithmetische Mittel.

Arithmetisches Mittel

Beispiel 1

➲ Die Umsatzzahlen der Fink-AG je Quartal des Jahres 2017 sind gegeben durch

	I	II	III	IV
Umsatz in Mio. EUR (x_i)	24,8	14,5	9,8	12,5

a) Berechnen Sie den Mittelwert für den Quartalsumsatz.

b) In den ersten drei Monaten werden 40 % des Umsatzes erzielt.
Nehmen Sie Stellung zu dieser Aussage.

Lösung

a) **Durchschnittlicher Umsatz** je Quartal (Mittelwert):

$$\bar{x} = \frac{24,8 + 14,5 + 9,8 + 12,5}{4} = \frac{61,6}{4} = 15,4$$

In einem Quartal werden durchschnittlich 15,4 Mio. EUR Umsatz erzielt.

Der Umsatz von Quartal I wird als Beobachtungswert x_1, der von Quartal II als x_2, ... bezeichnet. Daraus ergibt sich der Mittelwert $\bar{x} = \frac{x_1 + x_2 + x_3 + x_4}{4}$.

Hinweis: Der Mittelwert 15,4 bedeutet: Hätte jedes Quartal einen Umsatz von 15,4 Mio. €, so ergäbe die Summe aller Umsätze 61,6 Mio. EUR.

b) Anteil des Umsatzes von Quartal I

am Gesamtumsatz: $\frac{\text{Umsatz in Quartal I}}{\text{Gesamtumsatz}} = \frac{24,8}{61,6} \approx 0,4026$ (Relative Häufigkeit)

Die Aussage stimmt, weil in den ersten drei Monaten 40,26 % des Umsatzes erzielt werden.

Berechnung des (arithmetischen) Mittelwertes $\bar{x}$ aus den Beobachtungswerten x_i

Mittelwert $\bar{x} = \dfrac{\text{Summe aller Beobachtungswerte } x_i}{\text{Anzahl n der Beobachtungswerte } x_i} = \dfrac{x_1 + x_2 + \dots x_n}{n}$

Beispiele für Mittelwerte

Pro-Kopf-Verbrauch von Wasser:	135 Liter pro Tag
Durchschnittseinkommen aller Arbeitnehmer:	28500 EUR pro Jahr
Durchschnittlicher täglicher Fernsehkonsum von 16-Jährigen:	2,4 Stunden pro Tag
Mittlerer Verkaufspreis eines Fahrrads:	486,50 EUR
Mittlerer Absatz eines Autohauses:	12,5 Pkw pro Monat

Beispiel 2

⮕ Ein Weingut bietet vier Sorten Weine aus verschiedenen Lagen an.
Die nachfolgende Liste gibt die verkauften Mengen für einen Jahrgang an.

Sorte	A	B	C	D
Verkaufspreis pro Flasche in EUR (x_i)	5	7	8	12
Anzahl der verkauften Flaschen (n_i)	150	600	250	300

Berechnen Sie den durchschnittlichen Verkaufspreis pro Flasche.

Lösung

Anzahl der verkauften Flaschen: $n = 150 + 600 + 250 + 300 = 1300$

Erlös in EUR z. B. für Sorte A: $5 \cdot 150$

Erlös pro Flasche $= \frac{\text{Gesamteinnahmen}}{1300}$: $\frac{5 \cdot 150 + 7 \cdot 600 + 8 \cdot 250 + 12 \cdot 300}{1300} = \frac{10550}{1300} \approx 8{,}12$

$$\overline{x} \approx 8{,}12$$

Der durchschnittliche Verkaufspreis pro Flasche beträgt ca. 8,12 EUR.

Hinweis: Mit den Beobachtungswerten x_1, x_2, x_3 und x_4, den absoluten Häufigkeiten n_1, n_2, n_3 und n_4 und dem Stichprobenumfang n erhält man $\overline{x} = \frac{x_1 \cdot n_1 + x_2 \cdot n_2 + x_3 \cdot n_3 + x_4 \cdot n_4}{n}$.

Mit den relativen Häufigkeiten h_1, h_2, h_3, h_4 ergibt sich:

$$\overline{x} = x_1 \cdot h_1 + x_2 \cdot h_2 + x_3 \cdot h_3 + x_4 \cdot h_4.$$

Berechnung des arithmetischen Mittels $\overline{x}$ aus einer Häufigkeitstabelle

für **k Ausprägungen**: $\overline{x} = \frac{x_1 n_1 + x_2 n_2 + x_3 n_3 + ... + x_k n_k}{n}$

$\overline{x} = x_1 h_1 + x_2 h_2 + x_3 h_3 + ... + x_k h_k$ mit $h_i = \frac{n_i}{n}$

Hierbei müssen die Häufigkeiten n_i aller k Merkmalsausprägungen x_i bekannt sein.
n ist die Summe der Häufigkeiten n_i.

Aufgaben

1 Maria hat in den Matheklausuren folgende Punktzahlen erzielt: 12; 13; 13; 14; 12.
Berechnen Sie ihren Notendurchschnitt.

2 Berechnen Sie das arithmetische Mittel folgender Daten:

a) 15,2   16,1   17,3   15,7   14,8   17,0   16,8   15,1

b)

x_i	52	55	58	60	65
n_i	3	4	5	3	1

c)

x_i	0	1	2	3
h_i	0,25	0,2	0,15	0,4

3 Im Jahre 2017 investiert ein Unternehmen 4,2 Mio. EUR in seine Fabrik.
Die Investitionen sollen die nächsten 3 Jahre jeweils um 8 % gesteigert werden.
Berechnen Sie die mittlere Investitionssumme für den 4-Jahreszeitraum.

Zentralwert und Modalwert

Ein Bautrupp mit 9 Personen hat folgende monatliche Einkünfte (in EUR):

| 1160 | 1050 | 980 | 1200 | 970 | 1800 | 6600 | 1180 | 1090 |

Hierbei ist das arithmetische Mittel $\overline{x}$ = 1781.

Dieser Durchschnitt liefert ein falsches Bild, weil die Mehrzahl (sieben von neun Personen)
höchstens 1200 EUR verdient. Der Wert 6600 (Ausreißer) zieht den Mittelwert $\overline{x}$ nach oben.
Gesucht wird nach einem Wert, der die Verteilung der Einkünfte besser charakterisiert.
Dazu werden die Verdienste der Größe nach geordnet. So entsteht eine **sortierte Urliste**.

| 970 | 980 | 1050 | 1090 | **1160** | 1180 | 1200 | 1800 | 6600 |

Der in der Mitte liegende Wert 1160 EUR beschreibt die Verteilung besser als der
Mittelwert $\overline{x}$. **Der Wert 1160 ist der Zentralwert (Median).**

> ## Zentralwert
>
> Der **Zentralwert x_{Med} (Median)** ist derjenige Wert, der in der Mitte der sortierten Urliste
> steht (Alle Beobachtungswerte x_i sind der Größe nach geordnet).

Vergleich von Mittelwert $\overline{x}$ und Zentralwert x_{Med} anhand eines Diagramms

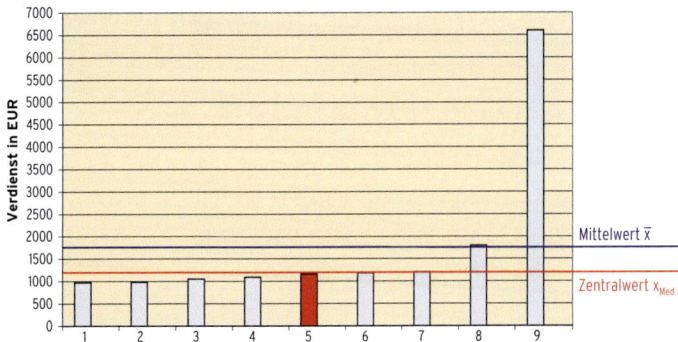

Bemerkung:

Zentralwert x_{Med} für eine **ungerade Anzahl** n von Beobachtungswerten: $x_{Med} = x_{\frac{n+1}{2}}$

Beispiel: 12; 15; 18; 20; 20 x_{Med} = 18

Zentralwert x_{Med} für eine **gerade Anzahl** n von Beobachtungswerten: $x_{Med} = \dfrac{x_{\frac{n}{2}} + x_{\frac{n}{2}+1}}{2}$

Beispiel: 12; 15; 18; 20; 20; 22 $x_{Med} = \dfrac{18 + 20}{2} = 19$

Beispiele für den Modalwert (Modus)

Beim **Modalwert** wird nach der Merkmalsausprägung mit der größten Häufigkeit gesucht.

a) Merkmal Gewicht in kg

   Urliste: 44; 57; 32; 44; 32; 63; 66; 63; 99; 63

   Sortierte Urliste: 32; 32; 44; 44; 57; 63; 63; 63; 66; 99

   Modus x_{Mod} = 63 (kg) (Relative Häufigkeit h = 0,34, absolute Häufigkeit H = 3).

b) Merkmal Sportart

Fußball; Handball; Volleyball; Fußball; Fußball; Handball; Fußball

Modus x_{Mod} = Fußball. Dieser Wert kommt am häufigsten (H = 4) vor.

Hinweis: In Beispiel a): $x_{med} = \dfrac{57 + 63}{2} = 60$

In Beispiel b): Das Merkmal Sportart ist ein qualitatives Merkmal, es gibt daher keinen Median.

Was man wissen sollte ... über Lagemaße

Arithmetisches Mittel: Summe der Beobachtungswerte x_i dividiert durch deren Anzahl n.

Zentralwert (Median): Derjenige Beobachtungswert, der in der Mitte der nach der Größe sortierten Urliste steht.

Modalwert (Modus): Derjenige Beobachtungswert, der die größte (relative oder absolute) Häufigkeit aufweist.

Aufgaben

1 In einem Unternehmen sind zehn Personen in einer Putzkolonne auf 450-EUR-Basis beschäftigt. Der Chef stellt einen Vorarbeiter ein, der 2800 EUR pro Monat verdienen soll. Beschreiben Sie die Auswirkungen auf den Modus, den Median und das arithmetische Mittel der Monatseinkommen aller Mitarbeiter.

2 Dreizehn Studenten, die einen Kurs an der Uni Hannover besuchen, geben ihre monatlichen Ausgaben in EUR wie folgt an:

1300, 1200, 1400, 700, 200, 750, 1450, 1500, 800, 800, 950, 900, 3000.

a) Berechnen Sie das arithmetische Mittel, den Median und den Modalwert. Interpretieren Sie diese Maße inhaltlich.

b) Erklären Sie, warum sich die Lagemaße unterscheiden.

c) Nennen Sie die Maßzahl, die Ihrer Meinung nach die Stichprobe am besten charakterisiert und begründen Sie Ihre Auswahl.

3 In einer Familie ist die Mutter 34 Jahre und das älteste Kind 12 Jahre alt. Die Mutter hat noch zwei weitere Kinder im Abstand von jeweils drei Jahren geboren. Durch die Adoption eines zweijährigen Waisenkindes sinkt das Durchschnittsalter der Familie auf 16,5 Jahre. Untersuchen Sie, ob der Vater älter als die Mutter ist.

4 Das Autohaus Sätz vergleicht die krankeitsbedingten Fehltage seiner Mitarbeiter in zwei Niederlassungen bei 220 Arbeitstagen im Jahr 2016.

Fehltage der zwölf Mitarbeiter der Niederlassung Hannover: 2; 0; 12; 6; 7; 4; 3; 5; 30; 2; 0; 5

Fehltage der neun Mitarbeiter der Niederlassung Göttingen: 3; 4; 10; 6; 5; 0; 3; 15; 0.

a) Bestimmen Sie den Anteil der durchschnittlichen Krankheitszeit an der Arbeitszeit. Vergleichen Sie die Werte der beiden Niederlassungen.

b) Bestimmen Sie den Median für die Fehltage der Mitarbeiter für beide Niederlassungen. Interpretieren Sie Ihr Ergebnis.

5 Die Tabelle zeigt für eine Filiale einer Handelskette den monatlichen Absatz einer Ware in Stück.

Jan	Febr	März	April	Mai	Juni	Juli	Aug	Sept	Okt	Nov	Dez
120	130	124	140	156	258	124	165	156	162	189	325

a) Berechnen Sie den durchschnittlichen monatlichen Absatz.

b) Untersuchen Sie den Einfluss der Absatzzahlen auf die Personalplanung und den Lagerbestand.

6 Ein Werkzeugmaschinenhersteller beabsichtigt, eine Bohrmaschine am Markt zu platzieren. Die Produktionskosten betragen 85 EUR. Eine Recherche im Internet ergibt folgende Preise für die Bohrmaschine mit vergleichbaren Leistungsmerkmalen:
159,60 EUR; 160,90 EUR; 165,90 EUR; 169,90 EUR; 178,90 EUR; 185,00 EUR; 205,40 EUR.
In den Preisen sind 19 % Mehrwertsteuer enthalten. Vertragshändler erhalten einen Preisnachlass von 30 %. Prüfen Sie, ob eine Produktion anzuraten ist.

7 Nach Angaben des Statistischen Bundesamtes kamen im Jahre 2016 auf je 100000 Einwohner im Alter zwischen 18 und 25 Jahren 14,3 Verkehrstote.
Begründen Sie, in wiefern es sich bei dieser Angabe um einen Mittelwert handelt.

8 Die Grafik des statistischen Bundesamtes zeigt die Zahl der Ehescheidungen in Deutschland von 2006 bis 2016.
Die Zahlen liegen ab 2011 ständig unter dem arithmetischen Mittel. Überprüfen Sie diese Ausage. Ermitteln Sie den Zentralwert und den Modalwert.

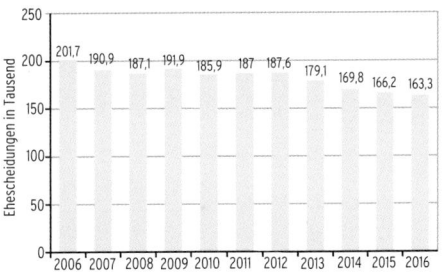

9 Die Wetterstation liefert die Tagestemperaturen (in °C), gemessen um 12:00 Uhr, für die 30 Tage eines Monats:
11,8 12,4 18,5 24,2 23,5 20,8 21,5 23,5 20,6 15,4 14,8 17,5 16,9 18,2 16,4
17,9 20,3 19,5 17,9 18,5 24,0 23,5 25,2 23,6 22,2 20,7 21,0 20,4 18,9 21,8

a) Berechnen Sie die durchschnittliche Tagestemperatur und den Median.

b) Im langjährigen Mittel lagen die Durchschnittstemperaturen für diesen Monat bei 18,5 °C. Erläutern Sie die Änderungen der klimatischen Verhältnisse.

10 Die Häufigkeitstabelle zeigt die Anzahl der Kunden an der Kasse im Supermarkt in 30 aufeinanderfolgenden Zeitabschnitten von je 10 Minuten.

Anzahl der Kunden	0	2	3	4	5	6	7	9
Häufigkeit	1	3	4	5	8	3	2	4

Der Marktleiter lobt eine Prämie aus, wenn im Durchschnitt 30 Kunden pro Stunde durch die Kasse gehen. Entscheiden Sie, ob eine Prämie bezahlt wird.

11 Zu einer Stichprobe mit 20 Beobachtungswerten kommt ein extrem großer Wert hinzu. Beschreiben Sie die Veränderung des Median und des arithmetischen Mittels.

2.2 Streuungsmaße

Die Lagemaße beschreiben eine Verteilung der Daten nicht ausreichend. Unterschiedliche Verteilungen können denselben Mittelwert $\bar{x}$ haben. Es kommt also darauf an, wie sich die Daten um den Mittelwert scharen.

Beispiel

Notenverteilung in Kurs a

Schüler Nr.	1	2	3	4	5	6	7	8	9	10
Note	12	11	10	11	11	12	12	11	10	12

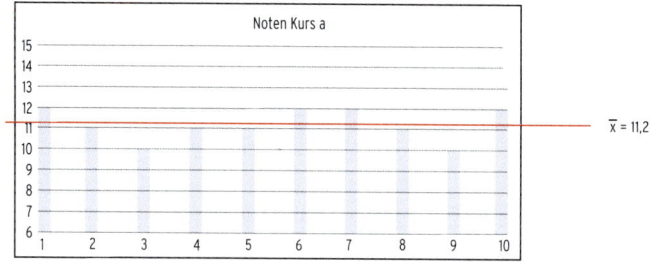

Notenverteilung in Kurs b

Schüler Nr.	1	2	3	4	5	6	7	8	9	10
Note	15	15	12	11	10	11	9	12	8	9

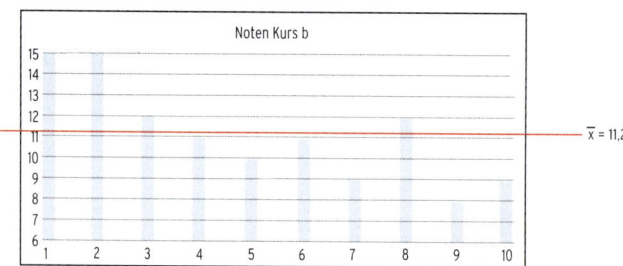

Trotz des gleichen Mittelwertes ist die Notenverteilung der beiden Kurse sehr unterschiedlich. In Kurs a „streuen" die Noten wenig um den Mittelwert, während in Kurs b die Abweichungen vom Mittelwert sehr groß sind.

Daraus ergibt sich die Notwendigkeit, die Abweichungen der Beobachtungswerte z. B. zum Mittelwert näher zu beschreiben.

Die beschreibende Statistik kennt dafür unterschiedliche **Streuungsmaße.**

Spannweite

Ein einfaches Maß für die Streuung ist die Differenz zwischen dem kleinsten und dem größten Beobachtungswert. Im Kurs a bewegen sich die Notenpunkte zwischen 10 und 12.

Die Spannweite beträgt 12 − 10 = 2.

Die Spannweite der Notenpunkte im Kurs b beträgt 15 − 8 = 7.

Beachten Sie

Für die **Spannweite R** gilt: größter Beobachtungswert minus kleinster Beobachtungswert

$$R = x_{max} - x_{min}$$

Bemerkung: Die **Spannweite** gibt die Länge des Bereichs an, über den sich die Beobachtungswerte verteilen. Eine größere Spannweite bedeutet eine größere Streuung, aber da die Spannweite nur von zwei Werten (dem kleinsten und dem größten Wert) abhängt, ist die Aussagekraft relativ gering.

Beispiel

➲ In einer Stadt wurde im Monat September an jedem Tag jeweils um 12 Uhr die Temperatur gemessen. Die Temperaturen in °C können der Urliste entnommen werden:

2; 5; 7; 11; 11; 12; 13; 15; 17; 24; 18; 14; 15; 16; 13; 12; 10; 24; 17; 18; 3; 20; 19; 18; 18; 20; 21; 22; 14; 11

Berechnen Sie die Temperaturschwankungsbreite und die mittlere Temperatur.

Lösung

Sortierte Urliste	x_1	x_2	x_3	x_4	x_5	x_6	x_7	x_8	x_9	x_{10}	x_{11}	x_{12}	x_{13}	x_{14}	x_{15}
	2	3	5	7	10	11	11	11	12	12	13	13	14	14	**15**
	x_{16}	x_{17}	x_{18}	x_{19}	x_{20}	x_{21}	x_{22}	x_{23}	x_{24}	x_{25}	x_{26}	x_{27}	x_{28}	x_{29}	x_{30}
	15	16	17	17	18	18	18	18	19	20	20	21	22	24	24

Größter und kleinster Beobachtungswert: $x_{max} = 24$ $x_{min} = 2$

Spannweite R: $R = x_{max} - x_{min} = 22$

Die Temperaturen schwanken um 22 °C, zwischen 2°C und 24 °C.

Berechnung des Medians

n = 30 gerade $x_{Med} = \frac{1}{2}(x_{15} + x_{16}) = \frac{1}{2}(15 + 15)$

Median (Zentralwert): $x_{Med} = 15$

Die mittlere Temperatur liegt bei 15 °C.

Quartile

Der Median teilt einen der Größe nach geordneten Datensatz (sortierte Urliste) in der Mitte. Die Quartile unterteilen diese beiden Hälften jeweils wieder in zwei gleich große Teile, sodass vier gleich große Bereiche entstehen.

Beispiel: Urliste mit den Körpergewichten der Schüler (männlich)

Geordnete Urliste	x_1 x_2 x_3 x_4 x_5 x_6 x_7 x_8 x_9 x_{10} x_{11} x_{12} x_{13} 60 67 67 68 68 70 70 72 73 75 76 78 84		
Berechnung	1. Quartil Q_1 Median der 1. Hälfte $Q_1 = \frac{1}{2}(x_3 + x_4) = 67{,}5$	2. Quartil Q_2 Median	3. Quartil Q_3 Median der 2. Hälfte $Q_3 = \frac{1}{2}(x_{10} + x_{11}) = 75{,}5$
- mit CAS	$Q_1 = 67{,}5$	$Q_2 = x_{Med} = 70$	$Q_3 = 75{,}5$
- mit Excel (interne Gewichtung)	$Q_1 = 68$	$Q_2 = x_{Med} = 70$	$Q_3 = 75$

Hinweis: Die Berechnung der Quartile ist nicht eindeutig. Verschiedene Programme (z. B. Excel) haben ihren eigenen Algorithmus und liefern unter Umständen andere Werte. Quartile sind evtl. keine Werte aus der Messreihe.

Bemerkung: Höchstens ein Viertel der Beobachtungswerte ist kleiner als das 1. Quartil Q_1 und höchstens drei Viertel der Beobachtungswerte sind größer als Q_1.
Das 2. Quartil ist der Median.
Höchstens drei Viertel der Beobachtungswerte sind kleiner als das 3. Quartil Q_3 und höchstens ein Viertel der Beobachtungswerte ist größer als Q_3.

Zwischen dem 1. und 3. Quartil liegen 50 % der Beobachtungswerte.

Der Quartilsabstand Q_A ergibt sich als Differenz

vom 3. und 1. Quartil: $Q_A = Q_3 - Q_1 = 75{,}5 - 67{,}5 = 8$.

Das heißt, dass (ungefähr) 50 % der Körpergewichte der Schüler zwischen 67,5 kg und 75,5 kg liegen.

Bemerkung: Der Quartilsabstand $Q_A = Q_3 - Q_1$ beschreibt die Länge des Bereichs der mittleren 50 % der Beobachtungswerte.

Der **Boxplot** ist ein Diagramm, das zur grafischen Darstellung der Verteilung eines Merkmals verwendet wird. Es fasst dabei verschiedene Streuungs- und Lagemaße in einer Darstellung zusammen. Ein Boxplot soll einen Eindruck darüber vermitteln, in welchem Bereich die Daten liegen und wie sie sich über diesen Bereich verteilen. Deshalb werden alle Werte der sogenannten Fünf-Punkte-Zusammenfassung, also der Median, die zwei Quartile und die beiden Extremwerte, dargestellt.

Fünf Kenngrößen

x_{min} = 60

Q_1 = 67,5

x_{med} = 70

Q_3 = 75,5

x_{max} = 84

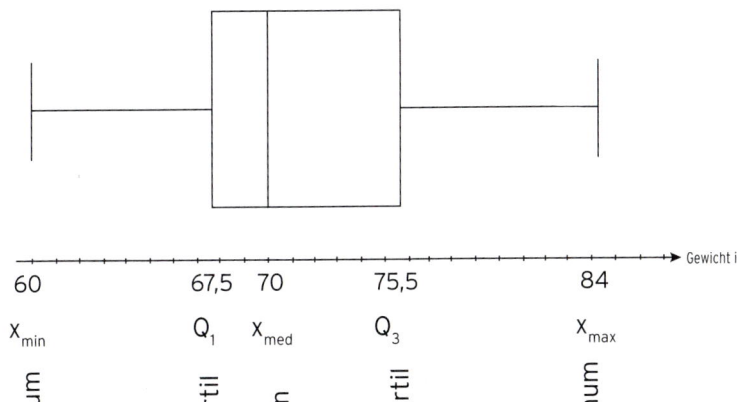

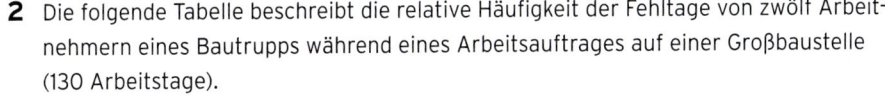

1 Berechnen Sie Mittelwert, Median und Quartilsabstand der folgenden Datenreihe:
3; 8; 12; 5; 7; 8; 9,5; 11; 14; 6; 8,5.

2 Die folgende Tabelle beschreibt die relative Häufigkeit der Fehltage von zwölf Arbeitnehmern eines Bautrupps während eines Arbeitsauftrages auf einer Großbaustelle
(130 Arbeitstage).

$\frac{1}{130}$	$\frac{2}{65}$	$\frac{3}{65}$	$\frac{5}{130}$	$\frac{2}{65}$	$\frac{1}{65}$	$\frac{2}{65}$	$\frac{3}{65}$	$\frac{3}{130}$	$\frac{5}{130}$	$\frac{4}{65}$	$\frac{3}{65}$

a) Erstellen Sie eine Häufigkeitstabelle der absoluten Häufigkeit.

b) Bestimmen Sie den Median der Häufigkeitsverteilung und den Modus (falls er existiert). Geben Sie die zugehörige Einheit an.

c) Aus Erfahrung weiß der Bauleiter, dass er den Auftrag zeitlich nur erfüllen kann, wenn jeder seiner Arbeiter im Durchschnitt höchstens 4 Tage fehlt. Prüfen Sie, ob der Auftrag fristgerecht erfüllt werden kann.

d) Geben Sie das 1. und 3. Quartil an, bestimmen Sie den Quartilsabstand und interpretieren Sie diese Werte. Zeichnen Sie den zugehörigen Boxplot.

3 Zu einer Stichprobe mit 40 Beobachtungswerten kommt ein extrem kleiner Wert hinzu. Erläutern Sie die Auswirkungen auf Modus, Median, arithmetisches Mittel und die Quartile.

Varianz und Standardabweichung

Die Varianz und die Standardabweichung sind die gebräuchlichsten Streuungsmaße. Die Streuung wird gemessen durch die Abweichung der Beobachtungswerte x_i vom arithmetischen Mittelwert $\bar{x}$.

Beispiel

Notenverteilung im Kurs a (vgl. S. 22)

Die Abweichungen $x_i - \bar{x}$ vom Mittelwert $\bar{x}$ werden im Diagramm veranschaulicht.

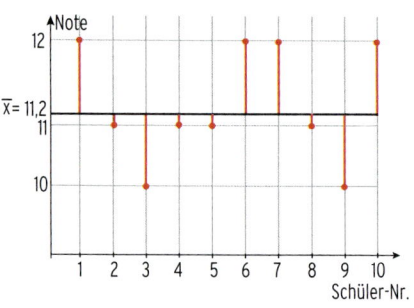

Summe der Abweichungen vom Mittelwert $\bar{x} = 11{,}2$:

$(12 - 11{,}2) + (11 - 11{,}2) + (10 - 11{,}2) + (11 - 11{,}2)$
$+ (11 - 11{,}2) + (12 - 11{,}2) + (12 - 11{,}2) + (11 - 11{,}2)$
$+ (10 - 11{,}2) + (12 - 11{,}2) = 0$

Die Summe bestätigt nur den Mittelwert, sie hat keine Aussagekraft für die Streuung. Die positiven und negativen Differenzen heben sich auf.

Um die negativen Differenzen zu vermeiden, werden die Quadrate der Differenzen berechnet.

Summe aller quadrierten Abweichungen vom Mittelwert $\bar{x}$:

$(12 - 11{,}2)^2 + (11 - 11{,}2)^2 + (10 - 11{,}2)^2 + (11 - 11{,}2)^2 + (11 - 11{,}2)^2 + (12 - 11{,}2)^2 + (12 - 11{,}2)^2 +$
$(11 - 11{,}2)^2 + (10 - 11{,}2)^2 + (12 - 11{,}2)^2 = 5{,}6$

Der **Mittelwert** der Abweichungsquadrate heißt **Varianz** σ^2 oder s^2.

Varianz: $\sigma^2 = \frac{1}{10} \cdot 5{,}6 = 0{,}56$ (Summe der Abweichungsquadrate dividiert durch die Anzahl n)

Bemerkung: Die Differenz von zwei Merkmalsausprägungen hat die gleiche Einheit wie die Merkmalsausprägung (z. B. Gewicht in g). Da bei der Berechnung der Varianz die Einheiten auch quadriert werden, verlieren sie für die Merkmalsausprägung ihren Sinn (vgl. z. B. g^2). Um wieder auf die Einheit der Merkmalsausprägung zu kommen, zieht man die Wurzel aus der Varianz und erhält ein neues Streuungsmaß, die **Standardabweichung** σ (auch s).

Varianz und Standardabweichung

Die **Varianz** ist das arithmetische Mittel der quadrierten Abweichungen der Beobachtungswerte x_i vom Mittelwert $\bar{x}$:

$$\sigma^2 = \frac{(x_1 - \bar{x})^2 + \ldots + (x_n - \bar{x})^2}{n} = \frac{1}{n} \sum_{i=1}^{n} (x_i - \bar{x})^2$$

$\bar{x}$: Mittelwert; x_i: i-ter Beobachtungswert;   n: Anzahl der Merkmalsträger

Die Wurzel aus der Varianz heißt **Standardabweichung (Streuung):** $\sigma = \sqrt{\sigma^2}$

Notenverteilung von Kurs a

Varianz: $\sigma^2 = 0{,}56$

Standardabweichung: $\sigma = \sqrt{0{,}56} \approx 0{,}75$

Notenverteilung von Kurs b

Varianz: $\sigma^2 = 5{,}16$

Standardabweichung: $\sigma = \sqrt{5{,}16} \approx 2{,}27$

Die größere Standardabweichung der Notenverteilung von Kurs b bestätigt, dass die Streuung der Noten von Kurs b größer ist als die Streuung der Noten von Kurs a.

Beispiel 1

➲ Die monatlichen Absatzzahlen von zwei Filialen wurden über mehrere Jahre gesammelt und aufgelistet.

Filiale A	642	610	670	645	660	650	610	630	675	640	665	655
Filiale B	540	510	560	650	1060	590	503	574	495	540	495	1235

Berechnen Sie den Mittelwert, die mittlere quadratische Abweichung und die Standardabweichung. Interpretieren Sie die berechneten Werte im wirtschaftlichen Kontext.

Lösung:

Mittelwerte: $\overline{x}_A = \dfrac{642 + 610 + 670 + 645 + 660 + 650 + 610 + 630 + 675 + 640 + 665 + 655}{12} = 646$

$\overline{x}_B = \dfrac{540 + 510 + 560 + 650 + 1060 + 590 + 503 + 574 + 495 + 540 + 495 + 1235}{12} = 646$

Varianz   Standardabweichung

$\sigma_A{}^2 = \frac{1}{12}((642 - 646)^2 + (610 - 646)^2 + ... + (665 - 646)^2 + (655 - 646)^2) \Rightarrow \sigma \approx 20{,}4$

$\sigma_B{}^2 = \frac{1}{12}((540 - 646)^2 + (510 - 646)^2 + ... + (495 - 646)^2 + (1235 - 646)^2) \Rightarrow \sigma \approx 231{,}13$

Bei **gleichem durchschnittlichen monatlichen Absatz** unterscheiden sich die Filialen in der Standardabweichung. In Filiale B streuen die Absätze stärker als in Filiale A.

Diesem Umstand kann begegnet werden durch den Einsatz von Hilfskräften oder Leiharbeitern in den verkaufsstarken Monaten Mai und Dezember.

Die Lagerverwaltung muss durch ihr Bestellverhalten dafür sorgen, dass für die beiden absatzstarken Monate genügend Ware am Lager ist.

Hinweis: Berechnung von $\overline{x}$ und σ ($= \sigma_X$) mit CAS (Filiale A)

Dateneingabe:

Mittelwert:

Standardabweichung:

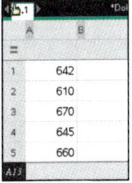

Beispiel 2

➲ Auf einer Maschine werden Präzisionsschrauben mit einer Solllänge von 80 mm hergestellt. Eine Stichprobe ergibt einen Mittelwert von 80,05 mm mit einer Standardabweichung $\sigma = 1{,}9$ mm. Nach der Reklamation eines Großkunden wird die Maschine neu eingestellt. Eine erneute Stichprobe ergibt einen Mittelwert von 80,03 mm mit einer Standardabweichung $\sigma = 1{,}3$ mm. Erläutern Sie, ob sich die Neueinstellung gelohnt hat.

Lösung

Die Neujustierung der Maschine hat den Mittelwert verbessert.

Die Standardabweichung, also die Streuung um das arithmetische Mittel, hat sich verringert. Die Qualität ist somit besser geworden, die Neueinstellung hat sich gelohnt.

Beispiel 3

➲ Gegeben ist folgende Häufigkeitstabelle:

Sorte	A	B	C	D
Verkaufspreis pro Flasche in EUR (x_i)	5	7	8	12
Verkaufte Flaschen (n_i)	150	600	250	300

Berechnen Sie die Varianz und die Standardabweichung.

Lösung:

Mittelwert

(durchschnittlicher Verkaufspreis in EUR): $\bar{x} = 8{,}12$

Anzahl der Merkmalsausprägungen: 4

Häufigkeit für die Merkmalsausprägung x_1: $n_1 = 150$

Anzahl der verkauften Flaschen: $n = 1\,300$

Varianz:

$$\sigma^2 = \frac{(5-8{,}12)^2 \cdot 150 + (7-8{,}12)^2 \cdot 600 + (8-8{,}12)^2 \cdot 250 + (12-8{,}12)^2 \cdot 300}{1300}$$

$\sigma^2 = 5{,}1790$

Varianz: $\qquad \sigma^2 = 5{,}1790$

Standardabweichung: $\qquad \sigma = \sqrt{5{,}1790} \approx 2{,}2757$

Hinweis: Berechnung der Varianz mithilfe der relativen Häufigkeiten

$$h_1 = \frac{150}{1300}; \ h_2 = \frac{600}{1300}; \ h_3 = \frac{250}{1300}; \ h_4 = \frac{300}{1300}$$

$$\sigma^2 = (5 - 8{,}12)^2 \cdot \frac{150}{1300} + (7 - 8{,}12)^2 \cdot \frac{600}{1300} + (8 - 8{,}12)^2 \cdot \frac{250}{1300} + (12 - 8{,}12)^2 \cdot \frac{300}{1300}$$

Was man wissen sollte ... über Streuungsmaße

Spannweite R

Größter Beobachtungswert minus kleinster Beobachtungswert $\qquad R = x_{max} - x_{min}$

Varianz

Summe der Abweichungsquadrate dividiert durch die Anzahl n der Beobachtungswerte:

$$\sigma^2 = \frac{(x_1 - \bar{x})^2 + (x_2 - \bar{x})^2 + \dots + (x_n - \bar{x})^2}{n}$$

Varianz einer Häufigkeitsverteilung

$$\sigma^2 = (x_1 - \bar{x})^2 h_1 + (x_2 - \bar{x})^2 h_2 + \dots + (x_n - \bar{x})^2 h_n \text{ mit } h_i = \frac{n_i}{n}$$

Die **Standardabweichung** σ ist die Wurzel aus der Varianz: $\sigma = \sqrt{\text{Varianz}} = \sqrt{\sigma^2}$

Aufgaben

1 Ein Anbieter von zwei Zubehörteilen für ein Handy erfragt die Preise der Zubehörteile in verschiedenen Geschäften der Stadt. Die festgestellten Stückpreise in EUR lassen sich der folgenden Liste entnehmen:

Ware A: 4,00   4,10   5,40   4,90   3,50   3,40
Ware B: 11,00   11,90   14,90   10,00   12,60   9,90

Berechnen Sie die Standardabweichung für die beiden Waren.
Interpretieren Sie diese Werte.

2 Berechnen Sie für die Häufigkeitsverteilung die absoluten Häufigkeiten, die Varianz und die Standardabweichung. (n = 80)

x_i	0	1	2	3	4	6
h_i	0,2	0,325	0,25	0,15	0,05	0,025

3 Ein Möbelhaus hat zehn Filialen. Der Umsatz soll analysiert werden.

a) Eine Umfrage ergab folgende Umsätze für das Jahr 2016 (in Mio. EUR): 55; 65; 49; 84; 18; 105; 88; 58; 22; 87.
Berechnen Sie die Standardabweichung.

b) Die Unternehmensleitung gibt für den Umsatz 2015 die Werte $\bar{x} = 63,2$ und $\sigma = 14,1$ an.
Vergleichen Sie die Umsätze der beiden Jahre.

4 Die Häufigkeitstabelle zeigt die Verkaufszahlen für Wanderschuhe im Laufe eines Jahres.

Jan	Febr	März	April	Mai	Juni	Juli	Aug	Sept	Okt	Nov	Dez
2	1	3	13	23	54	43	35	50	33	8	1

Berechnen Sie den Mittelwert und die Standardabweichung. Beurteilen Sie den Mittelwert als Grundlage für die Lagerhaltung.

5 Die Fruchtsaft AG möchte eine neue Maschine zum Abfüllen ihrer 250 ml Flaschen kaufen. Zur Wahl stehen zwei Modelle. Aus der Produktion werden jeweils eine Stichprobe entnommen (Daten in ml).
Maschine a: 253; 252; 248; 250; 252; 251; 248; 247; 251; 252; 249; 250
Maschine b: 251; 251; 249; 250; 251; 251; 249; 249; 250; 250; 249; 250
Beraten Sie die Fruchtsaft AG bei der Wahl der Abfüllmaschine.

6 Die Abbildung zeigt die Jahresumsätze der Waldner KG. Berechnen Sie das arithmetische Mittel, den Median und die Standardabweichung aus der Abbildung und interpretieren Sie Ihre Ergebnisse.
Das Unternehmen plante für die Jahre 2009 bis 2016 eine durchschnittliche Umsatzsteigerung von 6 %.
Prüfen Sie, ob dieses Ziel erreicht wurde.

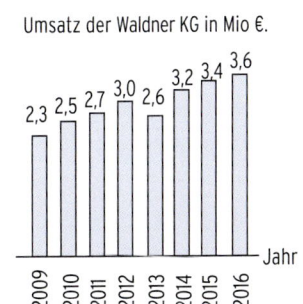

Umsatz der Waldner KG in Mio €.

2,3 2,5 2,7 3,0 2,6 3,2 3,4 3,6
2009 2010 2011 2012 2013 2014 2015 2016
Jahr

7 Zwei Kurse mit jeweils 26 Schülern schreiben dieselbe Mathematikklausur.
Die Ergebnisse können der Häufigkeitstabelle entnommen werden.

Notenpunkte	15	14	13	12	11	10	9	8	7	6	5	4
Kurs a	3	6	8	5	1	3	0	0	0	0	0	0
Kurs b	1	4	6	7	4	1	0	0	2	0	0	1

a) Berechnen Sie jeweils Mittelwert und Standardabweichung.
Beurteilen Sie die Ergebnisse.

b) In einem weiteren Test in Kurs b gibt es kein Ergebnis unter 10 Punkten. Die Anzahl der Schüler/innen mit 12 Punkten hat sich geändert.
Nennen Sie Änderungen beim Mittelwert und bei der Standardabweichung.

c) Beurteilen Sie die Bedeutung einer großen bzw. kleinen Standardabweichung für das Niveau der Klasse.

8 Herr Frantz betreibt einen Imbisswagen mit Verzehrtheke. Er erzielte 2016 einen durchschnittlichen monatlichen Gewinn vor Steuern in Höhe von 3 840 EUR. Zum Jahresende stellt er seine monatlichen Gewinne in EUR zusammen:
2580; 3400; 3540; 4400; 4550; 4400; 4580; 5400; 2880; 3100; 2180.

a) Eine Monatsangabe ist verloren gegangen. Berechnen Sie den Gewinn in diesem Monat.

b) Berechnen Sie die Standardabweichung. Interpretieren Sie Ihr Ergebnis.

9 Die AutoSystem GmbH führt Testreihen durch, um die Funktionsfähigkeit des neuen Systems zu prüfen. Dabei wird in jeweils fünf Versuchen die Zeit in Sekunden gemessen, die es dauert, um aus dem Stand heraus auf eine Geschwindigkeit von 100 km/h zu beschleunigen. Die erste Testreihe wird von einem erfahrenen Autofahrer ohne das neue System durchgeführt. Anschließend wird das neue System eingebaut und die Messung in einer zweiten Testreihe wiederholt. In der folgenden Tabelle sind die Messergebnisse festgehalten:

Messung	1	2	3	4	5
Zeit in Sekunden (ohne neues System)	7,31	7,42	6,99	7,25	7,13
Zeit in Sekunden (mit neuem System)	7,11	7,10	7,13	7,12	7,14

a) Berechnen Sie den Mittelwert und die Standardabweichung der beiden Versuchsreihen. Beurteilen Sie diese Ergebnisse bezüglich der Funktionsfähigkeit des neuen Systems.

b) Begründen Sie, weshalb ein mit dem neuen System ausgestattetes Fahrzeug einem Fahrzeug ohne das neue System nicht immer überlegen ist.

10 Radsport Hönig stellt die Listenpreise in EUR seiner 13 meistverkauften E-Bikes ins Internet: 1540, 1804, 2450, 999, 1999, 1110, 1525, 1099, 1536, 1723, 1498, 1170, 1143.

a) Berechnen Sie die Kenngrößen Mittelwert, Median, Quartilsabstand und Standardabweichung und erstellen Sie den zugehörigen Boxplot.

b) Erläutern Sie die Begriffe anhand der Verteilung der Listenpreise. Nennen Sie Unterschiede von Median und Mittelwert. Geben Sie die Informationen aus dem Quartilsabstand und der Streuung an.

c) Beschreiben Sie die Wirkung einer Preiserhöhung des teuersten E-Bikes auf die berechneten Kenngrößen.

Test zur Überprüfung Ihrer Grundkenntnisse

1 An den ersten Tagen im März wurden täglich um 10.00 Uhr die folgenden Temperatur-
werte in °C gemessen: 11, 12, 13, 14, 11, 17, 11, 14, 13, 11, 13, 14, 10, 12, 11.

a) Ermitteln Sie die Durchschnittstemperatur und die Quartile.

b) Der Median stimmt mit dem Mittelwert überein. Überprüfen Sie die Behauptung.

2 Der Benzinverbrauch zweier Autos vom Typ A und B pro 100 km soll getestet werden.
Dabei ergeben sich folgende Werte (in l/100 km):

Typ A	8,0	7,0	7,4	7,8	8,2	8,6	9,3	8,4	8,3	7,9	8,2	
Typ B	8,7	7,6	7,8	7,7	7,9	8,1	7,9	7,8	8,5	8,5	8,5	8,3

a) Stellen Sie die Verteilung für den Autotyp A in einem Säulendiagramm dar.

b) Bestimmen Sie die Werte, die in der Mitte der geordneten Daten liegen.
Vergleichen Sie die beiden Werte.

c) Berechnen Sie für jeden Fahrzeugtyp den durchschnittlichen Verbrauch.
Vergleichen Sie die Ergebnisse.

3 Die Tabelle gibt die monatlichen Regentage in zwei Städten A und B an.

Monat	Jan	Febr	März	April	Mai	Juni	Juli	Aug	Sept	Okt	Nov	Dez
A	13	14	14	10	9	7	6	5	6	9	9	0
B	2	3	4	8	13	17	18	16	13	10	7	3

a) Berechnen Sie jeweils die Anzahl der durchschnittlichen Regentage pro Monat.

b) Bestimmen Sie jeweils die Varianz und die Standardabweichung.

c) Beschreiben Sie die klimatischen Verhältnisse in den Städten A und B.

4 Die Qualität der Produktion von Fertigparkett wird laufend überprüft. Die Fertigparkett-
quadrate haben eine Soll-Kantenlänge von 200 mm.

In der **Produktionsperiode 1** ergibt sich folgende Häufigkeitsverteilung:

Kantenlänge in mm	199	200	201	202	203
Anzahl	159	1020	1393	396	32

In der **Produktionsperiode 2** wird die Sägemaschine nach Kundenreklamationen
neu eingestellt. Es ergibt sich eine durchschnittliche Kantenlänge von $\bar{x} = 200{,}7$ mm
bei einer Standardabweichung von $\sigma = 0{,}45$ mm.
Bestimmen Sie die durchschnittliche Kantenlänge und die Standardabweichung für die
Produktionsperiode 1.
Entscheiden Sie, ob die Neueinstellung in Produktionsperiode 2 als erfolgreich bezeichnet
werden kann.
Begründen Sie Ihre Antwort.

2.3 Klassierte Daten

Beispiel

Auswertung einer Umfrage unter weiblichen Jugendlichen zum Körpergewicht.

Urliste

Nr	1	2	3	4	5	6	7	8	9	10	11	12	13	14	15	16	17	18	19	20	21	22	23	24	25	26	27
in kg	52	67	60	55	63	63	70	78	84	68	63	57	67	58	70	73	55	72	51	60	64	51	54	68	75	76	59

Die Übersichtlichkeit und die Aussagekraft der Daten lässt sich mithilfe grafischer Darstellungen steigern.

Punktdiagramm zur Befragung

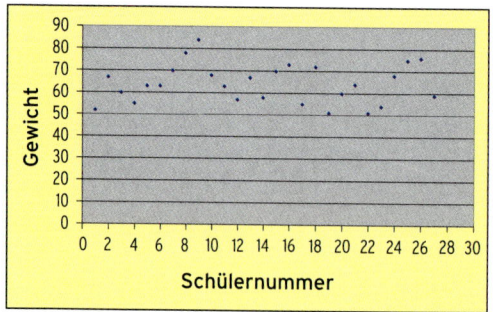

Bemerkung: Ein Punktdiagramm nennt man auch Streudiagramm.

Die Zuordnung in einem Punktdiagramm erhöht die Übersichtlichkeit nicht wesentlich.

Das Gewicht eines jeden Jugendlichen liegt zwischen 50 kg und 90 kg.

Da es für das Merkmal Gewicht 19 Ausprägungen (von 51 kg bis 84 kg) gibt, ist eine Strichliste wenig sinnvoll. Sinnvoller ist es, die Merkmalsausprägungen in einzelne Bereiche (Klassen) einzuteilen. Die Körpergewichte werden nach BMI in vier Gewichtsklassen eingeordnet. Die neuen Ausprägungen sind die Klassen I bis IV. Die Anzahl der Beobachtungswerte, die in einer Gewichtsklasse liegen, bezeichnet man als absolute Klassenhäufigkeit.

Strichliste
(Klassierte Daten)

Klasse		absolute Häufigkeit
I Untergewicht bis < 52 kg	||	2
II Normalgewicht ab 52 kg bis < 67 kg	ЖЖ ЖЖ |||	13
III Übergewicht ab 67 kg bis < 84 kg	ЖЖ ЖЖ	11
IV Adipositas ab 84 kg bis 120 kg	|	1

Eine Strichliste für wenige Ausprägungen (z. B. 4 Klassen) führt zu einer Häufigkeitstabelle. Vielfach werden Strichlisten als erste übersichtliche Darstellung z. B. bei Wahlen (Klassensprecherwahl) oder bei einer Verkehrszählung benutzt.

Beachten Sie

Werden verschiedene Merkmalsausprägungen zu einer neuen Ausprägung zusammengefasst, spricht man von einer Klasseneinteilung der Stichprobenwerte.

Grafische Darstellung in einem Säulendiagramm

Die Säulenbreite im Diagramm ist immer gleich. Unter jeder Säule ist die Klasse vermerkt.

Häufigkeitstabelle

Klasse in kg	ab 40 bis < 52	ab 52 bis < 67	ab 67 bis < 84	ab 84 bis 120
Häufigkeit	2	13	11	1

**Grafische Darstellung
der Häufigkeitsverteilung
(Säulendiagramm)**

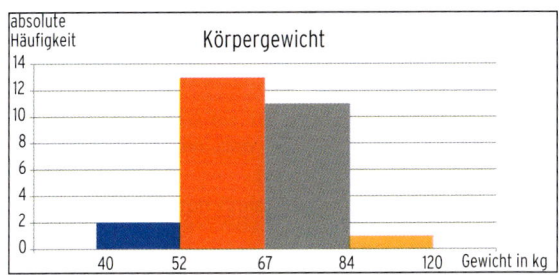

Die **Wahl der Klasseneinteilung** stellt immer ein Kompromiss zwischen Übersichtlichkeit und Informationsgehalt dar. Es gibt keine allgemeingültige Festlegung der Klassenbreite, deshalb muss eine sinnvolle Klassenbreite für die Häufigkeitstabelle gewählt werden.

Lagemaße bei Klasseneinteilung

Für die Klasse I: Körpergewicht < 52 kg ist der Bereich 40 kg bis unter 52 kg eine sinnvolle Wahl, da ein Körpergewicht unter 40 kg äußerst selten vorkommt.
Häufigkeitstabelle für klassierte Daten:

x_i^u, x_i^o unterer bzw. oberer Rand der Klasse; x_i^* Klassenmitte; n_i absolute Klassenhäufigkeit

i	x_i^u	x_i^o	x_i^*	n_i	$x_i^* \cdot n_i$	$(x_i^* - \bar{x})^2 \cdot n_i$
1	40	52	46	2	92	$(-20{,}6)^2 \cdot 2 = 848{,}72$
2	52	67	59,5	13	773,5	$(-7{,}1)^2 \cdot 13 = 655{,}33$
3	67	84	75,5	11	830,5	$8{,}9^2 \cdot 11 = 871{,}31$
4	84	120	102	1	102	$35{,}4^2 \cdot 1 = 1253{,}16$

Arithmetisches Mittel: $\bar{x} = \dfrac{1}{27} \sum\limits_{i=1}^{4} (x_i^* \cdot n_i) = \dfrac{1}{27}(46 \cdot 2 + 59{,}5 \cdot 13 + 75{,}5 \cdot 11 + 102 \cdot 1) \approx 66{,}6$

Das mittlere Körpergewicht der befragten 27 weiblichen Jugendlichen beträgt 66,6 kg.

Median $x_{med} = 59{,}5$

Der Median entspricht dem 14. Wert, dieser liegt in der Klasse 52 bis kleiner 67

Modalwert $x_{mod} = 59{,}5$ bzw. die Klasse 52 bis kleiner 67

Varianz: $\sigma^2 = \dfrac{1}{27} \sum\limits_{i=1}^{4} (x_i^* - \bar{x})^2 \cdot n_i = \dfrac{848{,}72 + 655{,}33 + 871{,}31 + 1252{,}16}{27} \approx 134{,}39$

Standardabweichung: $\sigma = \sqrt{134{,}39} \approx 11{,}59$

Aufgaben

1 Die Hugenschmidt AG fertigt Dichtungen auf zwei Maschinen. Der Produktion werden 100 Dichtungen entnommen und deren Abweichung vom Soll festgehalten. Das Ergebnis der letzten Stichprobe kann der Tabelle entnommen werden.
Vergleichen Sie die beiden Maschinen.

Abweichung in mm	0 bis unter 0,1	0,1 bis unter 0,15	0,15 bis unter 0,2	0,2 bis unter 0,3
Maschine A	95	2	2	1
Maschine B	96	1	2	1

2 In einer 11. Klasse durfte jeder Schüler seine Pulsfrequenz (Anzahl der Schläge pro Minute) messen. Die Werte wurden dann in einer Urliste zusammengefasst:

64; 65; 70; 80; 88; 58; 66; 68; 63; 64; 57; 77; 74; 73; 62; 52; 72; 84; 63; 90; 68; 59; 58; 71; 80; 82; 81; 69; 53; 65; 69; 71

Damit das Diagramm überschaubar ist, wird die Urliste, abhängig von der Datenmenge, in 5 bis 15 Klassen eingeteilt.

a) Wählen Sie die Klassenbreite 4.
Erstellen Sie eine Häufigkeitsverteilung und stellen Sie diese Verteilung grafisch dar.
Berechnen Sie $\bar{x}$, x_{med} und x_{mod}.

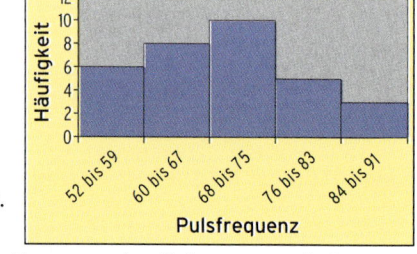

b) Interpretieren Sie das nebenstehende Diagramm.

3 Die Gewerkschaft führt in einem Unternehmen in Hannover eine Befragung nach der Höhe der Bruttolöhne bzw. Bruttogehälter durch. Die Umfrage ergab folgende Häufigkeiten.

Bruttoverdienst	800 bis unter 1200	1200 bis unter 2000	2000 bis unter 3200	3200 bis unter 6000
Häufigkeit	60	240	160	40

a) Bestimmen Sie die relativen Häufigkeiten.

b) Der Chef hat die Wahl: Sein Jahresverdienst beträgt den 20-fachen durchschnittlichen Bruttoverdienst oder 85000 EUR pro Jahr. Geben Sie die Entscheidung des Chefs an.

c) Ermitteln Sie die Standardabweichung der obigen Verteilung.

4 Bei einer Geschwindigkeitskontrolle innerhalb einer geschlossenen Ortschaft notierte die Polizei folgende Messwerte in km/h:
45; 60; 58; 53; 55; 65; 70; 56; 63; 50; 75; 52; 48; 58; 64; 40; 68; 71; 79; 57

a) Bilden Sie eine sinnvolle Klasseneinteilung und berechnen Sie die relativen Häufigkeiten. Bestimmen Sie die mittlere Geschwindigkeit aller Messungen.

b) Berechnen Sie den Anteil der kontrollierten Fahrzeuge, die eine Strafe erwarten, wenn die Polizei mit einer Toleranz von 2 km/h rechnet.

c) 80 % der kontrollierten Fahrzeuge wurden von Personen unter 25 Jahren gelenkt. Ermitteln Sie für diesem Tag den Prozentsatz der Verkehrssünder unter 25 Jahren.

Histogramm

Beispiel 1

➲ Die Altersstruktur des Lehrerkollegiums
der BBS Hannover ist wie folgt:

Alter	25 bis unter 35	35 bis unter 45	45 bis unter 55	55 bis unter 65
Häufigkeit	16	28	36	24

Stellen Sie die Häufigkeitsverteilung in einem Histogramm dar.

Lösung

Bei einem Histogramm werden **Häufigkeiten** durch Flächen (Rechtecke) repräsentiert.

Die Tabelle enthält vier Klassen der Breite zehn Jahre.

Gleiche Klassenbreite bedeutet Rechtecke mit der gleichen Grundseite.

Der Rechtecksinhalt entspricht der zugehörigen relativen Häufigkeit.

Alter	25 bis unter 35	35 bis unter 45	45 bis unter 55	55 bis unter 65
rel. Häufigkeit	$\frac{16}{104}$	$\frac{28}{104}$	$\frac{36}{104}$	$\frac{24}{104}$
Häufigkeitsdichte $= \frac{\text{rel. Häufigkeit}}{\text{Klassenbreite}}$	$\frac{\frac{16}{104}}{10} \approx 0{,}015$	$\frac{\frac{28}{104}}{10} \approx 0{,}027$	$\frac{\frac{36}{104}}{10} \approx 0{,}035$	$\frac{\frac{24}{104}}{10} \approx 0{,}023$

An der Ordinaten-Achse wird die
Rechteckshöhe,
die **Häufigkeitsdichte** abgetragen.

Bei einem Histogramm beträgt die
Summe der Inhalte der Rechtecks-flächen 1.

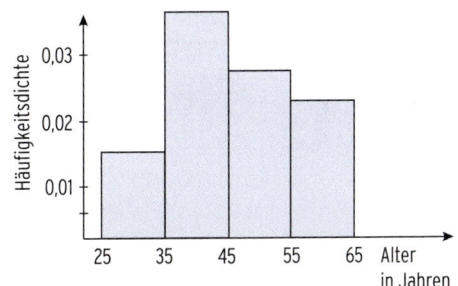

Beachten Sie

Ein Histogramm ist eine grafische Darstellung einer Häufigkeitsverteilung.

Es besteht aus mehreren, direkt aneinander angrenzenden Säulen.

Die Summe der Inhalte der Rechtecksflächen beträgt 1.

Beispiel 2

⮕ Auf einer Flasche Olivenöl ist eine Füllmenge von 500 ml angegeben (Nennwert). Die Abweichungen vom Nennwert sind in folgender Tabelle festgehalten:

Abweichung in ml	0 bis unter 5	5 bis unter 8	8 bis unter 12
Häufigkeit in %	68	24	8

Stellen Sie die Häufigkeitsverteilung in einem Histogramm dar.

Lösung

Bestimmung der Rechteckshöhen, da **unterschiedliche** Klassenbreiten vorliegen.

Klassenbreite	5	3	4
rel. Häufigkeit	0,68	0,24	0,08
Häufigkeitsdichte	$\frac{0,68}{5}$ = 0,14	$\frac{0,24}{3}$ = 0,08	$\frac{0,08}{4}$ = 0,02

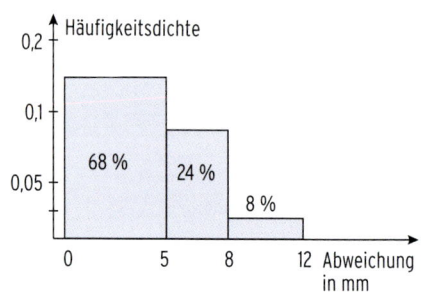

Beachten Sie

Bei **verschiedenen Klassenbreiten** ist darauf zu achten, dass die Flächeninhalte den Häufigkeiten entsprechen:

Häufigkeitsdichte (Rechteckshöhe) $= \dfrac{\text{Klassenhäufigkeit}}{\text{Klassenbreite}}$

Aufgaben

1 Die Tabelle zeigt die Wartezeiten für die Besucher der Arztpraxis von Dr. Wurster an den Sprechstundentagen Montag und Dienstag.

Wartezeit in Min.	unter 5	5 bis unter 10	10 bis unter 20	20 bis unter 30	30 bis unter 40
Montag	7	7	7	12	7
Dienstag	4	6	15	15	0

a) Stellen Sie die Daten in je einem Histogramm dar.
b) Vergleichen und interpretieren Sie die Diagramme.
c) Nehmen Sie Stellung zur Aussage: 50 % aller Besucher warten länger als 15 Minuten.

2 Die Jahreseinkommen in einem Unternehmen gliedern sich wie folgt:

a) Berechnen Sie das Durchschnittseinkommen.

b) Berechnen Sie die Standardabweichung.

c) Stellen Sie die Daten in einem Histogramm dar.

Jahreseinkommen in €	Anzahl der Bezieher
0 bis unter 5000	11
5000 bis unter 10000	28
10000 bis unter 20000	45
20000 bis unter 30000	20
30000 bis unter 50000	15
50000 bis unter 90000	4

II Ganzrationale Funktionen und wirtschaftliche Anwendungen

1 Definition einer Funktion

Bei der Modellierung einer wirtschaftlichen Problemstellung erhält man oft **Zuordnungen** zwischen Größen, die einem Wert der einen Größe **genau einen Wert** der anderen Größe zuordnen. So kann z. B. bei einem Unternehmen jeder produzierten und verkauften Mengeneinheit genau ein Gewinn zugeordnet werden.

mvurl.de/vajt

Dagegen ist die Zuordnung *Körpergröße* ↦ *Schuhgröße* nicht eindeutig, weil einer Körpergröße verschiedene Schuhgrößen zugeordnet werden können. **Eindeutige Zuordnungen** spielen eine herausragende Rolle.

Beispiel

➲ Die Gesamtkosten der Diehl AG in Geldeinheiten (GE) berechnen sich nach der Faustregel „Multiplizieren Sie die Produktionsmenge mit sich selbst, dividieren Sie durch 10 und addieren Sie die Zahl 3 als Fixkosten."

a) Vervollständigen Sie die Tabelle. Es können höchstens 20 Mengeneinheiten (ME) produziert werden.

Produktionsmenge in ME	0	5	8	10	20
Gesamtkosten in GE					

Übertragen Sie diese Werte in ein Koordinatensystem.

b) Erfassen Sie diese Zuordnung durch eine Vorschrift.
Dabei wird die Produktionsmenge x in ME und die Gesamtkosten in GE angegeben.

Lösung

a) Gesamtkosten bei x = 5 : $\frac{5^2}{10} + 3 = 5{,}5$

Gesamtkosten bei x = 8 : $\frac{8^2}{10} + 3 = 9{,}4$

Anwendung der Regel:

Produktionsmenge in ME	0	5	8	10	20
Gesamtkosten in GE	3	5,5	9,4	13	43

b) Aufstellen der Vorschrift

Produktionsmenge x multipliziert mit sich selbst: $x \cdot x = x^2$

dividiert durch 10: $\frac{x^2}{10} = 0{,}1\,x^2$ (Term)

Addition der Fixkosten: $0{,}1\,x^2 + 3$

Zuordnungsvorschrift: $K(x) = 0{,}1\,x^2 + 3$
Die Punkte werden zu einem Graphen verbunden.
Der Graph ist ein Ausschnitt aus einer **Parabel**.

$y = 0{,}1\,x^2 + 3$ ist die
Gleichung der Parabel.

Im Beispiel „Gesamtkosten" wird mit der Vorschrift $K(x) = 0{,}1\,x^2 + 3$ jeder Produktionsmenge x mit $x \geq 0$ genau die zugehörigen Gesamtkosten zugeordnet.
Eine solche **eindeutige Zuordnung** nennt man in der Mathematik **Funktion**.

> ### Funktionen
>
> **Funktionen** dienen zur Beschreibung von Zusammenhängen, bei denen eine Größe in **eindeutiger** Weise eine andere Größe festlegt.

Am Beispiel „Gesamtkosten" soll der Begriff **Funktion** näher erläutert werden.
Funktionsgleichung: $\qquad K(x) = 0{,}1\,x^2 + 3$

Wertetabelle:

Produktionsmenge x in ME	0	3	5	8	10	12	15	20
Gesamtkosten K(x) in GE	3	3,9	5,5	9,4	13	17,4	25,5	43

Die Menge, die alle zugelassenen x-Werte enthält, nennt man **Definitionsmenge**.
Für die Definitionsmenge der „Gesamtkosten"-Funktion gilt: $D(K) = \mathbb{R}_+$
Der ökonomisch sinnvolle Definitionsbereich reicht von 0 ME bis 20 ME: $D_{\text{ök}}(K) = [0;\,20]$
Die Funktion K ordnet jeder Zahl aus der Definitionsmenge $D_{\text{ök}}$ mithilfe der **Funktionsvorschrift** $K(x) = 0{,}1\,x^2 + 3$ genau eine reelle Zahl zu.
Hinweis: $D(K)$ wird auch als $D_{\text{math}}(K)$ bezeichnet.

Funktionswerte:
Für $x = 3$: $\qquad\qquad\qquad\qquad$ $y = K(3) = 0{,}1 \cdot 3^2 + 3 = 3{,}9$
für $x = 10$: $\qquad\qquad\qquad\qquad$ $y = K(10) = 0{,}1 \cdot 10^2 + 3 = 13$
Für jedes x aus $D(K)$ gilt: $\qquad$ $y = K(x)$

K(x) ist der Funktionswert an der Stelle x.
Durch die Übertragung der Werte in ein Koordinatensystem mit Abszissenachse (x-Achse) und Ordinatenachse (y-Achse) ergibt sich das **Schaubild der Funktion K (der Graph von K).**

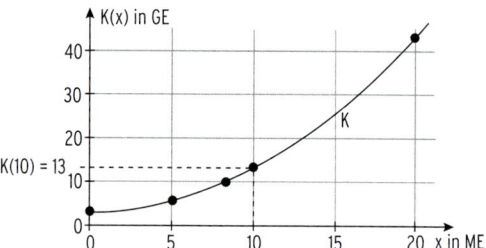

Es besteht ein **funktionaler Zusammenhang** von Produktionsmenge und Gesamtkosten.
Jeder Produktionsmenge x werden genau die zugehörigen Gesamtkosten $K(x)$ zugeordnet.

Schreibweise dieser Funktion K: $\qquad$ K mit $K(x) = 0{,}1\,x^2 + 3$; $\quad D_{\text{ök}}(K) = [0;\,20]$
Der Term $0{,}1\,x^2 + 3$ ist der **Funktionsterm**.

Beispiele für Funktionen
Erlösfunktion E mit $E(x) = -\frac{1}{2}x^2 + 4x$; $0 \leq x \leq 8$
Gewinnfunktion G mit $G(x) = -0{,}1\,x^3 + 3\,x^2 + 10\,x - 300$; x in ME, $G(x)$ in EUR
quadratische Funktion f mit $f(x) = -0{,}2\,x^2 + 12\,x - 100$; $x \in \mathbb{R}$

Darstellungsmöglichkeiten einer Funktion f

Beispiele

- Funktionsgleichung)

$f(x) = x^2 - x; \; x \in \mathbb{R}$

- Wertetabelle

x	-2	-1	0	0,5	1	2	3
f(x)	6	2	0	-0,25	0	2	6

$f(-1) = (-1)^2 - (-1) = 2$

$f(3) = 3^2 - 3 = 6$

- Funktionsgraph
  (Schaubild der Funktion f)

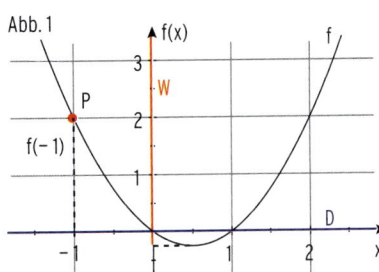

Abb. 1

Hinweise:

1)   Bedeutungen von $f(-1) = 2$

Für den x-Wert −1 erhält man
durch Einsetzen in $f(x)$ den
Funktionswert 2.

Der Punkt $P(-1|2)$ liegt auf
dem Graph von f.

2) Für den Funktionswert $y = f(x)$ gilt $f(x) \geq -\dfrac{1}{4}$ (s. Abb. 1).

Die Menge $W(f) = \left\{ f(x) \,\middle|\, f(x) \geq -\dfrac{1}{4} \right\}$ heißt **Wertemenge (Wertebereich).**

Definitionsbereich D(f) und Wertebereich W(f) einer Funktion f

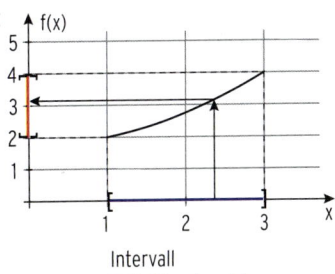

Abb. 2

Intervall
Wertebereich

Im Beispiel: $D(f) = [1; 3]$ Intervall

$W(f) = [2; 4]$

Seite 112

Hinweis: $[1; 3] = \{ x \mid 1 \leq x \leq 3 \,;\, x \in \mathbb{R} \}$

$(1; 3) = \{ x \mid 1 < x < 3 \,;\, x \in \mathbb{R} \}$

Intervall
Definitionsbereich

Bezeichnungen

x	Stelle, Argument oder Abszisse, Element von D(f), d. h. $x \in D(f)$
	unabhängige Variable
f(x), K(x)	**Funktionswert** von x (Funktionswert an der Stelle x)
D(f)	**Definitionsmenge**, Menge aller x-Werte, auf die f angewandt werden soll.
$D_{ök}(K)$	ökonomisch sinnvoller Definitionsbereich von K
W(f)	**Wertebereich von f**, Menge aller Funktionswerte, für die gilt:
	$W = \{ f(x) \mid f(x);\ x \in D(f) \}$.
	Der **Graph von f**, enthält alle Punkte $P(x \mid f(x))$.

Aufgaben

1 Gegeben ist die Funktion f. Zeichnen Sie den zugehörigen Graphen. Bestimmen Sie $f(-1,5)$ und x, sodass $f(x) = 1$. Geben Sie den Wertebereich von f für $D(f) = \mathbb{R}$ an.

a) $f(x) = \frac{1}{2}x + 1$ **b)** $f(x) = 6 - 2x$ **c)** $f(x) = 0,25x^2$ **d)** $f(x) = 4 - x^2$

2 Welches Schaubild gehört zu einer Funktion $f: x \mapsto f(x)$? Begründen Sie.

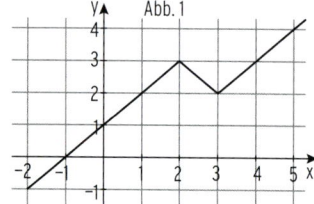 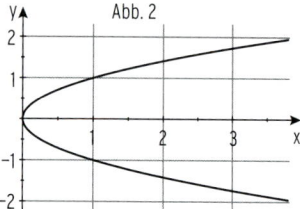

3 Formulieren Sie mithilfe der mathematischen Kurzschreibweise.

a) An der Stelle 3 hat die Funktion f den Funktionswert 12.

b) Der Punkt $P(2|5)$ liegt auf dem Schaubild von f.

c) Die Funktionen f und g nehmen für $x = -1$ denselben Funktionswert an.

d) Das Schaubild von f schneidet die Abszissenachse in $x = 3$.

e) Alle Funktionswerte der Funktion f sind negativ.

4 Entscheiden Sie, ob die Wertetabelle zu einer Funktion gehört. Begründen Sie Ihre Antwort.

a)

x	−1	0	1	2	3
y	4	0	−2	4	4

b)

x	−1	0	3	3	4
y	8	7	2	4	5

5 Beschreiben Sie in Worten.

a) $f(5) = 0$ **b)** $f(1) = f(-1)$ **c)** $f(x) \geq 0$

6 Gegeben sind die Punkte $A(3|-1)$, $B(0|1)$, $C(-4|-3)$ und $D\left(\frac{1}{2}\Big|\frac{3}{8}\right)$. Bestimmen Sie die Punkte, die auf dem Graph der Funktion f mit $f(x) = -\frac{x^2}{2} - x + 1$ liegen.

7 Entscheiden Sie begründet, welche Aussage wahr ist.

a) Der Graph einer Funktion schneidet die Abszissenachse in mindestens einem Punkt.

b) Der Graph einer Funktion schneidet eine Parallele zur Ordinatenachse höchstens einmal.

c) Eine Parallele zur Ordinatenachse kann nicht Graph einer Funktion sein.

d) Es gibt den Graph einer Funktion, der nur im 1. Quadranten verläuft.

8 Die Abbildung zeigt die Graphen von zwei Funktionen K und E. Übertragen Sie die Graphen in Ihr Heft.

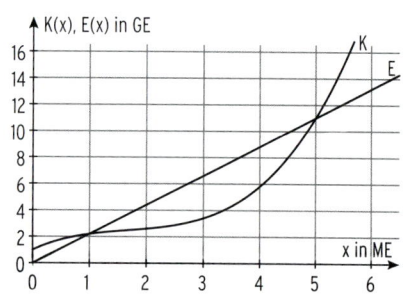

a) Lesen Sie ab: $K(2)$ und $E(2)$.

b) Bestimmen Sie $E(2) - K(2)$ und erläutern Sie die wirtschaftliche Bedeutung dieser Differenz.

c) Beschreiben Sie die Situation auf $[1; 5]$.

2 Lineare Funktionen

Lernsituation

Die Pyrokomet GmbH stellt Feuerwerke aller Art her.
Unter anderem werden Feuerwerksraketen,
und Böllersortimente für unterschiedliche Anlässe
– z. B. Hochzeiten – produziert.

Das Sortiment soll um Tischfeuerwerke erweitert werden.
Der Produktionsleiter Herr Fischer kalkuliert fixe Kosten zur Erweiterung der Produkti-
onskapazität in Höhe von 25 GE. Eine ME Tischfeuerwerk wird mit Produktionskosten von
1,85 GE veranschlagt. Die Kapazitätsgrenze liegt bei 40 ME.
Die Vertriebsleiterin Frau Barth vermutet aufgrund Ihrer Marktanalyse, dass mindestens
30 ME verkauft werden können. Sie möchte den Preis so festlegen, dass ab einer Produktion und dem Verkauf von 60 % dieser Mindestmenge, Gewinn erzielt wird.

Treffen Sie eine Entscheidung über die Preisgestaltung und analysieren Sie die daraus
entstehende Gewinnsituation.
Bestimmen Sie auch die Verlustzone und den maximal möglichen Gewinn.
Stellen Sie die Situation grafisch dar und kennzeichnen Sie die relevanten Begriffe in Ihrer
Grafik.

Nach einer Produktionsperiode erkennt die Vertreibsleiterin, dass die Tischfeuerwerke an
den Großhandel nur mit einem Preisnachlass von 20 % verkauft werden können.
Untersuchen Sie die Auswirkungen auf die Gewinnsituation.

Qualifikationen & Kompetenzen

- Lineare Funktionen erkennen
- Schnittpunkte mit den Koordinatenachsen,
  Schnittpunkte zweier Graphen
- Funktionsterme aufstellen
- grafische Darstellung von linearen Funktionen
- lineare Kosten- Erlös- und Gewinnfunktionen
- Angebot und Nachfrage

2.1 Definition der linearen Funktion

Gesamtkosten, Erlös und Gewinn

Beispiel 1

➲ Ökobauer Hans verkauft täglich bis zu 100 kg Kraut zu einem Preis von 1,50 EUR pro kg. Als Praktikant sollen Sie seine Einnahmen tabellarisch und grafisch aufbereiten.

Lösung

Für die Menge (in kg) wird die unabhängige **Variable x** und für die Einnahmen, den Erlös in EUR, die abhängige **Variable y = E(x)** verwendet. Die Zuordnung ist eine Funktion, weil jedem Wert von x genau ein Wert von y (Funktionswert) zugeordnet wird.

● **Darstellung durch eine Wertetabelle**

Menge x in kg	0	10	20	30	50	100
Erlös E(x) in EUR	0	15	30	45	75	150

● Darstellung im **Koordinatensystem**:

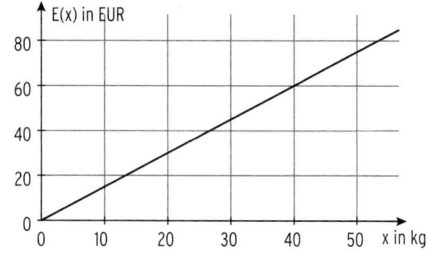

● Darstellung durch einen Term (Erlös E(x) in EUR in Abhängigkeit von der Menge x in kg):

$y = E(x) = 1{,}5 \cdot x$ (**lineare Gleichung**)

Jeder verkauften Menge Kraut wird genau ein Erlös zugeordnet.

Erlösfunktion E mit $E(x) = 1{,}5\,x$; $x \geq 0$

Für die Menge an verkauftem Kraut (x) sind alle **nicht negativen reellen Zahlen** bis 100 zugelassen. Ökonomisch sinnvoller **Definitionsbereich** $D_{ök}(E) = [0; 100]$.

Hinweis: Die Menge aller x-Werte aus $\mathbb{R}$ mit $0 \leq x \leq 100$ wird als Intervall $[0; 100]$ geschrieben.

Die Gerade ist steigend bis $E(100) = 150$. Es kommen alle Erlöse von 0 bis 150 EUR vor. Der **Wertebereich** von E ist die Menge $0 \leq E(x) \leq 150$: $W_{ök}(E) = [0; 150]$

Das Schaubild **der linearen Funktion** f mit $f(x) = 1{,}5\,x$; $x \in \mathbb{R}$ ist eine **Ursprungsgerade** mit **Steigung** $m = 1{,}5$.

Definitionsbereich: $D(f) = \mathbb{R}$

Im **Steigungsdreieck** gilt: $m = \dfrac{1{,}5}{1} = \dfrac{3}{2}$

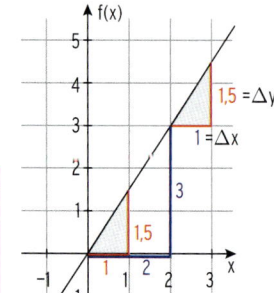

Beachten Sie

Allgemein gilt für die **Steigung m**:

$$m = \frac{\Delta y}{\Delta x} = \frac{\text{Differenz der y-Werte}}{\text{Differenz der x-Werte}} = \frac{\text{Differenz der Funktionswerte}}{\text{Differenz der x-Werte}}$$

Hinweise: $m > 0$ bedeutet, die Gerade ist **steigend** (für wachsende x-Werte wachsen die Funktionswerte). Ist E mit $E(x) = 1{,}5\,x$ die **Erlösfunktion**, so ist $m = 1{,}5$ **der Stückerlös bzw. der Stückpreis**.

Beispiel 2

➲ Das Unternehmen Waldner kann in einer Produktionsperiode bis zu 8 ME Werkzeuge herstellen. Dabei entstehen Gesamtkosten in Geldeinheiten (GE), die sich durch die Funktion K mit $K(x) = 12{,}5\,x + 30$ beschreiben lassen.

a) Zeichnen Sie den Graphen von K. Veranschaulichen Sie $K(4)$ grafisch. Bestimmen Sie $D_{\text{ök}}(K)$ und $W_{\text{ök}}(K)$.

b) Interpretieren Sie die Werte 12,5 und 30 aus dem Funktionsterm.

Lösung

a) Wertetabelle

Produktionsmenge x	0	4	6	8
Gesamtkosten K(x)	30	80	105	130

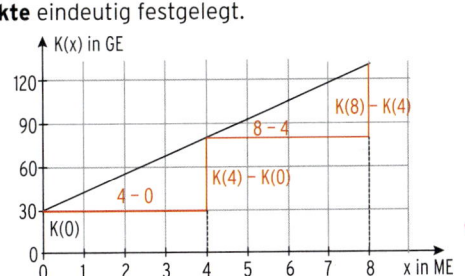

K heißt **Gesamtkostenfunktion**

Kapazitätsgrenze $x_{\text{Kap}} = 8$:

Ökonomisch sinnvoller Definitionsbereich:

$D_{\text{ök}}(K) = [0; 8]$

$K(x) = 12{,}5\,x + 30$ mit $x \in [0; 8]$.

Wertebereich: $W_{\text{ök}}(K) = [30; 130]$. (vgl. Wertetabelle)

b) $K(0) = 30$ sind die **fixen Kosten** K_f

(Fixe Kosten entstehen unabhängig von der Produktionsmenge, z. B Mieten, Personalkosten.) $b = 30$ ist der **Ordinatenabschnitt** der Kostengeraden.

Eine Gerade ist durch **2 verschiedene Punkte** eindeutig festgelegt.

Die zugehörige Gerade verläuft durch $(0\,|\,30)$ und $(4\,|\,80)$.

Steigung $m = \dfrac{\Delta y}{\Delta x} = \dfrac{80 - 30}{4 - 0} = \dfrac{50}{4} = 12{,}5$

Mit $K(4) = 80$; $K(0) = 30$ ergibt sich

$m = \dfrac{K(4) - K(0)}{4 - 0} = 12{,}5$

Ebenso: $m = \dfrac{K(8) - K(4)}{8 - 4} = \dfrac{130 - 80}{4} = 12{,}5$

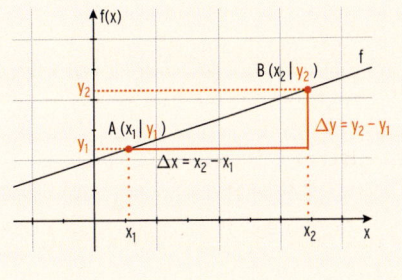

Lineare Funktion und Steigung

mvurl.de/rk4c

Eine Funktion der Form f mit $f(x) = m\,x + b$; $x \in \mathbb{R}$ heißt **lineare Funktion** (ganzrationale Funktion 1. Grades).

Der Graph von f ist eine **Gerade.** $y = m\,x + b$ ist die Geradengleichung in **Normalform.**

m ist die **Steigung, b** ist der **Ordinatenabschnitt.**

Für die **Steigung m einer Geraden** durch die Punkte $A(x_1\,|\,y_1) = A(x_1\,|\,f(x_1))$ und $B(x_2\,|\,y_2) = B(x_2\,|\,f(x_2))$ gilt:

$m = \dfrac{\Delta y}{\Delta x} = \dfrac{y_2 - y_1}{x_2 - x_1} = \dfrac{f(x_2) - f(x_1)}{x_2 - x_1}$

Beispiel 3

➲ Die Preis-Absatz-Funktion p mit $p(x) = -1,5x + 12$ beschreibt den Zusammenhang zwischen dem Marktpreis $p(x)$ (in GE/ME) und der nachgefragten Menge x in ME. Zeichnen Sie den Graphen von p. Interpretieren Sie den Verlauf des Graphen.

Lösung

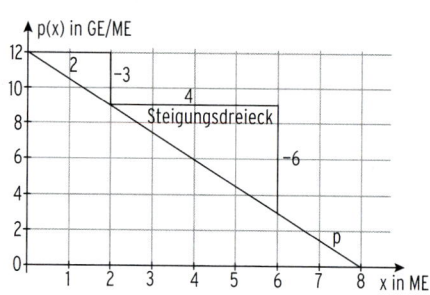

Zeichnung mithilfe des **Ordinatenabschnittes** und eines Steigungsdreiecks.

b = 12: Der Graph von p schneidet die Ordinatenachse in S(0|12).

$m = -1,5 = -\frac{3}{2}$

Ökonomische Interpretation: Der Preis nimmt um 1,5 GE/ME ab, wenn eine ME zusätzlich angeboten wird. Werden 8 ME angeboten, ist der Markt gesättigt.

Steigung einer Geraden

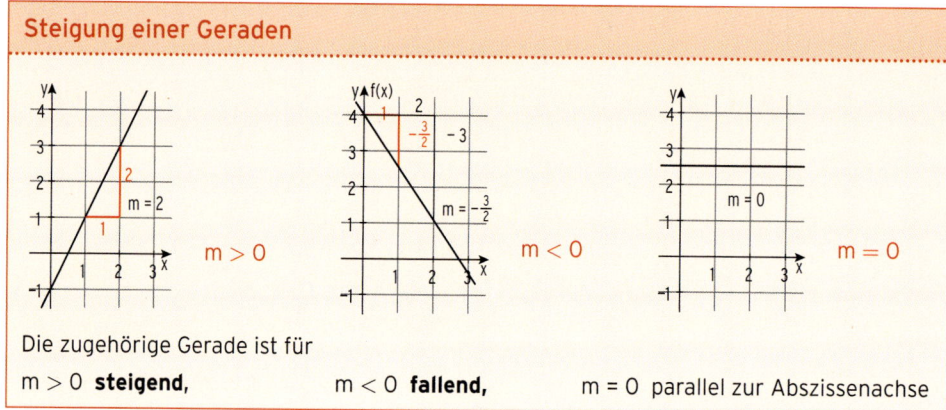

Die zugehörige Gerade ist für

$m > 0$ **steigend,** $m < 0$ **fallend,**   m = 0 parallel zur Abszissenachse

---

Beispiel 4

➲ Das Unternehmen Reifen-Stroppel beschreibt seine Gesamtkosten mit $K(x) = 0,6x + 2$ und seine Erlöse mit $E(x) = 1,8x$, x in MF, $K(x)$ und $E(x)$ in GE.
Bestimmen Sie den Funktionsterm der Gewinnfunktion G. Prüfen Sie, ob der Punkt P(8|7,6) auf dem Graphen von G liegt.
Interpretieren Sie die Koordinaten von P ökonomisch.

Lösung

Gewinnfunktion G mit $G(x) = E(x) - K(x)$

$G(x) = 1,8x - (0,6x + 2) = 1,2x - 2$

Punktprobe: Einsetzen der Koordinaten in

$y = 1,2x - 2$: $7,6 = 1,2 \cdot (8) - 2$

ergibt $7,6 = 7,6$ **w. A.**

d. h., P **liegt** auf dem Graphen von G.

Werden 8 ME hergestellt und verkauft, wird ein Gewinn von 7,6 GE erzielt.

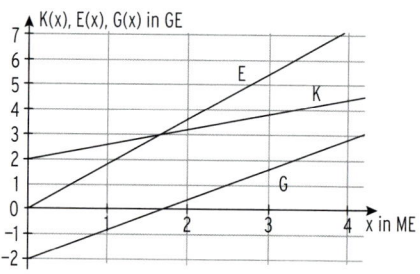

Beispiel 5

➲ Das Unternehmen Besler stellt ein Produkt her.
Die Abbildung zeigt den Verlauf der Gesamt-
kosten in GE für die Produktionsmenge x in
Mengeneinheiten (ME).
Die Kapazitätsgrenze liegt bei 10 ME.

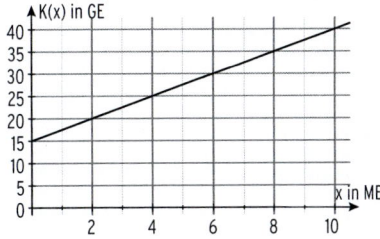

a) Untersuchen Sie, ob K(x) = 2,5x + 15 die
Gesamtkosten beschreibt.

b) Interpretieren Sie K(x) ökonomisch.

Lösung

a) Aus dem Schaubild lässt sich ablesen:

b = 15

$m = \frac{5}{2} = \frac{10}{4} = \frac{2,5}{1} = 2,5$

K(x) = 2,5 x + 15

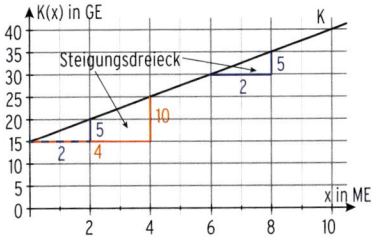

b) K(x) steht für die Gesamtkosten:

K(x) = 2,5 x + 15

Die **Fixkosten** betragen 15 GE: K(0) = 15

Die Gesamtkosten setzen sich zusammen aus den **Fixkosten** und den **variablen
Kosten**, die von der Produktionsmenge abhängen: K(x) = 2,5 x + 15

$$K(x) = K_v(x) + K_f$$

Erhöht man die Produktionsmenge um 1 ME, so erhöhen sich die Kosten um 2,5 GE.
Die **variablen Stückkosten** steigen **konstant** und entsprechen dem
Kostenzuwachs m. Die **Steigung der Geraden** heißt m.
Ökonomisch sinnvoller Definitionsbereich von K: $D_{ök}(K) = [0; 10]$.
Die Kapazitätsgrenze liegt bei 10 ME, es können also bis zu 10 ME produziert werden.
Mit K(10) = 40 ergibt sich der **Wertebereich von K:** $W_{ök}(K) = [15; 40]$.

Beachten Sie die wirtschaftlichen Zusammenhänge

x	Ausbringungsmenge; Produktionsmenge in Mengeneinheiten (ME)
K(x)	**Gesamtkosten** in Abhängigkeit von der Menge x, K(x) in Geldeinheiten (GE) oder in EUR
	Ökonomisch sinnvoller Definitionsbereich: $D_{ök}(K) = [0; x_{Kap}]$
	Wertebereich $D_{ök}(K) = [K(0); K(x_{Kap})] = [K_f; K(x_{Kap})]$
$K_f = K(0)$	Fixe Kosten
$K_v(x)$	Variable Gesamtkosten in Abhängigkeit von der Menge x $K(x) = K_v(x) + K_f$
p	konstanter Stückpreis; Preis in GE pro ME
$E(x) = p \cdot x$	**Erlös** (Umsatz) in Abhängigkeit von x (Polypol)
$p(x) = mx + b; m < 0$	Preis-Absatz-Funktion p
$G(x) = E(x) - K(x)$	**Gewinn** = **Erlös** minus **Gesamtkosten**

Angebot und Nachfrage

In einem Markt gibt es Anbieter und Nachfrager. Der Marktpreis wird durch Angebot und Nachfrage bestimmt.

Nachfragefunktion

Beispiel

⮕ Die folgende Wertetabelle beschreibt den Zusammenhang zwischen dem Preis eines Bekleidungsstückes in €/ME und der nachgefragten Menge in ME.

x in ME	60	100	120	140
Preis $p_N(x)$ in €/ME	14	12	11	10

a) Stellen Sie den Zusammenhang von Absatzmenge x und Preis $p_N(x)$ grafisch dar.

b) Bestimmen Sie den Term der zugehörigen Nachfragefunktion.

c) Interpretieren Sie die Situation.

Lösung

a) $p_N(x)$ ist der Nachfragepreis in Abhängigkeit von der Absatzmenge x.
Das Schaubild von p_N ist eine Gerade.

b) p_N ist eine **lineare Funktion.**
Die zugehörige Gerade hat die Steigung
$m = \frac{11 - 12}{120 - 100} = -\frac{1}{20}$
Einsetzen von z. B. (100 | 12)
in $p_N(x) = -\frac{1}{20}x + b$ ergibt: $12 = -\frac{1}{20} \cdot 100 + b$
$b = 17$

Funktionsterm **der Nachfragefunktion p_N**: $p_N(x) = -\frac{1}{20}x + 17 = -0,05x + 17$

c) Die **Steigung m** ist negativ.
Der Absatz kann also nur gesteigert werden, wenn der Preis $p_N(x)$ gesenkt wird.
Der **Ordinatenachsenabschnitt** (b = 17) entspricht dem **maximalen** Preis $p_{max} = 17$
bei dem die Nachfrage null wird (**Höchstpreis $p_N(0)$**).

Nullstelle von p_N: $p_N(x) = 0$ $-0,05x + 17 = 0$ für $x = x_{Sätt} = 340$
$x_{Sätt}$ ist die **Sättigungsmenge**. Selbst bei einem Preis von null überschreitet die
nachgefragte Menge nicht den Wert $x_{Sätt}$.
Ökonomisch sinnvoller Definitionsbereich: $D_{ök} = [0; 340]$
Ökonomisch sinnvoller Wertebereich: $W_{ök} = [0; 17]$

Nachfragefunktion

Die **Nachfragefunktion** beschreibt den **Zusammenhang** von **Preis $p_N(x)$** und
nachgefragter Menge x: der Preis sinkt, wenn die nachgefragte Menge zunimmt.
Bei linearem Zusammenhang: $p_N(x) = mx + b$; $m < 0$, $b > 0$
Das Schaubild der **Nachfragefunktion** ist eine **fallende Gerade.**
$p_N(0)$: Höchstpreis; $p_N(x) = 0$ führt auf die **Sättigungsmenge** $x_{Sätt}$.

Angebotsfunktion

Die **Angebotsfunktion** gibt die Abhängigkeit der angebotenen Menge von dem dafür verlangten Preis an. Je höher der Verkaufspreis, desto mehr sind die Hersteller bereit zu produzieren (weil die Anbieter mehr Gewinn machen). Mit steigenden Preisen nimmt auch die angebotene Menge zu.

Beispiel 1

➥ Eine Angebotsfunktion ist gegeben durch
$p_A(x) = 9{,}25\,x + 10;\ x \geq 0;\ x$ in ME; $p_A(x)$ in GE/ME.
Interpretieren Sie.

Lösung

Die Angebotsmenge ist x in ME.
Die zugehörige Gerade hat eine positive
Steigung m (m = 9,25).
Der **Ordinatenachsenabschnitt** (b = 10)
entspricht dem **minimalen** Preis p_{min} , bei
dem das Produkt nicht am Markt angeboten
wird. $p_A(0) = 10$
Der **Mindestangebotspreis** (Mindestpreis)
liegt bei 10 GE/ME.

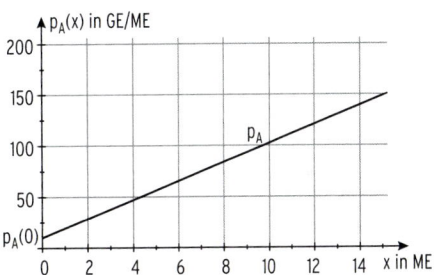

Erst bei steigenden Preisen sind die Hersteller bereit, mehr Produkte anzubieten.
Ökonomisch sinnvoller Definitionsbereich: $D_{ök} = [0;\infty)$
Da es **keinen Höchstpreis** gibt und der Angebotspreis monoton steigend ist, gilt für den ökonomisch sinnvollen Wertebereich: $W_{ök} = [10;\infty)$.

Angebotsfunktion

Die **Angebotsfunktion** beschreibt den **Zusammenhang** zwischen dem **Preis $p_A(x)$** für eine ME eines Produktes **und der angebotenen Menge x:** der Preis steigt, wenn die angebotene Menge zunimmt.
Bei linearem Zusammenhang: $p_A(x) = m\,x + b;\ m > 0,\ b > 0$
Das Schaubild der **Angebotsfunktion** ist eine **wachsende Gerade.**
$p_A(0)$: **Mindestangebotspreis**

Beispiel 2

➥ Die Anbieter sind bereit, ihr Produkt ab einem Preis von 10 GE/ME anzubieten. Bei einem Preis von 16 GE/ME werden 2 ME angeboten.
Bestimmen Sie den Term der linearen Angebotsfunktion.

Lösung

Mindestangebotspreis: $p_A(0) = 10$
Mit $p_A(2) = 16$ lässt sich die Steigung bestimmen: $m = \dfrac{p_A(2) - p_A(0)}{2 - 0} = \dfrac{16 - 10}{2} = 3$
Gesuchte Angebotsfunktion p_A mit $p_A(x) = 3x + 10$

Aufgaben

1 Zeichnen Sie den Graphen der linearen Funktion f.

a) $f(x) = 0,5x - 3$ **b)** $f(x) = -\frac{1}{8}x + 4$ **c)** $f(x) = -4x + 1,5$

2 Gegeben ist die lineare Funktion f mit $f(x) = 6 - 1,5x;\ x \in \mathbb{R}$.

a) Zeichnen Sie den Graphen von f in ein geeignetes Koordinatensystem ein.

b) Kennzeichnen Sie in Ihrer Zeichnung: $f(0)$; $f(3,5)$.

c) Bestimmen Sie mithilfe Ihrer Zeichnung: $f(x) = 0$. Deuten Sie dies geometrisch.

d) Zeigen Sie, dass der Punkt $P(5,5\,|-2)$ nicht auf der Geraden liegt.

mvurl.de/8ysk

3 Abb. 1 und Abb. 2 zeigen Schaubilder von linearen Funktionen.
Bestimmen Sie den zugehörigen Funktionsterm.

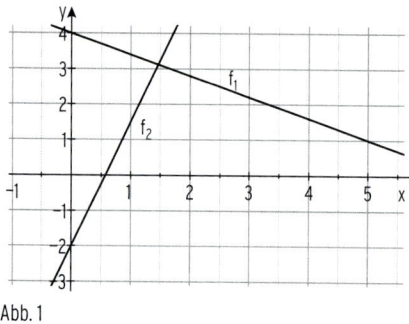

Abb. 1

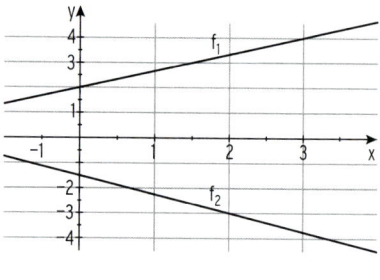

Abb. 2

4 Beschreiben Sie den Einfluss der Parameter m bzw. b in $f(x) = mx + b$ auf den Verlauf der zugehörigen Geraden.

5 Abb. 3 zeigt den Graphen einer Nachfrage-
bzw. einer Angebotsfunktion.
Ordnen Sie f_1 und f_2 zu.
Begründen Sie Ihre Wahl. Geben
Sie für die beiden Funktionen jeweils einen
Funktionsterm an.

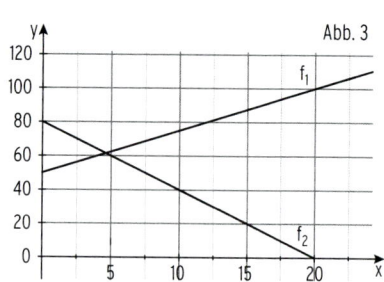

Abb. 3

6 Der Graph einer linearen Gesamtkostenfunktion verläuft durch $P(5 \mid 75)$.
Die Fixkosten liegen bei 25 GE. Die Kapazitätsgrenze liegt bei 40 ME.

a) Bestimmen Sie $K(x)$, den ökonomisch sinnvollen Definitionsbereich und den Wertebereich von K.

b) Der Verkaufspreis pro ME beträgt 12 GE. Bestimmen Sie die Gewinnfunktion.

7 Bei der Herstellung eines Produktes entstehen fixe Kosten in Höhe von 80 GE.
Die Gesamtkosten für eine Ausbringungsmenge von 5 ME betragen 255 GE.
Bestimmen Sie die variablen Stückkosten (variable Gesamtkosten pro ME) und geben Sie
den Funktionsterm der Gesamtkostenfunktion an.
Zeichnen Sie die Kostengerade in ein geeignetes Koordinatensystem.

8 Die Gesamtkosten der Göttinger Büromöbel AG für die Herstellung von Schreibtischen entwickeln sich entsprechend der Vorschrift $K(x) = 4{,}2\,x + 30$, x in ME, $K(x)$ in GE. Es können maximal 20 ME hergestellt werden.

a) Erläutern Sie die mathematische und ökonomische Bedeutung der Werte 4,2 bzw. 30 aus dem Funktionsterm.

b) Beschreiben Sie die mathematische und die ökonomische Bedeutung einer Verschiebung des Graphen von K um 5 Einheiten nach oben.

c) Bestimmen Sie die Gesamtkosten an der Kapazitätsgrenze.

d) Die Kosten bei der Produktion von 17 ME betragen 100 GE. Überprüfen Sie, ob die Gesamtkosten richtig angegeben wurden.

9 Für einen Betrieb lassen sich die Gesamtkosten beschreiben durch $K(x) = 0{,}75x + 8$, und die Erlöse durch $E(x) = 2{,}25x$, x in ME. Der Gewinn in GE berechnet sich aus der Differenz von Erlös und Gesamtkosten.

a) Bestimmen Sie den Term der linearen Gewinnfunktion.

b) Ermitteln Sie die Produktionsmenge bei einem Gewinn von 20,5 GE.

c) Die Fixkosten haben sich verdoppelt. Bestimmen Sie den Funktionsterm der neuen Gewinnfunktion G_{neu}.

10 Die Fixkosten für die Herstellung eines Billig-Gartenmöbel-Sets für das Möbelhaus Anhofer betragen 1000 EUR, die Kosten pro ME 150 EUR. Der Verkaufspreis liegt bei 200 EUR pro ME.

a) Geben Sie die Gleichungen der Kosten-, Erlös- und Gewinnfunktion an.

b) Berechnen Sie die Verkaufszahl in ME, um einen Gewinn von 4000 EUR zu erzielen. Bestimmen Sie die Höhe der Erlöse für diesen Fall.

11 Ein Betrieb weist folgende Kennzahlen für den Monat Juni auf: Fixkosten 6400,00 EUR, variable Gesamtkosten pro ME 3,20 EUR, Verkaufspreis pro ME 8,50 EUR.

a) Ermitteln Sie die Höhe der Gesamtkosten, der Erlöse und des Gewinns für 4000 ME.

b) Nach einer Erhöhung des Verkaufspreises kann der Gewinn im Juli beschrieben werden durch $G(x) = 6{,}50\,x - 6400$. Die Gesamtkostensituation ist unverändert. Bestimmen Sie den Funktionsterm der Erlösfunktion.

12 Gegeben sind die Angebotsfunktion p_A mit $p_A(x) = 0{,}5\,x + 4$ und die Nachfragefunktion p_N mit $p_N(x) = 12 - 1{,}5\,x$; x in ME.

a) Bestimmen Sie den ökonomisch sinnvollen Definitionsbereich für beide Funktionen.

b) Bestimmen Sie den Mindestpreis und den Höchstpreis.

c) Berechnen Sie die Angebots- und die Nachfragepreise für 6 ME.

2.2 Aufstellen von linearen Funktionstermen

Beispiel 1

➲ Von den Gesamtkosten eines Unternehmens ist folgendes bekannt: Die variablen Stückkosten betragen 1,25 GE/ME und bei der Herstellung von 20 ME entstehen Gesamtkosten von 65 GE.
Bestimmen Sie den Term der linearen Gesamtkostenfunktion.

Lösung

Ansatz für die lineare Gesamtkostenfunktion: $K(x) = m x + b$

Die variablen Stückkosten entsprechen

der Steigung $m = 1{,}25$: $K(x) = 1{,}25\,x + b$

$P(20\,|\,65)$ liegt auf der Kostengeraden: $65 = 1{,}25 \cdot (20) + b \Rightarrow b = 40$

Gesamtkosten K mit $K(x) = 1{,}25\,x + 40$

Beispiel 2

➲ Der Discounter Gik verkauft in seinen Filialen als einziger Anbieter ein T-Shirt mit einem Bild des Fussballers Massi zu unterschiedlichen Preisen.
Die wöchentliche Auswertung zeigt die Tabelle:

nachgefragte Menge	100	200
Preis pro T-Shirt in EUR	3,25	2

Bestimmen Sie den Term der linearen Preis-Absatz-Funktion p.

Lösung

Ohne Hilfsmittel:

• **mithilfe der Steigung:**
$$m = \frac{y_2 - y_1}{x_2 - x_1} = \frac{p(x_2) - p(x_1)}{x_2 - x_1}$$
$$m = \frac{3{,}25 - 2}{100 - 200} = -0{,}0125$$

Einsetzen von $A(200\,|\,2)$ in $p(x) = -0{,}0125\,x + b$: $2 = 200(-0{,}0125) + b$

$b = 4{,}5$

Gesuchter Funktionsterm: $p(x) = -0{,}0125\,x + 4{,}5$

• **mithilfe eines Linearen Gleichungssystems:**

Punktprobe mit $A(100\,|\,3{,}25)$ in $p(x) = m x + b$: $\left|\; 3{,}25 = 100\,m + b \;\right|$

Punktprobe mit $B(200\,|\,2)$ in $p(x) = m x + b$: $\left|\;\; 2 = 200\,m + b \;\right|$

Lineares Gleichungssystem (LGS) aus 2 Gleichungen mit 2 Unbekannten

Lösung **mit dem Additionsverfahren:** $\left|\; 3{,}25 = 100\,m + b \;\right|$

$\left|\;\; 2 = 200\,m + b \;\right| \cdot (-1) \;\underleftarrow{\quad}^{+}$

$1{,}25 = -100\,m$

$m = -0{,}0125$

Durch „Addition der beiden Gleichungen" wird die Unbekannte b eliminiert.

Einsetzen von $m = -0{,}0125$

in z.B. $2 = 200\,m + b$ ergibt: $2 = 200(-0{,}0125) + b$

$b = 4{,}5$

Gesuchter Funktionsterm: $p(x) = -0{,}0125\,x + 4{,}5$

Seite 227

Beispiel 3

⮕ Im Unternehmen Bock-Elektrogeräte ist bekannt, dass erst ab mehr als 1,5 ME produzierter und verkaufter Geräte ein Gewinn erzielt werden kann.
Werden 6 ME produziert und verkauft, wird ein Gewinn von 12,5 GE erzielt,
Bestimmen Sie den Term der linearen Gewinnfunktion G.

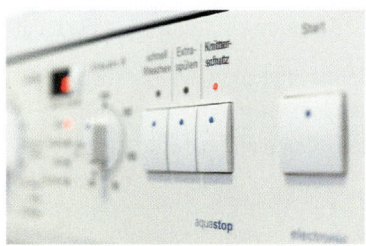

Lösung

Mit Hilfsmittel:

Lösung mithilfe eines **Linearen Gleichungssystems:**

Gewinnfunktion G mit $G(x) = mx + b$; x in ME, $G(x)$ in GE

Für $x = 1{,}5$: $G(1{,}5) = 0$:	$m \cdot 1{,}5 + b = 0$
Für $x = 6$: $G(6) = 12{,}5$:	$m \cdot 6 + b = 12{,}5$

Lösung des LGS mit CAS:

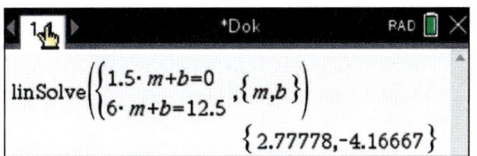

Ein CAS liefert die
Lösung des LGS: $a \approx 2{,}778$; $b \approx -4{,}167$
gesuchter Funktionsterm: $G(x) = 2{,}778x - 4{,}167$

Lösung mithilfe einer Funktionsanpassung **(Lineare Regression):**
Eingabe der Koordinaten von A(1,5 | 0) und B(6 | 12,5).

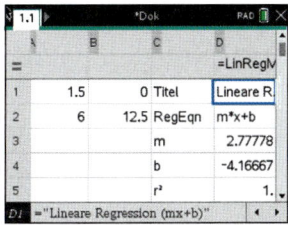

Die Regression liefert $a \approx 2{,}778$ und $b \approx -4{,}167$
Gewinnfunktion G mit $G(x) = 2{,}778x - 4{,}167$; $x \geq 0$

Erläuterungen zur Linearen Regression

Vermutet man einen Zusammenhang zwischen zwei Merkmalen, erhebt man Daten für die zwei Merkmale X und Y und erstellt ein **Streudiagramm**.

Beobachtet man die Punktwolke genauer, kann man vermuten, dass sich die Punkte um eine

Gerade scharen.

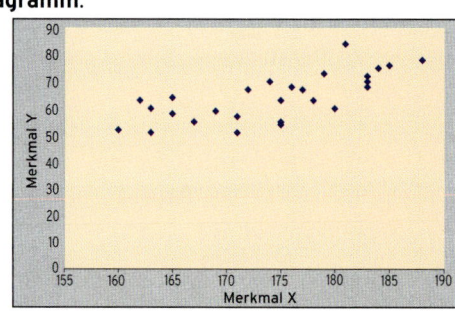

Die **Regressionsanalyse** beschreibt den linearen Zusammenhang mathematisch, d. h., der Zusammenhang zwischen den Merkmalen X und Y kann durch eine Gerade mit der Gleichung y = mx + b beschrieben werden.

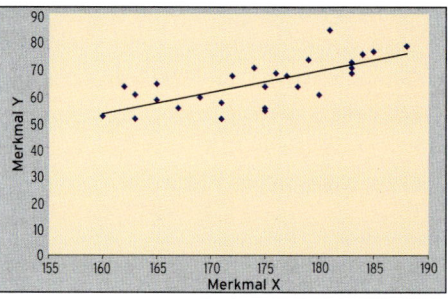

Ein **CAS** berechnet für **jede Punktwolke** eine „Regressionsgerade".

Beispiel:

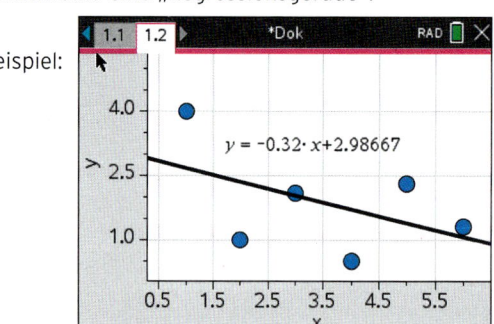

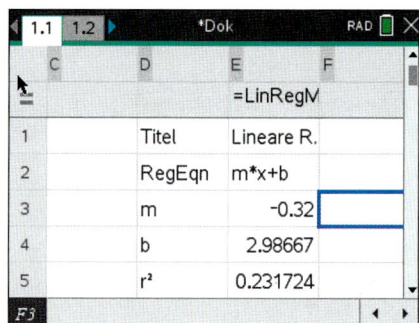

Ein **Maß für die Stärke** des (linearen) Zusammenhangs zwischen den beiden Merkmalen ist **der Korrelationskoeffizient r.** Ein CAS gibt das Bestimmtheitsmaß R^2 (= r^2) oder den Korrelationskoeffizienten r an.
Je näher r bei 1 liegt, desto „genauer" ist die Regression.

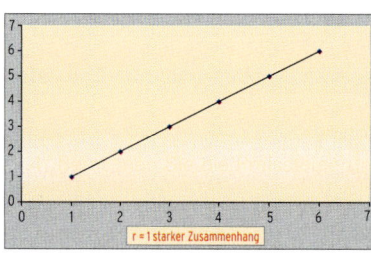

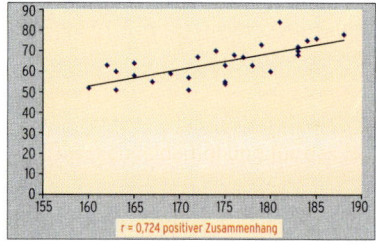

Aufgaben

1 Zeichnen Sie die Gerade von g und bestimmen Sie die Geradengleichung.

a) Die Gerade von g hat die Steigung m = 3 und verläuft durch A (1|1,5).

b) Die Gerade von g verläuft durch A (−6|1) und B (0|2).

c) Die Punkte A (−3|1) und B $\left(1\left|\frac{11}{3}\right.\right)$ liegen auf der Geraden von g.

d) Gegeben ist die Funktion h mit h(x) = 3 x − 4.
Die Gerade von g geht durch die Punkte P (−1|h(−1)) und N (2|0).

e) C (3,5|2,5) liegt auf der Geraden von g. Diese verläuft parallel zur Abszissenachse.

2 Die Abbildung 1 zeigt zwei Graphen von
linearen Funktionen.
Bestimmen Sie jeweils den zugehörigen
Funktionsterm.

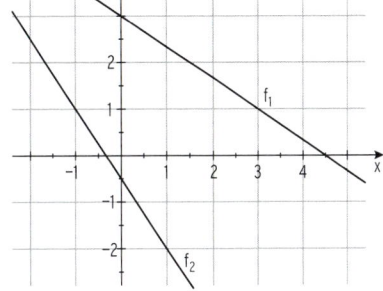

Abb. 1

3 Zeigen Sie: Die Gerade durch den Punkt (1|4)
mit Steigung m ist der Graph
der Funktion f mit f(x) = m (x − 1) + 4.

4 Bestimmen Sie die lineare
Preis-Absatz-Funktion mithilfe
der Abbildung 2.

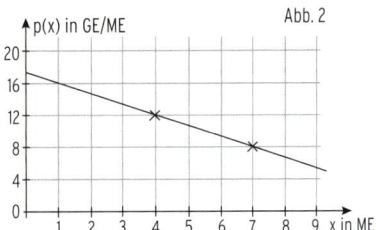

Abb. 2

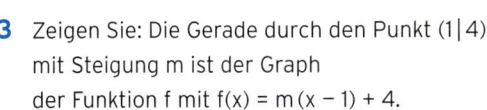

5 Ein Marktforschungsunternehmen hat für
ein Gut der Firma Waldhorn
folgende Nachfragefunktion ermittelt:
$p_N(x) = 6 − 0,5 x$.
Bestimmen Sie eine geeignete Angebotsfunktion, wenn von einem minimalen Angebotspreis von 1 GE/ME ausgegangen werden soll und für 5 ME Angebots- und Nachfragepreis
übereinstimmen.

6 Für einen Betrieb lässt sich der Gewinn durch eine lineare Funktion beschreiben. Bei einer
Produktionsmenge von 2 ME beträgt der Gewinn 350 GE.
Der Gewinn pro ME beträgt 275 GE.

a) Bestimmen Sie den Term der linearen Gewinnfunktion.

b) Der Gewinn beträgt 1175 GE. Ermitteln Sie die zugehörige Produktionsmenge.

7 Die Haro GmbH stellt Kraftfutter für Schweine her. Eine Marktuntersuchung liefert
folgende Ergebnisse:

Preis in € je t	nachgefragte Menge in t	angebotene Menge in t
35,5	29	50
19	62	20

Untersuchen Sie die Marktsituation für eine Menge von 40 t.

8 In einem Betrieb entstehen Gesamtkosten K in Abhängigkeit der hergestellten ME.

x in ME	100	140	200
K(x) in EUR	385	395	410

a) Zeichnen Sie die gegebenen Punkte in ein Koordinatensystem ein.

b) Bestimmen Sie eine Gleichung der Gesamtkostengeraden und zeichnen Sie diese in das Koordinatensystem ein.

c) Berechnen Sie die Gesamtkosten bei einer Produktion von 140 ME.
Bestimmen Sie die Produktionsmenge, wenn die Gesamtkosten 1000 EUR betragen.

9 Werden 15 ME Fahrräder produziert und verkauft, wird kein Gewinn und kein Verlust erzielt. Bei 20 ME verkauften Rädern beträgt der Gewinn 2750 EUR. Zurzeit kann der Betrieb höchstens 25 ME Räder pro Woche herstellen.

a) Zeigen Sie, für die Gewinnfunktion G gilt $G(x) = 550x - 8250$; $0 \leq x \leq 25$.

b) Bei der Produktion von Fahrrädern fallen in jeder Woche 8250 EUR Fixkosten an. Das Unternehmen erzielt auf dem Markt einen Preis je ME Rad von 1350 EUR.
Bestimmen Sie die variablen Kosten pro ME Rad.

10 Für einen Palettenwickler rechnet der Lagerverwalter täglich mit fixen Gesamtkosten von 40 EUR.
Eine solche Verpackungsmaschine hat eine Kapazität von 200 ME Paletten.
Für jeden Verpackungsvorgang betragen die variablen Gesamtkosten 2,50 EUR.

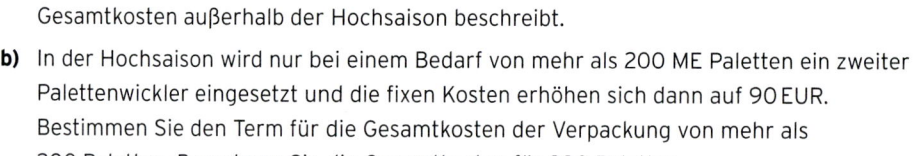

a) Bestimmen Sie den Funktionsterm, der den Zusammenhang von ME verpackter Paletten und Gesamtkosten außerhalb der Hochsaison beschreibt.

b) In der Hochsaison wird nur bei einem Bedarf von mehr als 200 ME Paletten ein zweiter Palettenwickler eingesetzt und die fixen Kosten erhöhen sich dann auf 90 EUR. Bestimmen Sie den Term für die Gesamtkosten der Verpackung von mehr als 200 Paletten. Berechnen Sie die Gesamtkosten für 280 Paletten.

11 Die Gesamtkostenentwicklung für ein Produkt des Unternehmens ABT lässt sich durch nachfolgende Tabelle beschreiben.

x in ME	20	55	60	80
K(x) in EUR	2799	6736,5	7299	9549

Der Geschäftsführer behauptet, die Gesamtkostenentwicklung verlaufe linear. Untersuchen Sie diese Behauptung.

12 Gesamtkosten und Gewinn der Böttcher AG sind in der Tabelle aufgelistet. Bestimmen Sie die Funktionsterme von K, E und G durch lineare Regression.

x in ME	100	180	308
K(x) in GE	43,50	55,40	74,70
G(x) in GE	−1,50	25,55	63,95

2.3 Gemeinsame Punkte

Gesamtkosten, Erlös und Gewinn

Beispiel 1

⮕ Das Unternehmen Mobi stellt Mobiltelefone her.
Der Erlös pro ME Telefon beträgt 2,5 GE. Die fixen Kosten betragen 5 GE, bei der
Produktion ergeben sich pro ME Telefon Kosten in Höhe von 1,25 GE.
Untersuchen Sie die Gewinnsituation.

Lösung

Erlösfunktion E mit $E(x) = 2,5 x$

Der Graph der Erlösfunktion ist eine

Ursprungsgerade: $E(0) = 0$

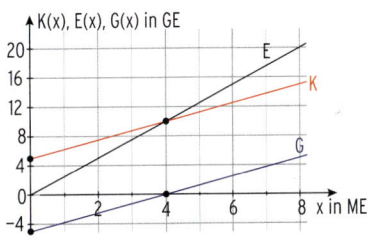

Variable Stückkosten:	1,25 GE/ME
Variable Gesamtkosten:	$K_v(x) = 1,25 x$
Fixkosten	$K_f = K(0) = 5$

Gesamtkostenfunktion K mit $K(x) = 1,25 x + 5$

Gesamtkosten und Erlöse **sind gleich:** $E(x) = K(x)$

Gleichsetzen liefert: $2,5 x = 1,25 x + 5$

$x = 4$

Mit $K(4) = E(4) = 10$ erhält man den **Schnittpunkt S(4 | 10).**

Erlös- und Kostengerade schneiden sich in der **Gewinnschwelle** x = 4, Mobi erzielt
Kostendeckung. Der zugehörige Erlös bzw. die zugehörigen Kosten betragen 10 GE.

Gewinnfunktion G: $G(x) = E(x) - K(x)$

$G(x) = 2,5 x - (1,25 x + 5)$

$G(x) = 1,25 x - 5$

Schnittpunkt mit der Abszissenachse:

Bedingung: $G(x) = 0$ $1,25 x - 5 = 0$ für $x = 4$

Schnittpunkt des Graphen von G

mit der Abszissenachse: N(4|0)

Für x < 4 erzielt Mobi **Verluste,** für x > 4 **Gewinne.**

Hinweise: x = x_{GS} = 4 heißt **Gewinnschwelle.**

x = 4 ist die **Nullstelle** der Funktion G.

Für x > 4: G(x) > 0.

G verläuft **oberhalb der Abszissenachse: Gewinnintervall (4; ∞)**

Für x < 4: G(x) < 0.

G verläuft **unterhalb der Abszissenachse: Verlustintervall (0; 4)**

Schnittpunkt des Graphen von G

mit der Ordinatenachse: $G(0) = -5 \Rightarrow S(0|-5)$

Der **Verlust** ist in x = 0 **am größten** und beträgt 5 GE.

Beachten Sie

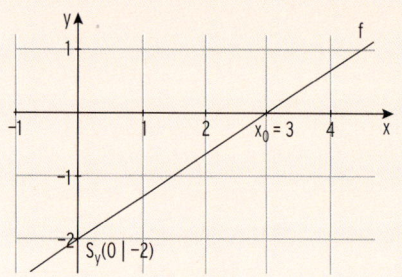

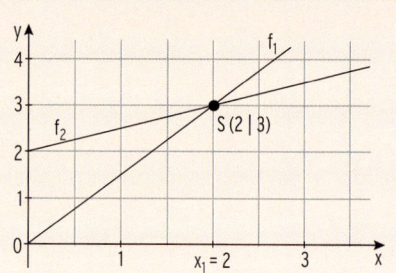

Der Graph von f **schneidet die Abszissen-achse und die Ordinatenachse.**

f(x) = 0 liefert die **Nullstelle** x_0 von f.

Schnittpunkt mit der Abszissenachse:
$N(x_0|0)$

Schnittpunkt mit der Ordinatenachse:
$S(0|f(0))$

Die Graphen von f_1 und f_2 **schneiden sich.**

$f_1(x) = f_2(x)$ (Gleichsetzen) liefert die **Schnittstelle** x_1 der Graphen von f_1 und f_2.

Schnittpunkt der beiden Graphen:
$S(x_1|f(x_1))$.

Beispiel 2

⮕ Die Gesamtkosten K des Unternehmens LIDA zur Herstellung ihres Produktes werden beschrieben durch $K(x) = 0,14\,x + 7,5$.
Die Kapazitätsgrenze liegt bei 120 ME.
Der Verkaufspreis pro ME beträgt 0,24 GE.

a) Geben Sie den Term der Erlösfunktion und den Term der Gewinnfunktion an.

b) Vergleichen Sie die Höhe der Kosten, der Erlöse und des Gewinns für eine Ausbringungsmenge von 50 ME und 100 ME.
Interpretieren Sie die Berechnungen.

c) Bestimmen Sie das Gewinnintervall, das Verlustintervall und den maximalen Gewinn.

Lösung

a) **Erlösfunktion E** mit $E(x) = p(x) \cdot x$ $E(x) = 0,24\,x$

   Gewinnfunktion G mit $G(x) = E(x) - K(x) = 0,24\,x - (0,14\,x + 7,5)$
                                    $G(x) = 0,1\,x - 7,5$

   Hinweis: $x_{kap} = 120$ ist die **Kapazitätsgrenze.**
                Ökonomisch sinnvoller Definitionsbereich: $D_{ök}(K) = [0; 120]$.

b) Für die Ausbringungsmenge von 50 ME: $K(50) = 14,5 > E(50) = 12$
   Bei Produktion und Verkauf von 50 ME wird **Verlust** erzielt.
   x = 50 liegt in der Verlustzone.
   Für die Ausbringungsmenge von 100 ME: $K(100) = 21,5 < E(100) = 24$
   Bei Produktion und Verkauf von 100 ME wird Gewinn erzielt:
   x = 100 liegt in der **Gewinnzone.**

c) Um den Bereich, in dem Gewinn erzielt wird, festzulegen, benötigt man die
Ausbringungsmengen, in denen **Erlös und Gesamtkosten gleich hoch sind,**
also Kostendeckung erzielt wird.

Bed. für Kostendeckung: $E(x) = K(x)$ $0{,}24\,x = 0{,}14\,x + 7{,}5$

$x = 75$

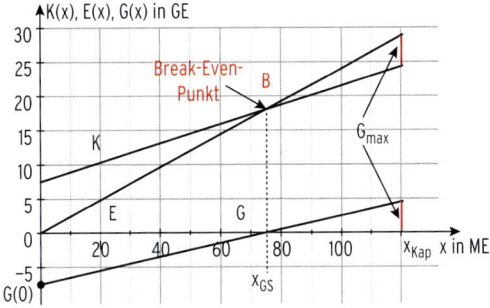

$x = x_{GS} = 75$ heißt **Gewinnschwelle.**

$E(75) = K(75) = 18$

Der zugehörige Punkt $B(75 \mid 18)$
heißt **Break-Even-Punkt.**

Ergebnis: Der Betrieb erwirtschaftet einen **Gewinn,** wenn die
produzierte und verkaufte Menge
im Bereich zwischen $x = 75$ und
$x = 120$ liegt.

(75; 120] ist die die Gewinnzone.

Der Betrieb erzielt Verluste im Intervall [0; 75).

Der maximale Gewinn wird bei einer linearen Gewinnfunktion an der Kapazitätsgrenze
erzielt: $G(120) = 0{,}1 \cdot 120 - 7{,}5 = 4{,}5$

Der **maximale Gewinn** beträgt 4,5 GE.

Beachten Sie

Der Schnittpunkt der Graphen von K und E heißt **Break-Even-Punkt** $B\left(x_{GS} \mid K(x_{GS})\right)$.

Von B an sind die Gesamtkosten erstmals kleiner als der Erlös.

$G(0) = -K_f$ **(negative Fixkosten)**;

$G(x) < 0$: Das Unternehmen erzielt Verluste für $x < x_{GS}$.

$G(x) > 0$: Das Unternehmen erzielt Gewinne für $x > x_{GS}$.

Der **maximale Gewinn** wird bei einer linearen Gewinnfunktion in der Kapazitätsgrenze x_{Kap}
erzielt.

Erläuterungen zur Erlösfunktion E mit E(x) = p · x:

Ein Unternehmen liefert seine produzierte Ware an den Markt
und erzielt einen **Erlös** (Umsatz). Von einem Markt mit
vollständiger Konkurrenz wird gesprochen,
wenn am Markt viele Anbieter **(Polypolist)** und Konsumenten
auftreten, die jeweils nur kleine Mengen des gehandelten Gutes anbieten bzw. nachfragen.

Unter diesen Bedingungen passt das Unternehmen seinen Preis dem Marktpreis p an.
Es betrachtet den Preis p als gegeben und unabhängig vom eigenen Angebot.
Daraus folgt: Verkaufte Menge x und erzielter Erlös E(x) verhalten sich zueinander

proportional: $\frac{E(x)}{x} = p = $ konstant.

p ist der **konstante Verkaufspreis** in Geldeinheiten (GE) pro Mengeneinheit (ME),
p wird auch **Stückpreis** oder **Stückerlös** genannt.

Aufgaben

1 Berechnen Sie die Koordinaten der Schnittpunkte des Graphen von f mit den Koordinatenachsen. Zeichnen Sie den Graphen in ein Koordinatensystem ein.

a) $f(x) = -4x - 3{,}5$ **b)** $f(x) = 2x - \frac{7}{3}$ **c)** $f(x) = -\frac{8}{3}x + \frac{5}{4}$

2 Die Geraden von f und von g schneiden sich im Punkt S. Ermitteln Sie die Koordinaten von S. Zeichnen Sie die Geraden in ein Koordinatensystem ein und kennzeichnen Sie S.

a) $f(x) = -3x + \frac{5}{4}$
$g(x) = -x - 1$

b) $f(x) = \frac{1}{2}x + \frac{3}{2}$
$g(x) = -\frac{1}{2}x + 4$

c) $f(x) = -\frac{2}{3}x - 1$
$g(x) = \frac{1}{6}x - 4$

3 In einer Fabrik entstehen zur Herstellung von maximal 1 250 ME Fertigteilen fixe Kosten in Höhe von 450 GE. Die variablen Kosten je ME Fertigteil betragen 0,25 GE.

a) Erstellen Sie einen Term für die Gesamtkostenfunktion K.

b) Berechnen Sie den Verkaufspreis je ME, wenn bei 160 ME Kostendeckung erzielt wird.

c) Bestimmen Sie den maximalen Gewinn.

d) Durch Rationalisierung lassen sich die Fixkosten um 20 % senken. Der Verkaufspreis bleibt gleich. Ermitteln Sie die Gewinnschwelle und den maximalen Gewinn

e) Die Kosten für ein anderes Produktionsverfahren lassen sich beschreiben durch $K_{neu}(x) = 0{,}2x + 500$. Ermitteln Sie die Produktionszahl, ab der es sich lohnt, die Produktion (mit den Kosten aus a)) umzustellen.

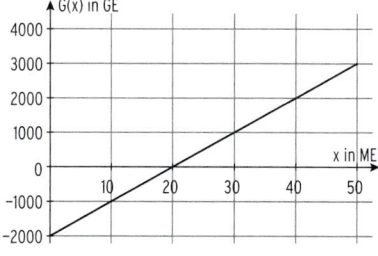

4 Die Abbildung zeigt die Gewinnsituation der Kramer GmbH aus Göttingen.

a) Beschreiben Sie die Gewinnsituation.

b) Geben Sie den Gewinn pro Stück bei 40 ME an.

c) Ermitteln Sie die variablen Gesamtkosten, wenn der Stückpreis bei 124 EUR liegt.

5 Der Gewinn eines Betriebes lässt sich beschreiben durch G mit $G(x) = 0{,}25x - 1{,}2$; $x \geq 0$. x ist die Produktionsmenge in ME, $G(x)$ der Gewinn in Geldeinheiten (GE).

a) Lösen Sie die Ungleichung $G(x) > 0$. Interpretieren Sie das Ergebnis ökonomisch.

b) Erläutern Sie die mathematische und ökonomische Bedeutung von 0,25 bzw. − 1,2 aus dem Term der Gewinnfunktion.

c) Der Gewinn beträgt 5 GE. Bestimmen Sie die zugehörige Produktionsmenge.

6 Das Unternehmen Port AG will die Preispolitik für ihren neu entwickelten CD-Player bestimmen. Dabei geht sie davon aus, dass sie Alleinanbieter ist. Eine Studie hat ergeben, dass bezüglich des CD-Players von einem linearen Preis-Menge-Verhältnis auszugehen ist. Die erwartete Sättigungsmenge wurde mit 975 ME angegeben, ab einem Preis von 1300 EUR sind keine Absätze mehr zu erzielen.

a) Überprüfen Sie, ob $p(x) = 1\,300 - \frac{4}{3}x$ der Term der Preis-Absatz-Funktion ist.

b) Im benachbarten Ausland wird ein Preis von 700 EUR für einen vergleichbaren CD-Player erzielt. Bestimmen Sie die erwartete verkaufte Menge bei diesem Preis.

7 Die Abbildung zeigt eine Kostengerade und eine Erlösgerade. Dabei entspricht eine ME 100 Stück und eine GE 1000 EUR.

a) Ordnen Sie die Graphen zu.
Begründen Sie Ihre Zuordnung.

b) Bestimmen Sie mithilfe der Zeichnung:
   - die Fixkosten in EUR
   - die Gesamtkosten für die Produktion von 800 Stück.
   - die Funktionsterme von Erlös- und Kostenfunktion

c) Untersuchen Sie, ob $S(6|13,5)$ der Break-Even-Punkt ist.

d) Bestimmen Sie den Erlös pro Stück und den maximalen Gewinn in EUR, wenn die Kapazitätsgrenze bei 1200 Stück liegt.

8 Beim Schulfest plant eine Klasse den Verkauf von Grillwurst mit Brot. Der Einkaufspreis für eine Grillwurst mit Brot beträgt 1,20 EUR und die Klasse rechnet mit festen Kosten von 50 EUR. Der geplante Verkaufspreis liegt bei 2,45 EUR.

a) Analysieren Sie die Gewinnsituation. Verdeutlichen Sie Ihre Ergebnisse in einer Skizze.

b) Bei gleichbleibender Erlösfunktion
   - erhöht sich der Einkaufspreis auf 1,30 EUR ,
   - lassen sich die fixen Kosten auf 40 EUR senken.
   Beschreiben Sie die veränderte Gewinnsituation.

9 Für einen Betrieb wird der Gewinn beschrieben durch $G(x) = 425x - 2100$;
x ist die verkaufte Menge in ME, $G(x)$ der Gewinn in GE.
Die Kapazitätsgrenze liegt bei 15 ME.

a) Interpretieren Sie Steigung und den Ordinatenachsenabschnitt ökonomisch.

b) Bestimmen Sie den Gewinn an der Kapazitätsgrenze.

c) Der Gewinn beträgt 3425 GE. Berechnen Sie die zugehörige Produktionsmenge.

d) Bestimmen Sie den Term der Gesamtkostenfunktion, wenn für den Erlös $E(x) = 680x$ gilt.

e) Bestimmen Sie den Break-Even-Punkt.

10 Ein Betrieb weist folgende Kennzahlen für den Monat Dezember auf:
Fixkosten 12800,00 EUR, variable Kosten pro ME 4,50 EUR, Verkaufspreis pro ME 6,50 EUR. Die Kapazitätsgrenze liegt bei 11000 ME.

a) Ermitteln Sie die Höhe der Gesamtkosten, des Erlöses und des Gewinns für 6000 ME.

b) Berechnen Sie den Break-Even-Punkt. Beschreiben Sie seine ökonomische Bedeutung. Ermitteln Sie den Gewinn an der Kapazitätsgrenze.

11 Bestimmen Sie die Lösungsmenge $(x \in \mathbb{R})$.

eite 225

a) $20x - 3(5x + 7) = -2(3 - x)$

b) $5x - (8 + 9x) = 12$

c) $-4x - \frac{3}{2} = -\frac{1}{2}x - 1$

d) $\frac{1}{4}x + \frac{3}{4} = x + 4$

e) $(x - 3)(4 - x) = 2 - (x + 5)(x - 1)$

f) $-\frac{1}{5}(2x - 1) = 1 - \frac{6}{5}x$

Angebot und Nachfrage – Marktgleichgewicht

Beispiel 1

➲ Berechnen Sie das Marktgleichgewicht, wenn $p_A(x) = 9{,}25\,x + 10$; $x \geq 0$ und $p_N(x) = -14\,x + 196$ gegeben sind.
Bestimmen Sie den Umsatz im Marktgleichgewicht.

Lösung

Das **Marktgleichgewicht** ist erreicht, wenn **Angebot und Nachfrage übereinstimmen.**

Im Koordinatensystem entspricht das Gleichgewicht dem Schnittpunkt der beiden Geraden.
Gleichsetzen der Terme von Angebots- und Nachfragefunktion:

$$p_A(x) = p_N(x) \qquad 9{,}25\,x + 10 = -14\,x + 196$$
$$x = 8$$

Gleichgewichtsmenge $x_G = 8$

Einsetzen von $x_G = 8$ in $p_A(x)$ oder $p_N(x)$ ergibt $p_N(8) = 84 = p_G$.

Der Preis $p_G = 84$ heißt **Gleichgewichtspreis**.

Marktgleichgewicht $MG(x_G \mid p_G) = MG(8 \mid 84)$.

Bei einem Preis von $p_G = 84$ gleichen sich Angebot und Nachfrage aus. Der Markt befindet sich im Gleichgewicht. Die abgesetzte Menge beträgt dann $x_G = 8$.

Umsatz im Marktgleichgewicht: $\quad$ Umsatz $= p_G \cdot x_G$
$$= 8 \cdot 84 = 672$$

Betrachtung der Einheiten: 8 ME $\cdot$ 84 GE/ME = 672 GE

Der Umsatz im Marktgleichgewicht beträgt 672 GE.

Hinweis: $D_{\text{ök}} = [0; 14]$ wird vom ökonomisch sinnvollen Definitionsbereich von p_N festgelegt.

Marktgleichgewicht

Das **Marktgleichgewicht** ist der **Schnittpunkt** von **Angebots-** und **Nachfragekurve:**
$MG(x_G \mid p_G)$

Beispiel 2

➲ Gegeben sind die Angebotsfunktion mit $p_A(x) = 0{,}25\,x + 5$ und die Nachfragefunktion mit $p_N(x) = 16 - 2{,}5\,x$; $1 \leq x \leq 5{,}5$.
Zeigen Sie: $x_G = 4$. Bestimmen Sie den Gleichgewichtspreis.

Lösung

Für die Gleichgewichtsmenge gilt: $p_A(4) = p_N(4) = 6$
Die Gleichgewichtsmenge beträgt 4 ME und der Gleichgewichtspreis liegt bei 6 GE/ME ($p_G = 6$)
Marktgleichgewicht: $MG(4 \mid 6)$

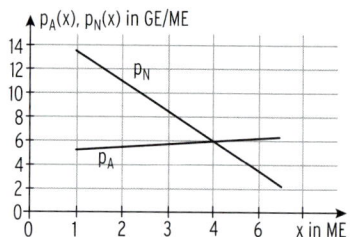

Beispiel 3

⬢ Gegeben sind die Angebotsfunktion mit $p_A(x) = 0,5x + 4$ und die Nachfragefunktion mit $p_N(x) = 12 - 1,5x$.

a) Bestimmen Sie den ökonomisch sinnvollen Definitionsbereich, die Gleichgewichtsmenge und den Gleichgewichtspreis.

b) Durch die Festsetzung eines Preises von 7 GE/ME entsteht ein Angebotsüberschuss. Berechnen Sie diesen.

c) Eine Regulierungsbehörde legt einen Preis von 5 GE pro ME fest. Formulieren Sie die sich ergebenden Folgerungen.

Lösung

a) ökonomisch sinnvoller Definitionsbereich

Bedingung: $p_N(x) = 0$ $12 - 1,5x = 0$
          $x = 8$

Die Sättigungsmenge beträgt 8 ME.

Ökonomisch sinnvoller Definitionsbereich $D_{ök} = [0; 8]$

Marktgleichgewicht

Gleichsetzen: $p_A(x) = p_N(x)$ $0,5x + 4 = 12 - 1,5x$
          $x = 4$

Einsetzen von $x = 4$ in $p_A(x)$ ergibt $p_A(4) = 6$

Gleichgewichtsmenge: $x_G = 4$

Gleichgewichtspreis: $p_G = 6$

Marktgleichgewicht: MG(4 | 6)

b) Gleichsetzen: $p_A(x) = 7$ ergibt $x_A = 6$
          $p_N(x) = 7$ ergibt $x_N = \frac{10}{3}$

Der Preis (7 GE/ME) liegt über dem Gleichgewichtspreis.

Die angebotene Menge ist größer als die nachgefragte Menge.

Angebotsüberschuss in ME: $x_A - x_N = 6 - \frac{10}{3} = \frac{8}{3}$

c) Gleichsetzen: $p_A(x) = 5$ $0,5x + 4 = 5$
          $x = 2$

          $p_N(x) = 5$ $12 - 1,5x = 5$
          $x = \frac{14}{3}$

Der Preis (5 GE/ME) liegt unter dem Gleichgewichtspreis.

Die angebotene Menge (2 ME) ist kleiner als die nachgefragte Menge ($\frac{14}{3}$ ME).

Es liegt ein **Nachfrageüberschuss** von $x_N - x_A = \frac{14}{3} - 2 = \frac{8}{3}$ (ME) vor.

Die Anbieter könnten eine größere Menge am Markt absetzen.

Marktgleichgewicht, Gleichgewichtsmenge, Gleichgewichtspreis

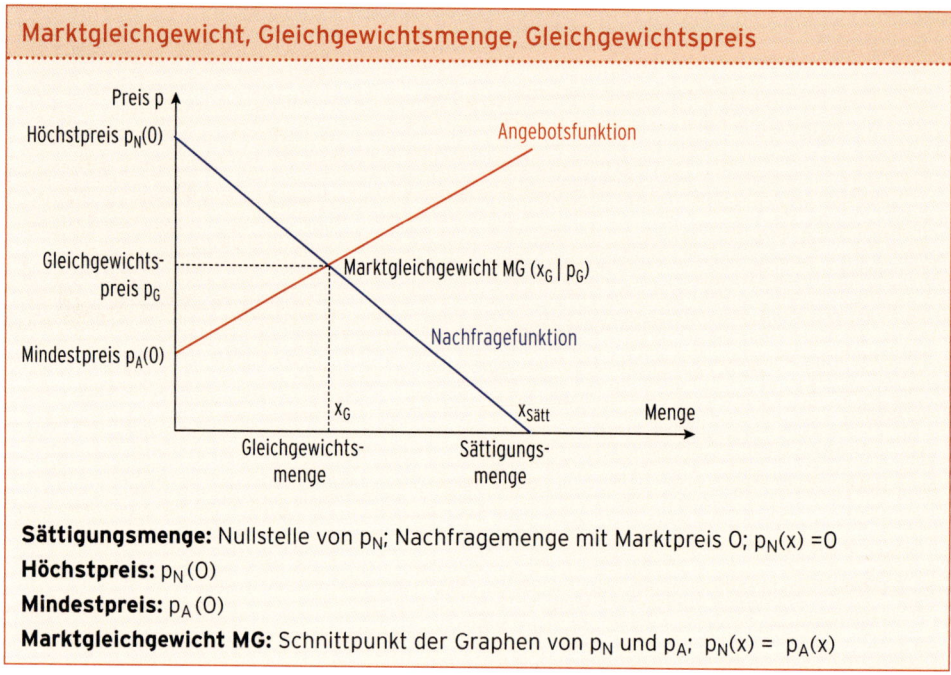

Sättigungsmenge: Nullstelle von p_N; Nachfragemenge mit Marktpreis 0; $p_N(x) = 0$

Höchstpreis: $p_N(0)$

Mindestpreis: $p_A(0)$

Marktgleichgewicht MG: Schnittpunkt der Graphen von p_N und p_A; $p_N(x) = p_A(x)$

Aufgaben

1 Gegeben sind die Angebotsfunktion p_A mit $p_A(x) = 0,125\,x + 5$ und die Nachfragefunktion p_N mit $p_N(x) = 10 - 0,5\,x$.

a) Bestimmen Sie die Sättigungsmenge und den Höchstpreis.

b) Bestimmen Sie den ökonomisch sinnvollen Definitionsbereich für beide Funktionen.

c) Bestimmen Sie Gleichgewichtsmenge und Gleichgewichtspreis.

2 Ein Marktforschungsunternehmen hat für ein Gut der Firma Waldhorn das Marktgleichgewicht MG(5 | 3,5) ermittelt. Bei einem Preis von 5 GE/ME werden 2 ME nachgefragt. Es ensteht ein Angebotsüberschuss von 6 ME.
Bestimmen Sie eine Angebots- und eine Nachfragefunktion.

3 Die Abbildung zeigt die Preisbildung auf dem Markt für ein einfaches Handy. Dabei gibt x die Angebotsmenge in ME (1 ME ≙ 1000 Stück) an. Die Preise werden in GE/ME angegeben.
Beschriften Sie die Abbildung.

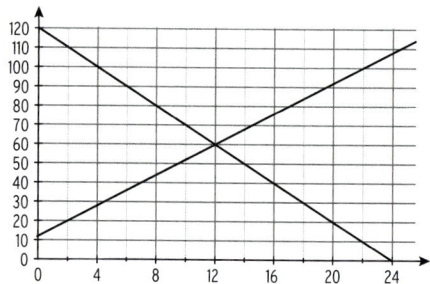

4 Auf dem Markt für Rollcontainer gilt der Maximalpreis
von 400 EUR pro ME Container und eine Sättigungsmenge von 160 ME. Der Mindestpreis beträgt 125 EUR
und die „Steigung der Angebotsgeraden" beträgt 1,25.

a) Ermitteln Sie die lineare Nachfrage- bzw. die lineare
Angebotsfunktion.

b) Bestimmen Sie jeweils einen maximalen, ökonomisch
sinnvollen Definitionsbereich.

c) Bestimmen Sie das Marktgleichgewicht.

d) Eine staatliche Behörde legt den Preis auf 200 EUR pro ME fest.
Erläutern Sie die Auswirkungen auf Angebot und Nachfrage.

5 Ein Unternehmen verkauft 120 ME seiner Ware zu einem Preis von 90 GE/ME.
Die Marktforschung hat ermittelt, dass bei einer Erhöhung des Preises um 10 GE/ME die
Nachfrage um 20 ME sinkt.

a) Zeigen Sie, dass für die Nachfragefunktion $p_N(x)$ gilt: $p_N(x) = -0,5x + 150$.
Ermitteln Sie den Erlös für $x \in \{60; 80; 150\}$.

b) Auf dem Markt stellt sich durch Gegenüberstellung der Angebotsfunktion p_A mit
$p_A(x) = 0,65x + 35$ und der Nachfragefunktion p_N ein Gleichgewichtspreis ein.
Bestimmen Sie das Marktgleichgewicht zeichnerisch und rechnerisch.

c) Berechnen Sie den Preis, der bei einer verkauften Menge von 50 ME erzielt werden kann.

d) Ermitteln Sie den Nachfrageüberhang bei einem staatlich festgelegten Höchstpreis
von 70 GE/ME.

6 Für das Produkt Fahrradhelme ermittelt die Marktforschung,
dass die Zielgruppe bei einem Marktpreis von 6 GE/ME nur
3 ME kaufen würde, bei einem Preis von 2 GE/ME
dagegen 9 ME abnehmen würde.
Die Produzenten wären bei einem Preis von 3 GE/ME bereit,
4 ME herzustellen, bei einem Preis von 6 GE/ME würden Sie
dagegen 10 ME anbieten.

a) Berechnen Sie die voraussichtliche Angebotsmenge.
Bestimmen Sie den zugehörigen Angebotspreis.
Stellen Sie die Situation grafisch dar.

b) Diskutieren Sie die Situation am Markt bei einem Marktpreis von 2,5 GE/ME.

7 Für die Nachfragefunktion p_N gilt $p_N(x) = -0,15x + 79$.
Für die lineare Angebotsfunktion p_A gelten folgende Bedingungen:
Beträgt der Marktpreis des Gutes 20 GE/ME, so wird das Gut nicht mehr angeboten.
Das Marktgleichgewicht wird bei einer Absatzmenge von 60 ME erreicht.
Prüfen Sie die Behauptung: Es gibt genau eine Absatzmenge, bei der der Nachfragepreis
doppelt so hoch wie der Angebotspreis ist.

2.4 Geradenscharen

Beispiel

🔁 Gegeben ist die lineare Funktionenschar f_m mit $f_m(x) = mx - m + 2; x \in \mathbb{R}$.

a) Wählen Sie einige Werte für m aus und zeichnen Sie die zugehörigen Geraden.

b) Bestimmen Sie alle Werte von m, sodass der Graph von f für $x \geq 0$ der Graph einer Gesamtkostenfunktion ist.

Lösung

a) Zeichnung für m = − 5; 0; 0,5; 1; 2

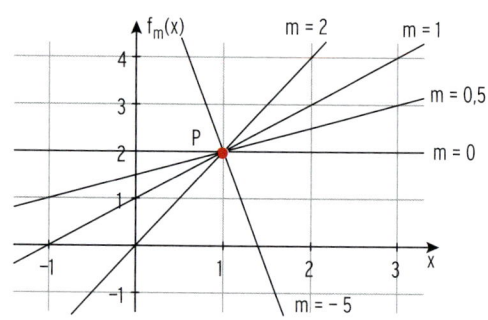

$$m = -5: \quad f_{-5}(x) = -5x + 7$$

$$m = 0: \quad f_0(x) = 2$$

$$m = 0,5: \quad f_{0,5}(x) = 0,5x + 1,5$$

$$m = 1: \quad f_1(x) = x + 1$$

$$m = 2: \quad f_2(x) = 2x$$

b) Die Gerade ist der Graph einer Gesamtkostenfunktion, wenn die Steigung positiv ist, d. h.: $\qquad m > 0$

und die Fixkosten größer Null sind $(K_f > 0)$ $\qquad -m + 2 > 0$

$\qquad m < 2$

Ergebnis: Der Graph von f_m ist für $x \geq 0$ der Graph einer Kostenfunktion für $0 < m < 2$.

Hinweis: Alle Geraden von f_m verlaufen durch den Punkt P(1 | 2), denn die Punktprobe

mit P(1 | 2) ergibt: $\qquad 2 = f_m(1) = m \cdot 1 - m + 2$

wahre Aussage für alle m-Werte: $\qquad 0 = 0$

Erläuterungen:

• Durch die Gleichung $f_m(x) = mx - m + 2$ werden unendlich viele Geraden beschrieben, deren **Steigung m** frei wählbar ist. m heißt **Parameter.**

Diese Vielzahl von Geraden nennt man **Geradenschar.**

• Ersetzt man m durch t und $f_m(x)$ durch $f_t(x)$, ergibt sich folgende **Funktionsschreibweise:**

Für jedes $t \in \mathbb{R}$ ist die lineare Funktionenschar f_t gegeben durch $f_t(x) = tx - t + 2; x \in \mathbb{R}$.

Die Steigung ist t und der Ordinatenabschnitt ist $(- t + 2)$.

x ist die Funktionsvariable, t ist ein Parameter.

Bemerkung: Für jede Wahl von t erhält man **eine** lineare Funktion,

der Graph von f_t ist eine **Schargerade.**

Die Gesamtheit aller Schargeraden heißt **Geradenschar.**

Aufgaben

1 Für $t \in \mathbb{R}$ ist eine lineare Funktionenschar f_t gegeben. Ermitteln Sie $f_t(-1)$.
Berechnen Sie die Achsenschnittpunkte.
Zeichnen Sie die Graphen von f_t für $t \in \{-2; 0; 0,5; 2\}$.

a) $f_t(x) = tx - 1 + 3t$

b) $f_t(x) = 0,5x - (t + 1)^2$

c) $f_t(x) = \frac{2}{3}t(x - 4)$

d) $f_t(x) = -2tx + 3t$

2 Die Abbildung zeigt die Schargeraden von f_t
mit $f_t(x) = 0,5tx - (t - 1)$; $x, t \in \mathbb{R}$,
für verschiedene Werte von t.

Ordnen Sie jeder Geraden einen passenden
Parameterwert zu.

Bestimmen Sie Werte für t, sodass
die zugehörige Gerade für $x \geq 0$
eine Erlösgerade sein könnte.

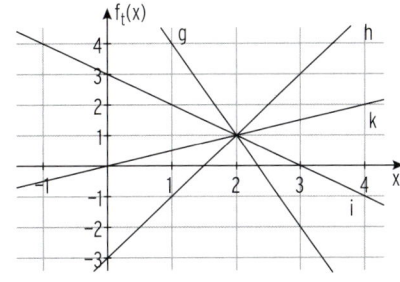

3 Bestimmen Sie für die Schargeraden in der
Abbildung einen Funktionsterm $f_t(x)$.

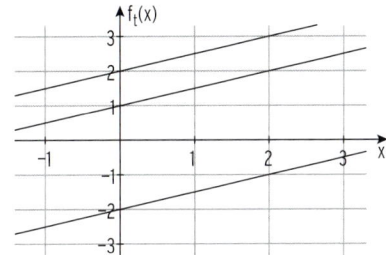

4 Für jedes $t > 0$ ist die Funktionenschar f_t gegeben durch $f_t(x) = tx + \frac{3t - 9}{2}$; $x \in \mathbb{R}$.

Zeichnen Sie den Graph von f_t für $t \in \{0; 1; 3\}$.

Bestimmen Sie die Werte von t, so dass der Graph von f_t für $x \geq 0$ der Graph einer

Gesamtkostenfunktion ist. Begründen Sie Ihre Antwort.

5 Beschreiben Sie die Gemeinsamkeiten aller Schargeraden.

a) $f_t(x) = tx - 2$

b) $f_t(x) = -4x + t$

6 Die Funktionenschar p_t ist gegeben durch $p_t(x) = tx - 2t + 3$, mit $t \in \mathbb{R}$.

a) Berechnen Sie die Nullstelle von p_t.

b) Bestimmen Sie die Werte von t, für die der Graph von p_t eine Preis-Absatz-Funktion
darstellt.

c) Ermitteln Sie den t-Wert, sodass maximal 12 ME abgesetzt werden können.

1 Lösen Sie die folgende Gleichung nach x auf.

a) $\frac{1}{8}(x + 3) = \frac{3}{2}x - 4$ **b)** $4(x - 1) - 5 = t - 3x$

2 Bestimmen Sie die Gleichungen der beiden
Geraden aus der Abbildung.

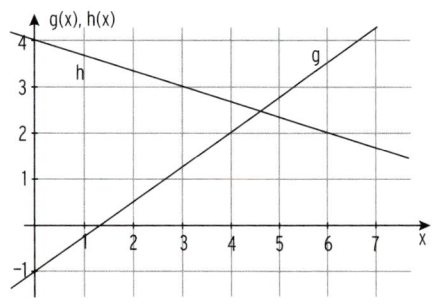

3 Gegeben sind die Funktionen f mit $f(x) = \frac{2}{3}x + 1$; $x \in \mathbb{R}$
und g mit $g(x) = -x - 1$; $x \in \mathbb{R}$.

a) Berechnen Sie die Nullstelle von f .

b) Bestimmen Sie die x-Werte, so dass gilt: $f(x) < g(x)$.

c) Ermitteln Sie den u-Wert, so dass $f(u) - g(u) = 3$ ist. Interpretieren Sie Ihr Ergebnis.

4 Die Gesamtkosten für die Fertigung einer ME Scheinwerfer werden
angegeben durch $K(x) = 2,2x + 9,5$; $0 \le x \le 12$; x in ME, K(x) in GE.
Eine Scheinwerfereinheit wird für 3,5 GE verkauft.
Bestimmen Sie die Gewinnzone, die Verlustzone und den größtmöglichen Gewinn.
Geben Sie den Wertebereich von K an.

5 Die Gesamtkosten des Autozulieferers Bach verhalten sich linear. Bei einer Produktion von
100 ME betragen die Gesamtkosten 2050 GE, bei 250 ME betragen sie 3850 GE.

a) Stellen Sie den Term der Gesamtkostenfunktion auf. Bestimmen Sie die Fixkosten, die
variablen Gesamtkosten und die variablen Stückkosten.

b) Eine ME wird für jeweils 20 GE am Markt abgegeben. Bestimmen Sie die Gewinnschwelle.

c) Der Autozulieferer will einen Gewinn von 1000 GE erzielen. Ermitteln Sie die
Menge, die produziert und verkauft werden muss.

d) Das Unternehmen Bach ist Monopolist für Benzinpumpen.
Es gilt die Preis-Absatz-Funktion p mit $p(x) = 1281 - 5,25x$; $x \in D_{ök}(p)$.
Bestimmen Sie den ökonomisch sinnvollen Definitionsbereich und den zugehörigen Werte-
bereich.

6 Gegeben sind die Angebotsfunktion p_A mit $p_A(x) = 0,25x + 1$ und die Nachfragefunktion
p_N mit $p_N(x) = 16 - 2x$; x in ME.

a) Bestimmen Sie den ökonomisch sinnvollen Definitionsbereich für beide Funktionen.

b) Bestimmen Sie das Marktgleichgewicht.

c) Beschreiben Sie die Marktsituation bei einem Preis von 2 GE/ME.

3 Quadratische Funktionen

Lernsituation

Die Feuerwerksraketen der Pyrokomet GmbH
sind bekannt und weit verbreitet.

Eine Aufgabe der Marketingabteilung der Pyrokomet
GmbH besteht in der Auswertung umfangreicher Marktanalysen. Aus den Daten zur Produktsparte Feuerwerksraketen (siehe Tabelle) ergibt sich die Angebotsfunktion und die
Nachfragefunktion.

Preis in GE/ME	Angebot in ME	Nachfrage in ME
21	50	40
24,50	64	30
30	86	10

Ermitteln Sie den funktionalen Zusammenhang zwischen Angebotsmenge und Preis bzw.
zwischen Nachfragemenge und Preis.

Stellen Sie die Auswertungen in einem geeigneten Koordinatensystem dar.

Bestimmen Sie den Höchstpreis, den Mindestangebotspreis, den Gleichgewichtspreis, die
Gleichgewichtsmenge und die Sättigungsmenge, erläutern Sie diese Begriffe und kennzeichnen Sie diese in Ihrer Grafik.

Der Staat möchte, dass Feuerwerksraketen nicht zur Massenware werden. Der Mindestpreis
wird auf 10 GE/ME festgelegt. Untersuchen Sie die Auswirkungen dieser Maßnahme auf die
Marktsituation.

Aus den Daten zur Produktsparte Tischfeuerwerk ergibt sich die folgende Angebotsfunktion p_A und die Nachfragefunktion p_N: $p_A(x) = 0{,}02x^2 + 8{,}5$
$$p_N(x) = -0{,}015x^2 + 40; \ x \geq 0$$

$p_A(x)$ und $p_N(x)$ geben den Preis in Geldeinheiten (GE) pro Mengeneinheit (ME) in Abhängigkeit von der angebotenen bzw. nachgefragten Menge x in Mengeneinheiten an.

Untersuchen Sie die Marktsituation für Tischfeuerwerk. Beachten Sie dabei die ökonomisch
relevanten Definitions- und Wertebereiche.

Übertragen Sie die Abbildung (Anlage 1)
in Ihr Heft und ergänzen Sie die
fehlenden Beschriftungen.

Qualifikationen & Kompetenzen

- Quadratische Funktionen erkennen
- Schnittpunkte mit den Koordinatenachsen,
  Schnittpunkte zweier Graphen
- Funktionsterme aufstellen
- grafische Darstellung und Monotonie
- Angebot und Nachfrage
- Gesamtkosten Erlös und Gewinn

Anlage 1

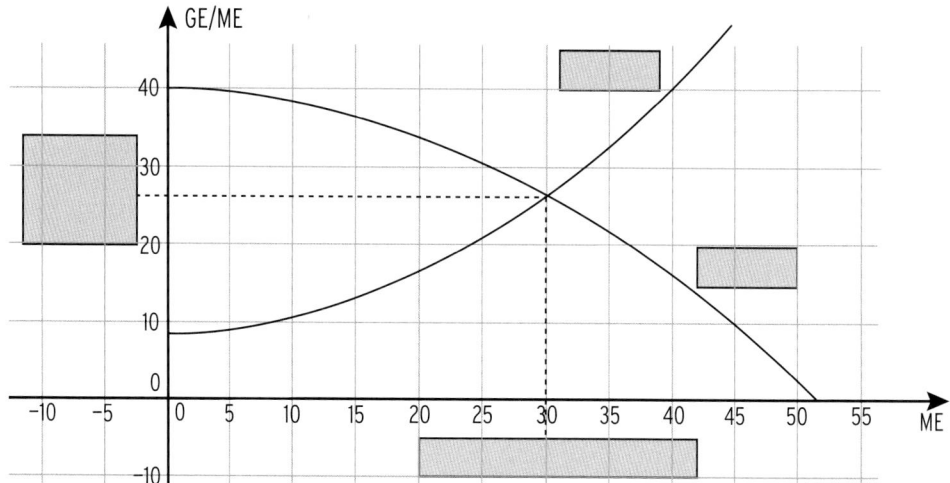

3.1 Definition der quadratischen Funktion

Beispiel 1

⮎ G mit $G(x) = -x^2 + 6x - 5$ ist die Gewinnfunktion des Unternehmens Waldmann.
Dabei ist x in ME und G(x) in GE angeben. Die Kapazitätsgrenze liegt bei 7 ME.
Interpretieren Sie den Verlauf des Graphen der Gewinnfunktion mathematisch und
ökonomisch.

Lösung

Quadratische Gewinnfunktion
G mit $G(x) = -x^2 + 6x - 5$;
Gewinn wird erzielt, wenn $G(x) > 0$ ist.
Der Graph von G schneidet die Abszissen-
achse in $x_1 = 1$ und $x_2 = 5$.
Für Produktionsmengen zwischen
1 ME und 5 ME wird Gewinn erzielt:
Gewinnzone: $1 < x < 5$

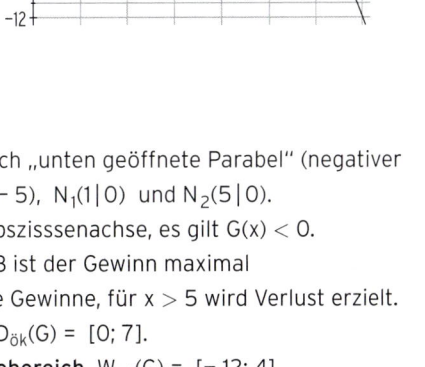

Der **maximale Gewinn** wird erreicht im
Scheitel mit $x_{max} = 3$: $G(3) = 4$.
Der Scheitel ist ein **Hochpunkt**: H(3 | 4).
Das **Schaubild der Gewinnfunktion G** ist eine nach „unten geöffnete Parabel" (negativer
Faktor vor x^2). Sie verläuft durch die Punkte S(0|−5), N_1(1|0) und N_2(5|0).
Für $0 < x < 1$ verläuft der Graph unterhalb der Abszissenachse, es gilt $G(x) < 0$.
Im Intervall (1; 3] steigen die Gewinne an, bei x = 3 ist der Gewinn maximal
(Hochpunkt H(3 | 4)), im Intervall [3; 5) sinken die Gewinne, für $x > 5$ wird Verlust erzielt.
Der ökonomisch sinnvolle **Definitionsbereich** ist $D_{ök}(G) = [0; 7]$.
Mit $G(7) = -12$ ergibt sich der ökonomische **Wertebereich** $W_{ök}(G) = [-12; 4]$.

Die Funktion f mit $f(x) = -x^2 + 6x - 5$; $x \in \mathbb{R}$
ist eine **quadratische Funktion.**
S(3|4) ist der höchste Punkt des Graphen
von f, der **Scheitelpunkt.**

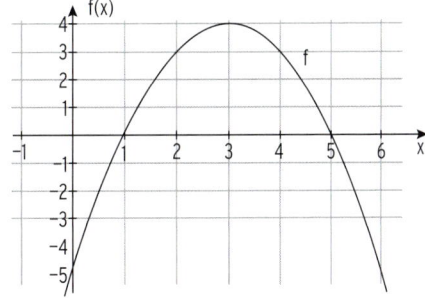

Beachten Sie

Eine Funktion f mit $f(x) = ax^2 + bx + c$; $a \neq 0$; $x \in \mathbb{R}$
heißt **quadratische Funktion oder ganzrationale Funktion zweiten Grades.**
Der Graph von f ist eine **Parabel.**
Der Graph von f mit $f(x) = x^2$ heißt **Normalparabel.**

3.2 Parametervariation bei ganzrationalen Funktionen 2. Grades

mvurl.de/y6qd

Der Graph der Funktion f mit $f(x) = x^2; x \in \mathbb{R}$ ist eine „gekrümmte Kurve", die **Normalparabel.**
Die Normalparabel ist **achsensymmetrisch** zur Ordinatenachse, denn es gilt: $f(-x) = f(x)$ für alle $x \in \mathbb{R}$.
Der Parabelpunkt mit dem **kleinsten** Funktionswert liegt auf der **Symmetrieachse** und heißt **Scheitelpunkt** $S(0|0)$ (Tiefpunkt).
Da S auf der Abszissenachse liegt, ist $x_1 = 0$ eine **doppelte Nullstelle von f.**

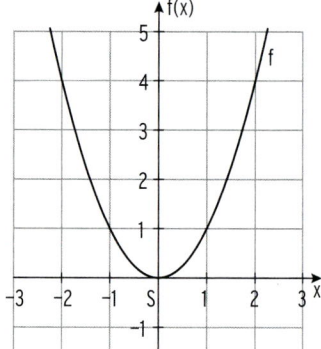

Die Abbildung zeigt zwei Parabeln, die durch **Verschiebung** der Normalparabel **in Ordinatenrichtung** entstanden sind.
Der Funktionsterm hat die Form **$f(x) = x^2 + c$**
Für **$c > 0$: Verschiebung nach oben.**
           f hat keine Nullstellen.
Für **$c < 0$: Verschiebung nach unten.**
           f hat zwei Nullstellen.
Der Scheitelpunkt liegt bei $S(0|c)$.

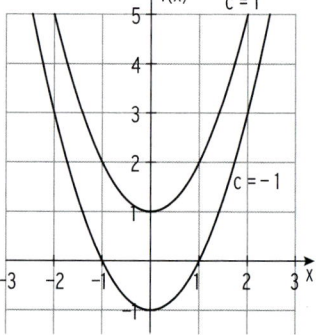

Die Abbildung zeigt zwei Parabeln, die durch **Streckung** der Normalparabel **in Ordinatenrichtung** bzw. durch **Spiegelung an der Abszissenachse** entstanden sind.
Der Funktionsterm hat die Form **$f(x) = ax^2$.**
Für **$a > 0$:** Streckung (Stauchung) in Ordinatenrichtung; Parabel ist **nach oben** geöffnet.
Für **$a < 0$:** Zusätzlich eine Spiegelung an der Abszissenachse; Parabel ist **nach unten** geöffnet.
Für $a = 1$: **Normalparabel**

Hinweis: Für $0 < a < 1$ spricht man von Stauchung;
           für $a > 1$ von Streckung.

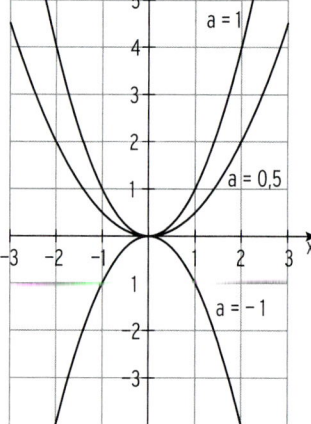
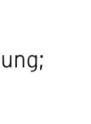

Beachten Sie

mvurl.de/gxfs

Der Graph von h entsteht aus dem Graph von f
- durch Verschiebung in Ordinatenrichtung um c: $h(x) = f(x) + c$
- durch Streckung oder Stauchung in Ordinatenrichtung mit Faktor a ($a > 0$): $h(x) = a \cdot f(x)$
- für $a < 0$ zusätzlich durch Spiegelung an der Abszissenachse

Die Abbildung zeigt zwei Parabeln, die durch **Ver-schiebung** der Normalparabel **in Abszissenrichtung** ent-standen sind.

Der Funktionsterm hat die Form $f(x) = (x - b)^2$

Für **b > 0:** Verschiebung nach rechts

Für **b < 0:** Verschiebung nach links

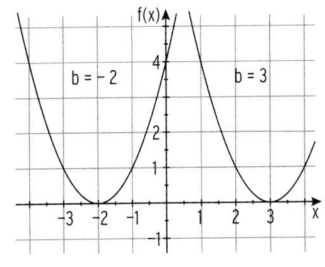

mvurl.de/ptk4

Der Scheitelpunkt liegt bei $S(b|0)$. $x_{1|2} = b$ ist eine **doppelte** Nullstelle von f.

Beachten Sie

Bei der Verschiebung in Abszissenrichtung um b gilt: Ersetzen Sie x durch $(x - b)$. Der Graph von h entsteht aus dem Graph von f **durch Verschiebung in Abszissenrichtung** um b: $h(x) = f(x - b)$.

Beispiel 1

Der Graph von f mit $f(x) = 0,5 x^2$ wird

a) um 2 Einheiten nach oben verschoben:

Es entsteht der Graph von f_1 mit

$\quad f_1(x) = 0,5 x^2 + 2$

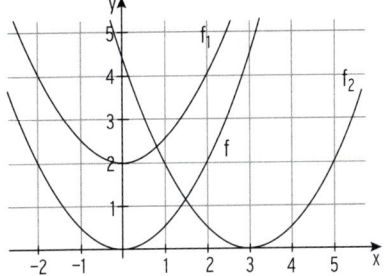

b) um 3 Einheiten nach rechts verschoben:

Es entsteht der Graph von f_2 mit

$\quad f_2(x) = 0,5 (x - 3)^2$

Hinweis: Der Faktor 0,5 bestimmt die Form der Parabel. Sie ist im Vergleich zur Normalparabel gestaucht.

Beispiel 2

Der Graph von f mit $f(x) = -0,25 x^2$ wird um

um 1 Einheit nach unten $(f_3(x) = -0,25 x^2 - 1)$

und um 4 nach links verschoben:

Es entsteht der Graph von f_4 mit

$\quad f_4(x) = -0,25 (x + 4)^2 - 1$

Der Scheitelpunkt lässt sich ablesen: $S(-4|-1)$.

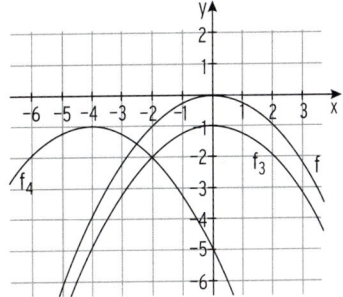

Beachten Sie

Die Form $f(x) = a(x - x_S)^2 + y_S$ heißt **Scheitelpunktform** einer ganzrationalen Funktion zweiten Grades. Der Scheitelpunkt der Parabel liegt bei $S(x_S|y_S)$.

Ausmultiplizieren der Scheitelpunktform

ergibt die

Normalform der quadratischen Funktion:

$f(x) = -0,25 (x + 3)^2 - 1$

$f(x) = -0,25 (x^2 + 6x + 9) - 1$

$f(x) = -0,25 x^2 - 1,5 x - 2,25 - 1$

$f(x) = -0,25 x^2 - 1,5 x - 3,25$

Aufgaben

1 Gegeben ist ein Funktionsterm. Zeichnen Sie die zugehörige Parabel in ein Koordinatensystem ein. Machen Sie Aussagen über Lage und Verlauf der Parabel.

a) $f(x) = 0.5\,x^2 + 1$ **b)** $f(x) = -2\,x^2$ **c)** $f(x) = (x+1)^2$

2 Beschreiben Sie, wie der Graph von f aus der Normalparabel entsteht.

a) $f(x) = 0.5\,x^2 - 2.5$ **b)** $f(x) = x^2 - 4x + 4$ **c)** $f(x) = -\dfrac{5}{4}x^2$

3 Geben Sie den neuen Funktionsterm an. Die Normalparabel wird

a) um 2 Einheiten nach unten verschoben.

b) um 5 Einheiten nach rechts verschoben

c) mit dem Faktor 3 in Ordinatenrichtung gestreckt.

d) mit dem Faktor $\dfrac{1}{4}$ in Ordinatenrichtung gestreckt und danach um 1 nach oben verschoben.

e) um 5 nach unten verschoben und anschließend mit dem Faktor 2 in Ordinatenrichtung gestreckt.

f) an der Abszissenachse gespiegelt und danach mit dem Faktor 2,5 in Ordinatenrichtung gestreckt.

g) mit dem Faktor 4 in Ordinatenrichtung gestreckt und danach um 3 nach links verschoben.

h) um 6 nach unten verschoben und anschließend um 3 nach rechts verschoben.

4 Gegeben ist eine Wertetabelle für eine quadratische Funktion f.
Machen Sie Aussagen über den Verlauf des Graphen.
Bestimmen Sie den Bereich, auf dem die Funktionswerte fallen.

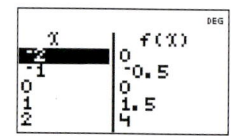

5 Ordnen Sie jedem Graphen einen Funktionsterm zu. Begründen Sie Ihre Wahl.

$f_1(x) = x^2 + 2x + 1;$ $\qquad f_2(x) = x^2 + 1;$ $\qquad f_3(x)) = -x^2 - x + 1;$ $\qquad f_4(x) = -x^2 - 4x - 5$

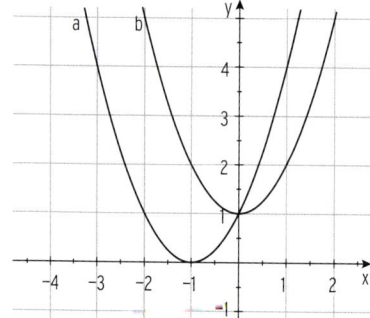
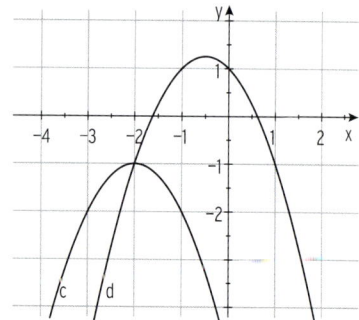

6 Die Funktion G mit $G(x) = -0.5(x^2 - 9x + 4.25)$ beschreibt die Gewinnsituation des Motorenherstellers HAN. Dabei ist x in ME und G(x) in GE angegeben.
Die Kapazitätsgrenze liegt bei 9 ME.
Zeichnen Sie den Graph von G in ein geeignetes Koordinatensystem.
Beschreiben Sie den Verlauf des Graphen mathematisch und ökonomisch.

3.3 Gemeinsame Punkte

3.3.1 Gemeinsame Punkte von Graph und Abszissenachse

In einem Markt mit **Angebotsmonopol** gibt es **einen** Anbieter und **viele** Nachfrager. Die Gesamtnachfrage steigt bei sinkendem Preis und umgekehrt. Der Anbieter kann die Nachfragemenge (und den Preis) so wählen, dass sie der Herstellungsmenge entspricht. Die Gesamtnachfragefunktion des Marktes ist die **Preis-Absatz-Funktion** p_N des Monopolisten. In einem Markt mit **Angebotsmonopol** hängt der Preis je ME von der Nachfrage (vom Absatz) ab, Preissenkungen sind absatzfördernd.

Der **Gesamterlös** (Gesamtumsatz) errechnet sich als Produkt aus

Absatzmenge und Preis pro ME: **Erlös = Preis · Menge**

Beispiel 1

⮕ Ein Monopolist orientiert seine Preispolitik an der Preis-Absatz-Funktion p mit
$p(x) = -\frac{1}{2}x + 5$, sein Erlös wird also durch E mit $E(x) = -\frac{1}{2}x^2 + 5x$ beschrieben.
Bestimmen Sie den maximal ökonomisch sinnvollen Definitionsbereich.

Lösung

$E(x) = p(x) \cdot x$ ist ökonomisch sinnvoll
für alle x, für die gilt: $E(x) \geq 0$.
Die Erlösparabel hat mit der Abszissenachse
genau zwei Punkte gemeinsam.

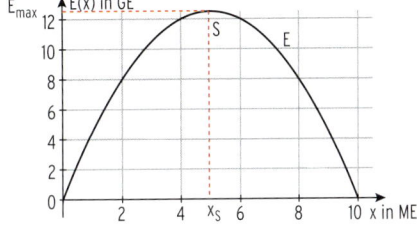

Bedingung für die Nullstellen:
$E(x) = 0$

$$-\frac{1}{2}x^2 + 5x = 0$$

Lösung durch **Ausklammern:** $\quad -\frac{1}{2}x(x - 10) = 0$

Satz vom Nullprodukt liefert $\quad -\frac{1}{2}x = 0 \vee x - 10 = 0$
die **Nullstellen** von E: $\quad\quad x_1 = 0; \ x_2 = 10$

> **Satz vom Nullprodukt**
>
> Ein Produkt ist null,
> wenn **mindestens** ein
> Faktor null ist:
> $u \cdot v = 0 \Leftrightarrow u = 0 \vee v = 0$

Hinweis:

Linearfaktordarstellung von E(x): $E(x) = -\frac{1}{2}x(x - 10)$

Zwischen $x_1 = 0$ und $x_2 = 10$ ist der **Erlös positiv.**
Maximaler ökonomisch sinnvoller Definitionsbereich $D_{ök} = [0; 10]$

Seite 231

> **Beachten Sie**
>
> Bedingung für die **Nullstelle von f**: $f(x) = 0$
> Die **Nullstelle** einer quadratischen Funktion zu berechnen, heißt, eine
> **quadratische Gleichung zu lösen.**

Beispiel 2

⟳ Bestimmen Sie die Nullstellen von f .

a) $f(x) = x^2 + 3x + 2$ b) $f(x) = 4x^2 + 12x + 9$ c) $f(x) = x^2 + 3x + 4$

Lösung
Bedingung für Nullstellen: $f(x) = 0$

Lösung mit der pq-Formel und der Diskriminanten D (nach Umformung)

Seite 230

a) $x^2 + 3x + 2 = 0$

$x_{1|2} = -1,5 \pm \sqrt{1,5^2 - 2}$

$D = 1,5^2 - 2 = 0,25 > 0$

$x_1 = -2;\ x_2 = -1$

zwei einfache Lösungen

b) $x^2 + 3x + \frac{9}{4} = 0$

$x_{1|2} = -1,5 \pm \sqrt{1,5^2 - 2,25}$

$D = 1,5^2 - 2,25 = 0$

$x_{1|2} = -1,5$

eine doppelte Lösung

c) $x^2 + 3x + 4 = 0$

$x_{1|2} = -1,5 \pm \sqrt{1,5^2 - 4}$

$D = 1,5^2 - 4 = -1,75 < 0$

keine Lösung

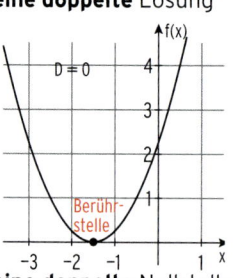

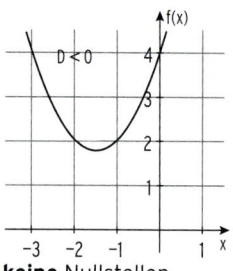

zwei einfache Nullstellen   **eine doppelte** Nullstelle   **keine** Nullstellen

Linearfaktorzerlegung von f(x)

$f(x) = (x + 2)(x + 1)$ $f(x) = 4(x + 1,5)(x + 1,5) = 4(x + 1,5)^2$ **...**

Beachten Sie

Lösung der Gleichung $x^2 + px + q = 0$ mithilfe der pq-Formel: $x_{1|2} = -\frac{p}{2} \pm \sqrt{\left(\frac{p}{2}\right)^2 - q}$

$D = \left(\frac{p}{2}\right)^2 - q$ heißt **Diskriminante.**

Die Anzahl der Lösungen einer quadratischen Gleichung hängt von der **Diskriminante D** ab.

D > 0	**D = 0**	**D < 0**
zwei Lösungen	**eine (doppelte) Lösung**	**keine Lösung**

Weitere quadratische Gleichungen:

Lösung durch Ausklammern:

Seite 229
Seite 231

$x^2 - 3x = 0 \Leftrightarrow x(x - 3) = 0$

$x_1 = 0;\ x_2 = 3$

Lösung durch Wurzelziehen:

$-\frac{1}{2}x^2 + 1 = 0 \Leftrightarrow x^2 = 2 \Leftrightarrow x_{1|2} = \pm\sqrt{2}$

$ax^2 + bx = 0$

Ausklammern von x: $x(ax + b) = 0$

Satz vom Nullprodukt: $x = 0 \lor ax + b = 0$

$x_1 = 0;\ x_2 = -\frac{b}{a}$

$ax^2 + c = 0 \quad \Leftrightarrow \quad x^2 = -\frac{c}{a}$

Lösungen für $-\frac{c}{a} > 0$ durch Wurzelziehen.

$x_{1|2} = \pm\sqrt{-\frac{c}{a}}$

Gleichung mit CAS lösen

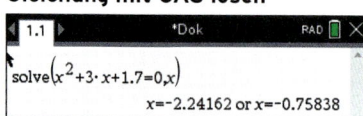

Gesamtkosten, Erlös und Gewinn im Modell der vollständigen Konkurrenz

Beispiel

➲ Die Gesamtkosten und der Erlös der Firma UHL wird beschrieben durch die Funktionen K mit $K(x) = x^2 + 10x + 2\,400$ und E mit $E(x) = 150x$; x in ME, $K(x)$, $E(x)$ in GE.

a) Zeigen Sie: Für die Gewinnfunktion G gilt $G(x) = -x^2 + 140x - 2400$.

b) Bestimmen Sie die Gewinnzone und den maximalen Gewinn.

c) Die Fixkosten werden um 2500 EUR erhöht. Beschreiben Sie die neue Gewinnfunktion.

Lösung

a) Gewinnfunktion G mit $G(x) = E(x) - K(x) = 150x - (x^2 + 10x + 2\,400)$

quadratische Gewinnfunktion G mit $\qquad G(x) = -x^2 + 140x - 2400$

b) Bedingung: $G(x) = 0$

quadratische Gleichung in Normalform: $\qquad x^2 - 140x + 2400 = 0$

Lösung mit der **pq-Formel:** $\qquad x_{1|2} = -\dfrac{p}{2} \pm \sqrt{\left(\dfrac{p}{2}\right)^2 - q}$

$p = -140$; $q = 2400$ $\qquad x_{1|2} = 70 \pm \sqrt{(-70)^2 - 2400} = 70 \pm 50$

Nullstellen von G: $\qquad x_1 = 20$; $x_2 = 120$

Die Lösungen sind die **Gewinnschwelle** $x_{GS} = 20$ und die **Gewinngrenze** $x_{GG} = 120$.

Gewinnzone (20; 120)

Der maximale Gewinn wird im Scheitelpunkt S angenommen.

Für die x-Koordinate von S gilt: $\qquad x_S = -\dfrac{p}{2} = 70$ $\quad$ (vgl. pq-Formel)

Mit $G(70) = 2\,500$ erhält man den maximalen Gewinn $G_{max} = 2\,500$ GE.

Mit CAS: Gewinnschwelle

$\qquad\qquad$ und Gewinnmaximum

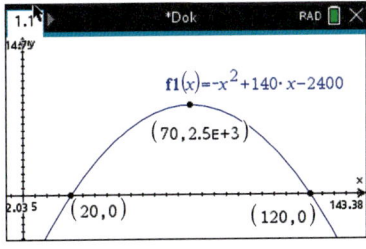

c) Der Graph von G wird um 2 500 Einheiten nach unten verschoben.
Der Graph der neuen Gewinnfunktion berührt die Abszissenachse in $x = 70$ und wird beschrieben durch
$G_{neu}(x) = -x^2 + 140x - 4900$

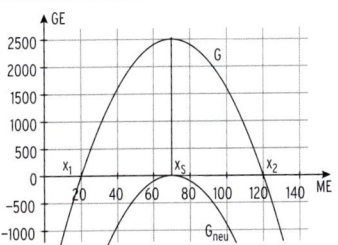

Beachten Sie

Die **Gewinnschwelle x_{GS}** ist die kleinere positive Nullstelle von G, die **Gewinngrenze x_{GG}** ist die größere positive Nullstelle von G.

Bedingung für **Kostendeckung**: $G(x) = 0 \Leftrightarrow E(x) = K(x)$

Für die **Gewinnzone** gilt: $x_{GS} < x < x_{GG}$.

Gesamtkosten, Erlös und Gewinn im Modell des Angebotsmonopol

Beispiel

⮕ Die Preis-Absatz-Funktion eines Monopolisten ist gegeben durch
$p(x) = 100 - 6x$; x in ME, $p(x)$ in GE/ME.

a) Bestimmen Sie die Gewinnzone, wenn $K(x) = -\frac{1}{3}x^2 + \frac{79}{3}x + 68$
die Gesamtkosten beschreibt.

b) Ermitteln Sie den maximalen Gewinn.

Berechnen Sie die Koordinaten des Cournot'schen Punktes.

Lösung

a) Erlösfunktion E mit $E(x) = p(x) \cdot x$ $E(x) = (100 - 6x)x = 100x - 6x^2$

Gewinnfunktion G mit $G(x) = E(x) - K(x) = 100x - 6x^2 - \left(-\frac{1}{3}x^2 + \frac{79}{3}x + 68\right)$

$$G(x) = -\frac{17}{3}x^2 + \frac{221}{3}x - 68$$

Gewinnzone: $G(x) = 0$

Mit CAS: $x_{GS} = 1$; $x_{GG} = 12$

Gewinnzone: (1; 12)

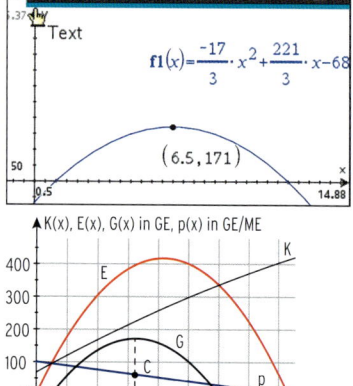

b) Gewinnmaximum

Mit CAS: $G_{max} = G(6,5) \approx 171$

Gewinnmaximale Produktionsmenge: $x_{max} = 6,5$

Mit $p(6,5) = 61$ erhält man den

Cournot'schen Punkt

$C(6,5 | 61)$.

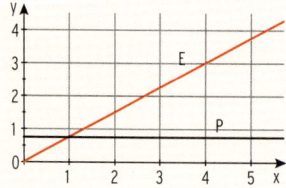
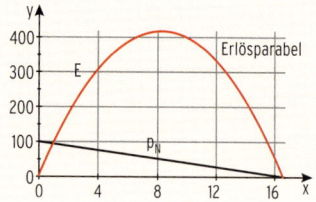

Angebot und Nachfrage

Nachfragefunktion

Beispiel

⊜ Die gesamtwirtschaftliche Nachfrageunktion ist gegeben durch

$$p_N(x) = -x^2 - 6x + 225; \; x \in D_{ök}.$$

Interpretieren Sie den Verlauf des Graphen von p_N mathematisch und ökonomisch.

Lösung

Quadratische Nachfragefunktion p_N mit

$$p_N(x) = -x^2 - 6x + 225$$

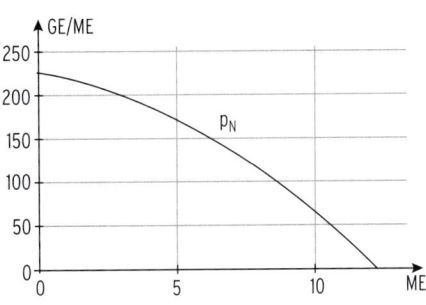

Höchstpreis: $p_N(0) = 225$

Sättigungsmenge:

Bedingung: $p(x) = 0$ $\quad -x^2 - 6x + 225 = 0$

Lösungen (CAS): $\quad x_1 \approx -18{,}30; \; x_2 \approx 12{,}30$

Die positive Nullstelle der Nachfragefunktion

ist die Sättigungsmenge $x_{Sätt} = 12{,}30$.

Mathematische Interpretation:

Das **Schaubild der** Nachfrage**funktion p_N** ist ein Ausschnitt aus einer nach unten geöffneten Parabel (Minus vor x^2).

Ökonomische Interpretation:

Ökonomisch sinnvoller **Definitionsbereich** von p_N: $D_{ök} = [0; 12{,}30]$.

Die Nachfragepreise fallen von 225 GE/ME (für $x = 0$) bis auf 0 GE/ME (für ca. 12,30 ME).

Der ökonomische **Wertebereich** ist $W_{ök} = [0; 225]$.

Beachten Sie

Eine **Nachfragefunktion** p_N ist eine **fallende** Funktion: $p_N(x)$ wird kleiner, wenn x größer. wird. $x_{Sätt}$ ist die Nullstelle von p_N. Es gilt: $p_N(x) \geq 0$ auf $D_{ök} = [0; x_{Sätt}]$.

Beispiele für quadratische Nachfragefunktionen

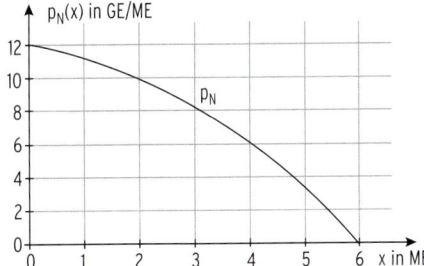
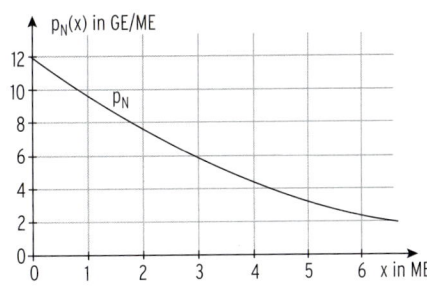

Angebotsfunktion

Beispiel

⮕ Die gesamtwirtschaftliche Angebotsfunktion ist gegeben durch

a) $p_A(x) = 0{,}5x^2 + x + 5$; $x \in D_{ök}$.   b) $p_A(x) = -3x^2 + 30x + 20$; $x \in D_{ök}$.

Interpretieren Sie den Verlauf des Graphen von p_A mathematisch und ökonomisch.

Lösung

a) Quadratische Angebotsfunktion p_A mit

$p_A(x) = 0{,}5x^2 + x + 5$

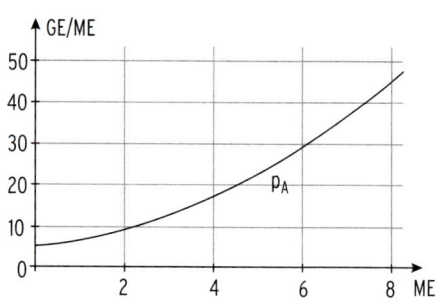

Mindestpreis: $p_A(0) = 5$

p_A hat keine Nullstelle auf $D_{ök}$.

Das **Schaubild der** Angebots**funktion** p_A ist ein Ausschnitt aus einer nach oben geöffneten Parabel, die für $x \geq 0$ steigend ist.

Ökonomisch sinnvoller **Definitionsbereich** von p_A: $D_{ök} = [0; \infty)$.

Die Angebotspreise wachsen von 5 GE/ME (für $x = 0$) ungegrenzt.

Der ökonomische **Wertebereich** ist $W_{ök} = [5; \infty)$.

b) Quadratische Angebotsfunktion p_A mit

$p_A(x) = -3x^2 + 30x + 20$

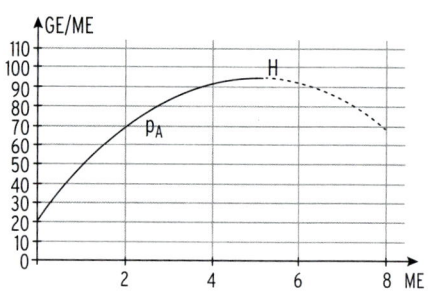

Mindestpreis: $p_A(0) = 20$

Maximaler Angebotspreis: 95 GE/ME

Hochpunkt: H(5 | 95)

Die **Angebotsfunktion** p_A ist wachsend (für $x \geq 0$) bis $x = 5$.

Ökonomisch sinnvoller **Definitionsbereich** von p_A: $D_{ök} = [0; 5]$.

Die Angebotspreise wachsen von 20 GE/ME (für $x = 0$) bis 95 GE/ME (für $x = 5$).

Der ökonomische **Wertebereich** ist $W_{ök} = [20, 95]$.

Beachten Sie

Eine **Angebotsfunktion** ist eine **wachsende** Funktion:

$p_A(x)$ wird größer, wenn x größer wird. Dabei gilt: $p_A(x) \geq 0$ für $x \in D_{ök}$.

p_A hat keine Nullstelle auf $D_{ök}$.

Aufgaben

1 Lösen Sie die quadratische Gleichung.

a) $x^2 + x - 12 = 0$ **b)** $\frac{1}{2}x^2 - 4x + 8 = 0$ **c)** $3 - 2x + \frac{1}{3}x^2 = 0$

Seite 229 **d)** $x^2 + 2x + 6 = -2x + 1$ **e)** $-x^2 - 1,5x - 1,25 = 0$ **f)** $x^2 - 6x + 5 = 0$

g) $8x^2 + 3x - 1 = 0$ **h)** $x^2 = x + 3$ **i)** $1,5x - 0,5x^2 + 2 = 0$

j) $-2x(x + 5) = 0$ **k)** $(3 - x)(x - 6) = 0$ **l)** $\frac{x}{5}(x + 1) = 0$

2 Berechnen Sie die Achsenschnittpunkte des Graphen der Funktion f.
Beschreiben Sie die Lage des Graphen im Koordinatensystem. Fertigen Sie eine Skizze an.

a) $f(x) = \frac{1}{3}(x^2 - x - 6)$ **b)** $f(x) = -\frac{1}{5}x^2 + x - \frac{5}{4}$ **c)** $f(x) = -\frac{2}{3}x^2 + x$

3 Bestimmen Sie einen Wert für a so, dass $x^2 - ax = 0$ die Lösung $x_1 = 4,5$ hat.

4 Ordnen Sie jeder Parabel einen Funktionsterm zu. Begründen Sie Ihre Entscheidung.

$f_1(x) = -0,5(x - 1)^2;$ $f_2(x) = 0,5x^2 - x;$ $f_3(x) = (x + 1)(x - 2)$

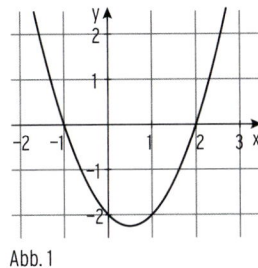 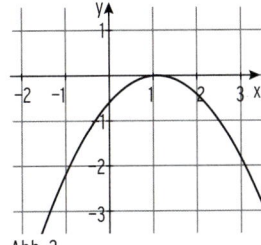 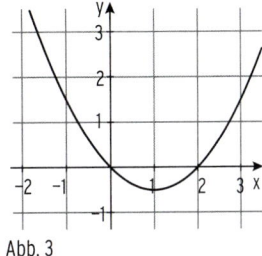

Abb. 1   Abb. 2   Abb. 3

5 Gegeben ist die Preis-Absatz-Funktion p mit $p(x) = -\frac{4}{5}x + 12$.
Bestimmen Sie den maximal ökonomisch sinnvollen Definitionsbereich und das Erlösmaximum.

6 Für eine Ofenproduktion wurde die Gewinnfunktion G mit
$G(x) = -0,2x^2 + 12x - 100$; x in ME, G(x) in EUR, ermittelt.

a) Bestimmen Sie die Gewinnschwelle, die Gewinngrenze und den maximalen Gewinn.

b) Die Fixkosten werden um 80 EUR erhöht. Nehmen Sie Stellung zu der Behauptung:
Die Produktion sollte eingestellt werden.

7 Die Gesamtkosten bei der Produktion von Fernsehgeräten werden beschrieben durch die
Funktion K mit $K(x) = 0,5x^2 - 0,5x + 37,5$; x in ME, K(x) in GE.
Der konstante Marktpreis beträgt 18 GE.
Bestimmen Sie die Gewinnfunktion G, die Gewinnzone, die Verlustzone und den maximalen Gewinn.

8 Eine Nachfragefunktion wird beschrieben durch $f(x) = -0,5(x + 4)(x - 3)$.
Skizzieren Sie den Graph von f. Bestimmen Sie den maximal sinnvollen ökonomischen
Definitionsbereich $D_{ök}$ und den zugehörigen Wertebereich.

9 Das Unternehmen Waldner produziert ein medizinisches Gerät. Die verwendete Technologie führt zu der Gesamtkostenfunktion K mit

$K(x) = 0,25 x^2 + 8$; x in ME, K(x) in GE.

a) Am Markt herrscht vollständige Konkurrenz und die Ware kann für 3,8 GE je ME abgesetzt werden. Zeigen Sie, dass der Gewinn beschrieben werden kann durch

$G(x) = -0,25 x^2 + 3,8x - 8$.

Ermitteln Sie die Gewinnzone, den maximalen Gewinn und die Gesamtkosten an der Gewinngrenze.

b) Aus Wettbewerbsgründen senkt das Unternehmen den Verkaufspreis. Die Gewinnschwelle liegt jetzt bei einer Produktionsmenge von 5 ME. Berechnen Sie den neuen Verkaufspreis.

10 Die Göttinger Büromöbel AG hat als Hersteller von Regalsystemen eine Monopolstellung. Der erzielbare Preis in GE pro ME lässt sich aufgrund einer Marktstudie mit der Preis-Absatz-Funktion $p(x) = -0,8x + 9$ berechnen.

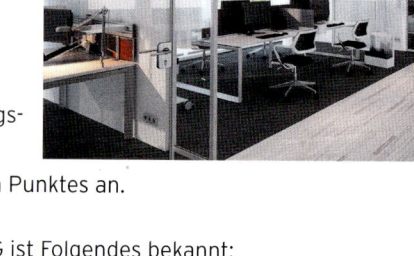

a) Bestimmen Sie den Höchstpreis, die Sättigungsmenge und den maximalen Erlös.

b) Die Gesamtkosten lassen sich durch

$K(x) = 0,125 x^2 + x + 6$ beschreiben.

Ermitteln Sie die gewinnmaximale Herstellungsmenge der Göttinger Büromöbel AG.

Geben Sie die Koordinaten des Cournot'schen Punktes an.

11 Über die Gesamtkosten K der Brandstätter KG ist Folgendes bekannt:

Für eine Produktion von 10 ME entstehen Gesamtkosten von 1050 EUR, bei 20 ME sind es 1400 EUR. Die Fixkosten betragen 900 EUR.

Die produzierte Menge wird zum Preis von 85 EUR/ME verkauft.

a) Bestimmen Sie die Gewinnfunktion und untersuchen Sie die Gewinnsituation.

b) Aufgrund einer veränderten Marktlage erhöhen sich die Fixkosten. Entscheiden Sie, welche Erhöhung der Fixkosten durch eine Preiserhöhung ausgeglichen werden muss.

12 Das Unternehmen Wald KG ist als Produzent von Laborgeräten Monopolist.

a) Die Fixkosten für die Produktion belaufen sich auf 330 GE. Werden 10 Mengeneinheiten (ME) der Ware hergestellt, erhöhen sich die Gesamtkosten um 50 GE.

Bei 20 ME betragen die Gesamtkosten 460 GE.

Abteilungsleiter Merk behauptet, die Gesamtkosten werden beschrieben durch

$K(x) = -0,15 x^2 + 3,5x + 330$. Beurteilen Sie diese Behauptung.

b) Die Erlösfunktion E ist gegeben durch $E(x) = -1,75 x^2 + 79x$; $x \in D_{ök}(E)$.

Ermitteln Sie $D_{ök}(E)$. Bestimmen Sie die erlösmaximale Anzahl der Geräte und den zugehörigen Verkaufspreis. Vergleichen Sie mit dem gewinnmaximalen Verkaufspreis.

13 Gegeben ist die Funktion f mit $f(x) = -0,25x^2 + 2,25x - 2$; $x \in \mathbb{R}$.

Bestimmen Sie den ökonomisch sinnvollen Definitionsbereich so, dass f eine Angebotsfunktion ist. Ermitteln Sie den zugehörigen Wertebereich.

3.3.2 Gemeinsame Punkte von zwei Graphen

Gesamtkosten, Erlös, Gewinn

Beispiel 1

➲ Die Gesamtkosten für einen Artikel ergeben sich im Modell der vollständigen Konkurrenz erfahrungsgemäß aus $K(x) = \frac{1}{40}x^2 + 2x + 160$; $x \geq 0$.
Die Kapazitätsgrenze liegt bei 360 ME. Der Verkaufspreis pro ME beträgt 10,5 GE.

a) Berechnen Sie die Schnittstellen der Graphen von Kosten- und Erlösfunktion. Interpretieren Sie Ihr Ergebnis ökonomisch.

b) Entscheiden Sie, ob die Behauptung „Bei einem Preis von 6 GE/ME kann verlustfrei produziert werden", richtig oder falsch ist.

Lösung

a) Mit $p(x) = 10,5$ ergibt sich die Erlösfunktion E mit $E(x) = 10,5x$.
Bedingung für die Schnittstellen: $K(x) = E(x)$ $\frac{1}{40}x^2 + 2x + 160 = 10,5x$

Lösungen (mit CAS): $x_1 = 20$; $x_2 = 320$

Die **Erlösgerade schneidet die Kostenparabel** bei $x_1 = 20$ und $x_2 = 320$.

Die Schnittstellen heißen **Gewinnschwelle** ($x_1 = x_{GS} = 20$) und

Gewinngrenze ($x_2 = x_{GG} = 320$).

Gewinnfunktion G mit $G(x) = E(x) - K(x)$
$$G(x) = -\frac{1}{40}x^2 + 8,5x - 160$$

Die **Schnittstellen von E und K** sind die

Nullstellen der Gewinnfunktion.

$K(x) = E(x) \Leftrightarrow G(x) = 0$

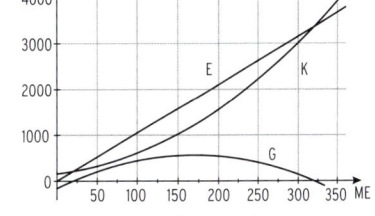

Für $20 < x < 320$ gilt: Der Graph von G verläuft oberhalb der Abszissenachse.

$G(x) > 0$; das Unternehmen macht Gewinn.

Der Produktionsbereich $20 < x < 320$ heißt **Gewinnzone.**

In $x_{GS} = 20$ beginnt die Gewinnzone, in $x_{GG} = 320$ endet die Gewinnzone.

$E(2) = K(2) = 210$

B(20 | 210) ist der **Break-Even-Punkt.**

b) Neue Erlösfunktion E_{neu} mit $E_{neu}(x) = 6x$

$K(x) = E_{neu}(x)$: $\frac{1}{40}x^2 + 2x + 160 = 6x$

Mit CAS: $x_{1|2} = 80$

Hinweis: Diskriminante $D = 0$

Die **Erlösgerade berührt die Kostenparabel**
in $x_{1|2} = 80$. Es kann nur bei einer Produktion
von 80 ME verlustfrei produziert werden.

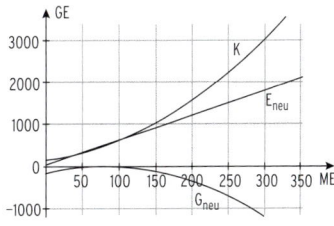

Die **Gewinnfunktion** G_{neu} hat eine **doppelte Nullstelle** bei $x = 80$, Gewinnschwelle und Gewinngrenze sind identisch. Die Behauptung stimmt nur bei einer Produktion von 80 ME, ansonsten wird in $D_{ök}$ immer Verlust erwirtschaftet.

Beispiel 2

⮑ Ein Monopolist beschreibt die Gesamtkosten
für die Herstellung von x ME Ventile durch
$K(x) = \frac{1}{8}x^2 + \frac{5}{4}x + 5; x \geq 0$,
und seinen Erlös E durch
$E(x) = -\frac{1}{2}x^2 + 5x; x \in D_{ök}(E)$,
E(x) und K(x) in GE.
Ermitteln Sie $D_{ök}(E)$.

Bestimmen Sie die Gewinnzone, die Verlustzonen und den maximalen Gewinn. Geben
Sie den Break-Even-Punkt und den Cournot'schen Punkt an.

Lösung

Sinnvoller ökonomischer Definitionsbereich von E:

Bedingung: $E(x) = 0$ $-\frac{1}{2}x^2 + 5x = 0$

$x_1 = 0; x_2 = 10$

$D_{ök}(E) = [0; 10]$ ist der ökonomisch sinnvolle Definitionsbereich für E, K und G.

Gewinnzone:

Bedingung: $E(x) = K(x)$ $-\frac{1}{2}x^2 + 5x = \frac{1}{8}x^2 + \frac{5}{4}x + 5$

Mit CAS: $x_1 = 2; \; x_2 = 4$

Die Graphen von K und E schneiden sich

in $x_{GS} = 2$ und $x_{GG} = 4$.

Zwischen $x_1 = 2$ und $x_2 = 4$ gilt $G(x) > 0$.

Gewinnzone: $(2; 4)$

Verlustzonen: $[0; 2) ; (4; 10]$

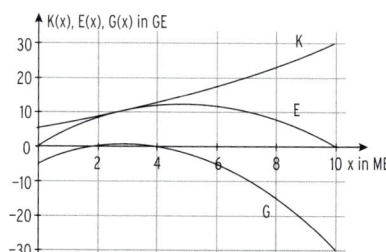

Gewinnmaximum

Mit CAS: $G_{max} = G(3) = 0{,}625$

Der maximale Gewinn beträgt 0,625 GE.

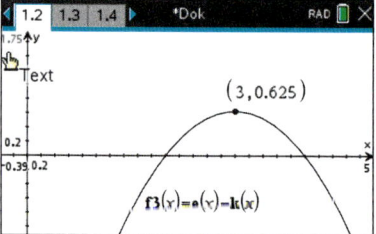

Hinweis: Die **gewinnmaximale** Ausbringungsmenge liegt genau in der Mitte zwischen x_{GS}
und x_{GG}: $x_{max} = \frac{x_{GS} + x_{GG}}{2} = 3$

Break-Even-Punkt

Mit $K(2) = E(2) = 8$ ergibt sich $B(2 \mid 8)$.

Cournot'scher Punkt

Mit $p(x) = \frac{E(x)}{x} = -\frac{1}{2}x + 5$ und $p(3) = 3{,}5$ erhält man den Cournot'schen Punkt $C(3 \mid 3{,}5)$.

Angebot und Nachfrage – Marktgleichgewicht

Beispiel 1

➲ Gegeben sind eine Nachfragefunktion p_N mit $p_N(x) = 345 - 4x^2$ und eine Angebotsfunktion p_A mit $p_A(x) = 120 + 5x^2$.

a) Bestimmen Sie den Höchstpreis, die Sättigungsmenge und das Marktgleichgewicht

b) Eine Regulierungsbehörde legt einen Höchstpreis von 200 GE pro ME fest.
Geben Sie die sich ergebenden Folgerungen an.

Lösung

a) **Höchstpreis:** $p_N(0) = 345$

Sättigungsmenge: $p_N(x) = 0$ $0 = 345 - 4x^2$

Zwei Lösungen: $x_{1|2} \approx \pm 9{,}3$

Für $x > 0$: $x = x_{Sätt} \approx 9{,}3$

Hinweis: Maximal ökonomisch sinnvoller Definitionsbereich $D_{max} = [0; x_{Sätt}] = [0; 9{,}3]$

Marktgleichgewicht

Bedingung: $p_N(x) = p_A(x)$ $345 - 4x^2 = 120 + 5x^2$

      $x_{1|2} = \pm 5$

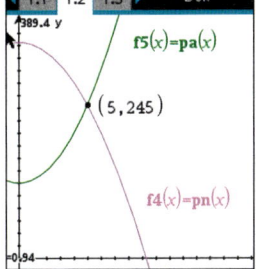

Gleichgewichtsmenge $x > 0$: $x_G = 5$

Einsetzen liefert den **Gleichgewichtspreis** $p_N(5) = p_G = 245$

Marktgleichgewicht: $MG(5 \mid 245)$

b) Gleichsetzen: $p_A(x) = 200$ $120 + 5x^2 = 200$

positive Lösung $x = 4$

$p_N(x) = 200$ $345 - 4x^2 = 200$

positive Lösung $x \approx 6{,}02$

Der Höchstpreis (200 GE/ME) liegt unter dem Gleichgewichtspreis.

Die angebotene Menge (4 ME) ist kleiner als die nachgefragte Menge (6,02 ME).

$x_N - x_A = 6{,}02 - 4 = 2{,}02$

Es liegt ein **Nachfrageüberschuss** von 2,02 ME vor.

Die Anbieter könnten eine größere Menge am Markt absetzen.

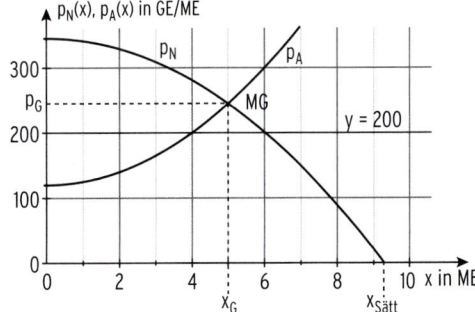

Beispiel 2

⟳ Gegeben sind eine Nachfragefunktion p_N und eine Angebotsfunktion p_A :

$p_N(x) = 5 - 0.5x^2$

$p_A(x) = 2 + 0.5x.$

a) Bestimmen Sie den Höchstpreis, die Sättigungsmenge und das Marktgleichgewicht.

b) Durch die Festsetzung eines Mindestpreises von 3,5 GE/ME entsteht ein Angebotsüberschuss.

Berechnen Sie den Angebotsüberschuss.

Lösung

a) Höchstpreis: $p_N(0) = 5$

Sättigungsmenge: $p_N(x) = 0$ $0 = 5 - 0.5x^2$

Zwei Lösungen: $x_{1|2} \approx \pm 3.2$

Für $x > 0$: $x = x_{Sätt} \approx 3.2$

Hinweis: Maximal ökonomisch sinnvoller Definitionsbereich für beide Funktionen

$D_{max} = [0; x_{Sätt}] = [0; 3.2]$

Marktgleichgewicht

Bedingung: $p_N(x) = p_A(x)$ $5 - 0.5x^2 = 2 + 0.5x$

Lösungen (mit CAS) $x_1 = -3;\ x_2 = 2$

Gleichgewichtsmenge $x > 0$: $x_G = 2$

Einsetzen liefert den **Gleichgewichtspreis** $p_A(2) = p_G = 3$

Marktgleichgewicht: $MG(2 \mid 3)$

b) Gleichsetzen: $p_A(x) = 3.5$ $2 + 0.5x = 3.5$

positive Lösung $x = 3$

$p_N(x) = 3.5$ $5 - 0.5x^2 = 3.5$

positive Lösung $x \approx 1.73$

Der Mindestpreis (3,5 GE/ME) liegt über dem Gleichgewichtspreis.

Die angebotene Menge (3 ME) ist größer als die nachgefragte Menge (1,73 ME).

$x_A - x_N = 3 - 1.73 = 1.27$

Es liegt ein **Angebotsüberschuss** von etwa 1,27 ME vor.

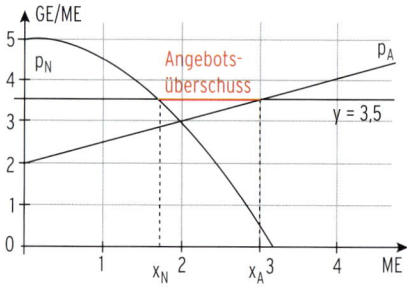

Was man wissen sollte … über die gegenseitige Lage von zwei Graphen

Bedingung für die x-Koordinaten der gemeinsamen Punkte der Graphen von f_1 und f_2
(Schnittstellen): $\qquad f_1(x) = f_2(x)$

Ergibt sich eine **quadratische Gleichung** $\quad x^2 + px + q = 0$

mit den Lösungen $\qquad x_{1|2} = -\dfrac{p}{2} \pm \sqrt{\left(\dfrac{p}{2}\right)^2 - q}$ **(pq-Formel),**

so hängt die Anzahl der Lösungen (eine Lösung entspricht einer Schnittstelle) von

der **Diskriminante D** ab: $\qquad D = \left(\dfrac{p}{2}\right)^2 - q$

mvurl.de/bare

$D > 0$	$D = 0$	$D < 0$
zwei (einfache) Lösungen	**eine (doppelte) Lösung**	**keine Lösung**
Die beiden Graphen **schneiden sich** in zwei Punkten.	Die beiden Graphen **berühren** sich.	Die beiden Graphen haben **keinen gemeinsamen** Punkt.

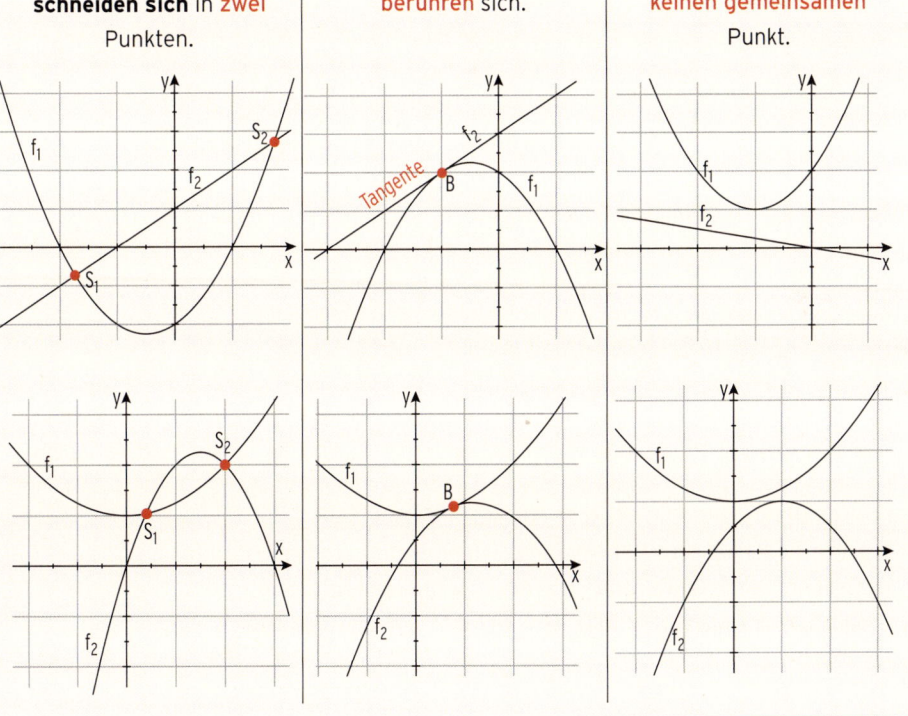

1 Untersuchen Sie, die gegenseitige Lage der Graphen von f_1 und f_2.
Bestimmen Sie gegebenenfalls die Koodinaten der Schnittpunkte.

a) $f_1(x) = 2x^2 - 6x + 2$; $f_2(x) = -2x + 8$ **b)** $f_1(x) = x^2 + x - 2$; $f_2(x) = -\frac{1}{2}x^2 + 3x - 4$

a) b)

c) $f_1(x) = x^2 + x - 5$; $f_2(x) = 3x - 6$ **d)** $f_1(x) = x^2 + x - 2{,}5$; $f_2(x) = 0{,}5x - 1$

2 Die Gesamtkosten einer Unternehmung werden durch die Funktion K mit
$K(x) = \frac{1}{16}x^2 + \frac{1}{2}x + 200$; $x \geq 0$ beschrieben. Die Kapazitätsgrenze liegt bei 100 ME. Der
Verkaufspreis pro ME beträgt 8,5 Geldeinheiten (GE).

a) Zeichnen Sie die Graphen der Gesamtkostenfunktion, der Erlösfunktion und der Gewinnfunktion in ein geeignetes Koordinatensystem.

b) Berechnen Sie die Schnittstellen von Gesamtkosten- und Erlösfunktion.
Interpretieren Sie Ihr Ergebnis ökonomisch.

c) Die Fixkosten haben sich erhöht, während der Verkaufspreis gleich bleibt. Berechnen Sie
die maximale Höhe der Fixkosten, so dass kein Gewinn mehr erzielt werden kann.

d) Die Fixkosten können um 100 GE gesenkt werden. Der Verkaufpreis beträgt 5,5 GE/ME.
Untersuchen Sie, ob unter diesen Bedingungen verlustfrei produziert werden kann.

3 Die Gesamtkosten einer Unternehmung werden beschrieben durch K mit
$K(x) = -\frac{1}{4}x^2 + \frac{5}{2}x + \frac{1}{2}$ und die Preis-Absatzfunktion p mit $p(x) = -\frac{1}{2}x + \frac{13}{2}$.

a) Bestimmen Sie den ökonomisch sinnvollen Definitionsbereich.

b) Ermitteln Sie die Gewinnschwelle, die Gewinngrenze und den maximalen Gewinn.
Geben Sie die Gewinnzone und die Verlustzonen an.

4 Eine Ofenproduktion arbeitet mit der Gesamtkostenfunktion $K(x) = x^2 + 8x + 32$.
Die Preis-Absatz-Funktion wurde mit $p(x) = 80 - 10x$ ermittelt.
Bestimmen Sie den ökonomisch sinnvollen Definitionsbereich und die Gewinnzone.

5 Von einem Unternehmen, das Mineralwasser herstellt, sind die Funktion der variablen
Gesamtkosten $K_v(x) = 0{,}001x^2 + 10x$ und die Fixkosten in Höhe von 900000 GE bekannt.
Der Marktpreis hat sich auf 80 GE/ME eingependelt.

a) Bestimmen Sie die Terme der Gesamtkostenfunktion und der Erlösfunktion.

b) Berechnen Sie die Gewinnzone und das Gewinnmaximum.

c) Prüfen Sie, ob bei einem Marktpreis von 60 GE/ME eine verlustfreie Produktion
möglich ist.

6 Die Abbildung zeigt den Graphen
einer Gesamtkostenfunktion und
drei Erlösgeraden.
Bestimmen Sie die Funktionsterme der
Erlösgeraden. Beschreiben Sie die
zugehörigen Gewinnsituationen.

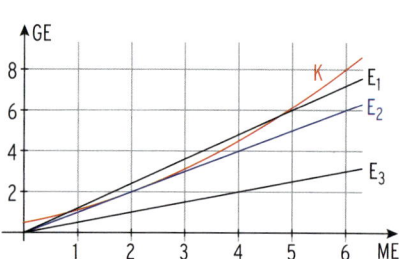

7 Der Handyhersteller Mobi bringt sein neues Handy Mobi 4 auf den Markt. Die Marktsituation kann durch die beiden Funktionen $f(x) = 10 - 0,04\,x^2$ und $g(x) = 0,75\,x + 2$
beschrieben werden.

a) Zeichnen Sie die Graphen von f und g in ein Koordinatensystem. Ordnen Sie begründet die
beiden Graphen einer Nachfrage- und einer Angebotsfunktion zu.

b) Ermitteln Sie den maximalen, ökonomisch sinnvollen Definitionsbereich.

c) Bestimmen Sie den Höchstpreis und die Sättigungsmenge und das Marktgleichgewicht.

d) Beschreiben Sie die Marktsituation bei einem Preis von 6 GE und bei 8 GE.

e) Aufgrund einer veränderten Marktsituation entsteht eine neue Nachfragefunktion.
Ermitteln Sie eine neue Nachfragefunktion für ein Marktgleichgewicht MG (2 | 4,5), einem
Höchstpreis von 7 GE und einer Sättigungsmenge von 8 ME.

8 Eine Marktsituation wird beschrieben durch p_A mit
$p_A(x) = -\frac{1}{4}x^2 + \frac{5}{2}x + \frac{1}{2}$ und p_N mit $p_N(x) = -\frac{1}{2}x^2 + \frac{13}{2}$.

a) Bestimmen Sie den ökonomisch sinnvollen Definitionsbereich.

b) Berechnen Sie den Schnittpunkt der Graphen von p_A und p_N und interpretieren Sie die
Koordinaten ökonomisch.

9 Eine Nachfragefunktion wird beschrieben durch $f(x) = -0,5(x + 3)(x - 5)$.
Skizzieren Sie den Graph von f. Bestimmen Sie den maximal sinnvollen ökonomischen
Definitionsbereich $D_{ök}$ und den zugehörigen Wertebereich.

10 p_N und p_A mit $p_N(x) = -0,2\,x^2 - 3\,x + 20$
und $p_A(x) = 0,1\,x^2 + 2\,x + 2,3$
beschreiben die Nachfrage- und die Angebots-
situation für Akkuschrauber.
Die Preise sind in GE/ME angegeben.

a) Ermitteln Sie den Höchstpreis, den Mindestangebotspreis
und die Sättigungsmenge.

b) Berechnen Sie den Gleichgewichtspreis.

11 Nach Einführung eines neuen Gerätes wird der Markt durch die Funktionen p_1 und p_2
mit $p_1(x) = 0,05x^2 - 2x + 20$ mit $x \in D_{ök}$ und $p_2(x) = -0,05x^2 + 1,5x + 8,75$ mit $x \in D_{ök}$
beschrieben.
Als ökonomische Kernaussage gilt auf einem Markt: Je höher der Preis, desto größer die
angebotene Menge und je höher der Preis, desto geringer die nachgefragte Menge. Entscheiden Sie, welche der beiden gegebenen Funktionsgleichungen die Angebots- bzw. die
Nachfragefunktion darstellt. Begründen Sie Ihre Zuordnung.
Bestimmen Sie den maximalen ökonomisch sinnvollen Definitionsbereich für beide
Funktionen und die Gleichgewichtsmenge.
Zeichnen Sie die Graphen von p_A und p_N in ein Koordinatensystem und beschriften Sie
die Abbildung.

3.4 Aufstellen von Funktionstermen für quadratische Funktionen

Die Parabel ist das Schaubild einer quadratischen Funktion f mit $f(x) = ax^2 + bx + c$.
Liegt ein Punkt auf der Parabel, so liefert die Punktprobe mit seinen Koordinaten eine
Gleichung mit den Unbekannten a, b, c.

Beispiel 1

⮕ Die Abteilung Rechnungswesen der Hoha GmbH veröffentlicht folgende Kostentabelle:

Produktionsmenge (ME)	0	1	5
Gesamtkosten (GE)	20	25	60

Die Gesamtkosten sollen durch eine ganzrationale Funktion 2. Grades beschrieben
werden. Bestimmen Sie den Term der Gesamtkostenfunktion K.

Lösung

ohne Hilfsmittel

Ansatz für die quadratische Funktion: $\qquad K(x) = ax^2 + bx + c$

Einsetzen von x = 0 und y = 20 ergibt: $\qquad a \cdot 0^2 + b \cdot 0 + c = c = 20$

Einsetzen von x = 1 und y = 25 ergibt: $\qquad a \cdot 1^2 + b \cdot 1 + c = 25 \Rightarrow a + b + c = 25$

Einsetzen von x = 5 und y = 60 ergibt: $\qquad a \cdot 5^2 + b \cdot 5 + c = 60 \Rightarrow 25a + 5b + c = 60$

Übersichtliche Darstellung in Form einer Tabelle:

Punkte	Bedingungen	Gleichungssystem für a, b, c
A (1|25)	K(1) = 25	a + b + c = 25
B (5|60)	K(5) = 60	25a + 5b + c = 60
C (0|20)	K(0) = 20	c = 20

Vereinfachtes lineares Gleichungssystem:
(c = 20 eingesetzt.)

$$\begin{vmatrix} a + b = 5 \\ 25a + 5b = 40 \end{vmatrix}$$

Seite 227

Auflösen des Gleichungssystems mit dem
Additionsverfahren (Gauß-Algorithmus):

$$\begin{vmatrix} a + b = 5 \\ 25a + 5b = 40 \end{vmatrix} \; \cdot(-5)$$

$a \cdot (-5) + 25a = 5 \cdot (-5) + 40$

$20a = 15$ also $a = 0,75$

Einsetzen in z.B. a + b = 5 ergibt: $\qquad b = 4,25$

Lösung des linearen Gleichungssystems: $\qquad a = 0,75; \; b = 4,25; \; c = 20$

Term der Gesamtkostenfunktion: $\qquad K(x) = 0,75 x^2 + 4,25 x + 20$

Beispiel 2

⮕ Der Gewinn der Stroppel KG lässt sich beschreiben durch eine ganzrationale Funktion 2. Grades. Der Graph von G schneidet die Abszissenachse in $x_1 = 3$ und $x_2 = 8$ und verläuft durch (0 |− 12). Bestimmen Sie den Term der Gewinnfunktion G.

Lösung

Linearfaktor-Ansatz für die quadratische Funktion: $\qquad G(x) = a(x − 3)(x − 8)$

Einsetzen von x = 0 und y = − 12 ergibt: $\qquad -12 = a(0 − 3)(0 − 8) \Rightarrow a = -0,5$

Term der **Gewinnfunktion**: $\qquad G(x) = -0,5(x − 3)(x − 8)$

Beispiel 3

➲ Das Unternehmen Waldner KG beschreibt seine Gewinnerwartungen durch eine ganzrationale Funktion 2. Grades. Bei verkauften 2 ME beträgt der Gewinn 2 GE, bei verkauften 4 ME liegt der Gewinn bei 1 GE. Werden 5 ME verkauft, macht das Unternehmen einen Verlust von 1 GE.
Bestimmen Sie den Term der Gewinnfunktion G.

Lösung

mit Hilfsmittel

Lösung durch quadratische Regression

Eingabe der Werte in das CAS

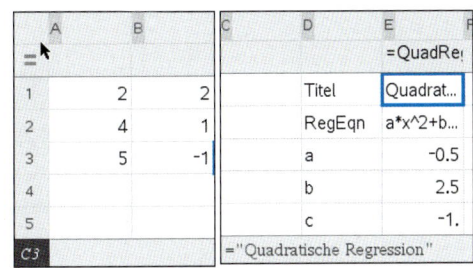

Produktionsmenge (ME)	2	4	5
Gewinn (GE)	2	1	−1

Funktionsanpassung:

$G(x) = -0,5x^2 + 2,5x - 1$

Lösung mithilfe eines Linearen Gleichungssystems

Ansatz: $G(x) = ax^2 + bx + c$

Einsetzen ergibt ein Lineares Gleichungssystem für a, b und c.

$G(2) = 2$	$4a + 2b + c = 2$
$G(4) = 1$	$16a + 4b + c = 1$
$G(5) = -1$	$25a + 5b + c = -1$

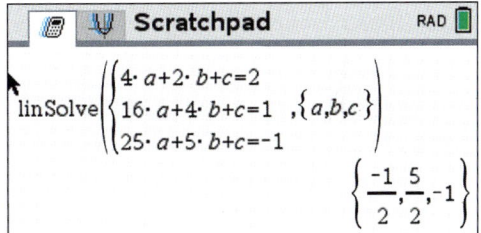

Lösung mit CAS: $a = -0,5$; $b = 2,5$; $c = -1$

Gewinnfunktion G mit $G(x) = -0,5x^2 + 2,5x - 1$

Aufgaben

1 Das Schaubild von f mit $f(x) = ax^2 + 5$ verläuft durch den Punkt $A(-3 \mid -4)$.
Bestimmen Sie den Funktionsterm f(x).

2 Die Funktion f ist eine ganzrationale Funktion 2. Grades.
Bestimmen Sie den Funktionsterm f(x), wenn Folgendes bekannt ist:

a) Der Graph von f verläuft durch die Punkte $A(1 \mid 2,5)$ und $B(-2 \mid 1)$ und $C(0 \mid 3)$.

b) $A(2 \mid 0)$, $B(-1 \mid 6)$ und $C(0 \mid 0)$ sind Punkte auf dem Graphen von f.

c) Der Graph von f schneidet die Abszissenachse in $x_1 = -4$ und in $x_2 = 2$ und verläuft durch $A(5 \mid 20)$.

d) Der Graph von f berührt die Abszissenachse in $x_{1|2} = 1$ und verläuft durch $A(-2 \mid 5)$.

3 Ein Monopolist erreicht seinen maximalen Erlös von 30 GE bei einem Absatz von 5 ME.
Bestimmen Sie den Funktionsterm für die quadratische Erlösfunktion E.

4 Der Höchstpreis für ein Produkt beträgt 80 GE/ME, die Sättigungsmenge liegt bei 8 ME.
Bei 5 ME kann ein Preis von 45 GE/ME erzielt werden.
Bestimmen Sie die Nachfragefunktion 2. Grades.

5 Bestimmen Sie die Funktionsterme von f_1
und f_2 mithilfe der Zeichnung.

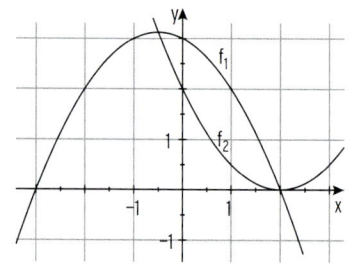

6 Ordnen Sie jeder Parabel einen Funktionsterm
zu. Bestimmen Sie a, b, c und d mithilfe der
Zeichnung.
$f(x) = 0,2 x^2 + b$
$g(x) = a x^2 + 2$
$h(x) = c x^2 + d$

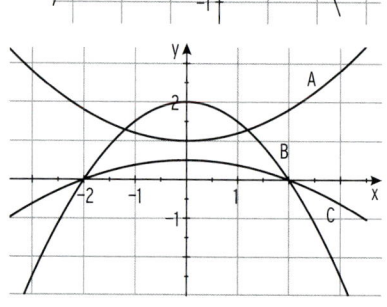

7 Die Gesamtkosten K eines Betriebes in EUR können in Abhängigkeit von der Produktionsmenge x der nebenstehenden Tabelle entnommen werden:

x in ME	0	10	20	24
K(x) in EUR	900	1 050	1 400	1 596

a) Bestimmen Sie die Gesamtkostenfunktion K unter der Annahme, dass es sich um eine
quadratische Funktion handelt. (Kontrollergebnis: $K(x) = x^2 + 5x + 900$)

b) Ermitteln Sie die Produktionsmenge, bei der Gesamtkosten in Höhe von 1200 EUR anfal-
len.

c) Berechnen Sie den größten Gewinn, wenn die produzierte Menge zum Stückpreis von
80 EUR verkauft wird.

8 Der Betrieb verkauft seine Artikel für 200 GE pro ME. Der Graph der Gesamtkostenfunktion ist eine Parabel. Sie schneidet die Erlösgerade in $x = 20$ und $x = 120$.
Die Fixkosten betragen 2 400 GE. Bestimmen Sie den Term der Gesamtkostenfunktion K.

9 Der Gewinn in EUR in Abhängigkeit von der nachgefragten Menge in ME wird beschrieben
durch eine ganzrationale Funktion zweiten Grades. Bei 100 ME ist der Gewinn null.
Bei 300 ME ist der Gewinn maximal und beträgt dann 40000 EUR.
Die fixen Kosten betragen 50000 EUR.
Bestimmen Sie den Funktionsterm für die Gewinnfunktion.

10 Die Abbildung zeigt den Graphen einer Gesamtkostenfunktion und den Graphen der
zugehörigen Gewinnfunktion.
Bestimmen Sie den Term der linearen Erlösfunktion,
die Gewinngrenze und die Gesamtkosten an der
Gewinngrenze mithilfe der Abbildung.

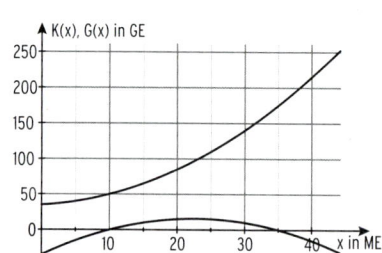

3.5 Parabelscharen

Beispiel 1

➲ Gegeben ist für jedes $t \neq 0$ die Funktion f_t mit $f_t(x) = tx^2 - 3tx$; $x \in \mathbb{R}$.

a) Beschreiben Sie den Verlauf des Graphen von f_t.

b) Bestimmen Sie den Wert von t so, dass der Punkt P(2 | 4) auf dem Graphen von f_t liegt.

c) Ermitteln Sie die Werte von t, so dass der Graph von f_t dem Graphen der Erlösfunktion eines Monopolisten entspricht. Bestimmen Sie für diesen Fall den maximalen ökonomisch sinnvollen Definitionsbereich und den zugehörigen Wertebereich.

Lösung

a) Der **Parameter t** steht für eine reelle Zahl.

Damit ist es möglich, durch einen Funktionsterm mit Parameter viele Parabeln

(eine Parabelschar) zu beschreiben.

$f_t(x) = tx^2 - 3tx = tx(x - 3)$

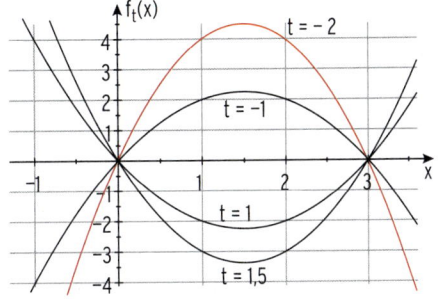

Der Graph von f_t schneidet die Abszissenachse in $x_1 = 0$ bzw. $x_2 = 3$.

(Satz vom Nullprodukt)

$N_1(0 \mid 0)$ und $N_2(3 \mid 0)$ sind **gemeinsame**
Punkte aller Parabeln der Schar.

Für $t > 0$ ist die Parabel nach oben,

für $t < 0$ ist die Parabel nach

unten geöffnet.

Hinweis: Für t = 0 ergibt sich die Gerade mit $f_0(x) = 0$.

b) Punktprobe mit P(2|4):

$t \cdot 2^2 - 3t \cdot 2 = 4$

$t = -2$

Für t = − 2 liegt P(2|4) auf der Parabel von f_{-2}.

c) Der Graph der Erlösfunktion eines Monopolisten ist eine Parabel, die nach unten geöffnet ist und deren Nullstellen größer oder gleich null sind.

Öffnung nach unten für $t < 0$.

Nullstellen von f_t: $\qquad x_1 = 0$; $x_2 = 3$

Ein Graph von f_t entspricht dem Graphen der Erlösfunktion eines Monopolisten für $t < 0$.

Ökonomisch sinnvoller Definitionsbereich: $0 \leq x \leq 3$ oder $D_{ök}(f_t) = [0; 3]$

Maximalstelle: $\frac{x_1 + x_2}{2} = 1{,}5$ $\qquad f_t(1{,}5) = -2{,}25t$

$W_{ök}(f_t) = [0; -2{,}25t]$

Beispiel 2

➲ Gegeben ist für jedes $t \in \mathbb{R}$ die Funktion f_t mit $f_t(x) = -x^2 + 3tx + t$; $x \geq 0$.

a) Beschreiben Sie den Verlauf des Graphen von f_t.

b) Ermitteln Sie die Werte von t, so dass der Graph von f_t dem Graphen der Angebots-funktion entspricht. Bestimmen Sie für diesen Fall den maximalen ökonomisch sinn-vollen Definitionsbereich und den zugehörigen Wertebereich.

Lösung

a) $f_t(x) = -x^2 + 3tx + t$

Der Graph von f_t schneidet die Ordinaten-achse in $(0 \mid t)$ und ist nach unten geöffnet.

Für t = 1: $f_1(x) = -x^2 + 3x + 1$

für t = 1,5: $f_{1,5}(x) = -x^2 + 4,5x + 1,5$

für t = 2: $f_2(x) = -x^2 + 6x + 2$

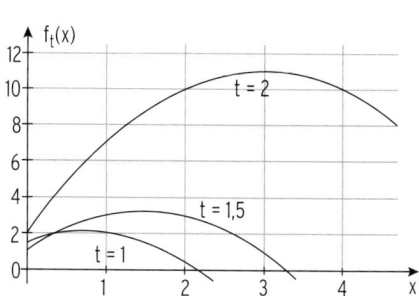

b) Der Graph der Angebotsfunktion ist ein Ausschnitt aus einer Parabel, die auf $D_{ök}$ (bis zum Hochpunkt) steigend ist.

Nullstellen: $f_t(x) = 0$ $\qquad -x^2 + 3tx + t = 0$

Mit CAS: $\qquad x_1 = \dfrac{\sqrt{t(9t+4)} + 3t}{2}$; $x_2 = \dfrac{-(\sqrt{t(9t+4)} - 3t)}{2}$

```
1.1   🔁 ▶                    *Dok              RAD 🔋 ✕

solve(-x²+3·t·x+t=0,x)
      √(t·(9·t+4)) +3·t            -(√(t·(9·t+4)) −3·t)
 x= ─────────────────── or x= ──────────────────────────
              2                            2
```

Die Maximalstelle liegt bei $x_1 = \frac{3}{2}t$.

Maximaler Wert (mit CAS): $\qquad f_t(\frac{3}{2}t) = \frac{9}{4}t^2 + t$

Hochpunkt $H(\frac{3}{2}t \mid \frac{9}{4}t^2 + t)$

Bedingung für Angebotsfunktion: $\qquad \frac{9}{4}t^2 + t > 0$

ist erfüllt für alle t > 0.

Für t > 0 liegt der Ordinatenschnittpunkt oberhalb der Abszissenachse, die Maximal-stelle und der Maximalwert sind positiv.

Ein Graph von f_t entspricht dem Graphen einer Angebotsfunktion für t > 0.

Ökonomisch sinnvoller Definitionsbereich:

$0 \leq x \leq \frac{3}{2}t$ oder $D_{ök}(f_t) = [0; \frac{3}{2}t]$

Wegen $f_{max} = f(\frac{3}{2}t) = \frac{9}{4}t^2 + t$

gilt: $W_{ök}(f_t) = [t; \frac{9}{4}t^2 + t]$

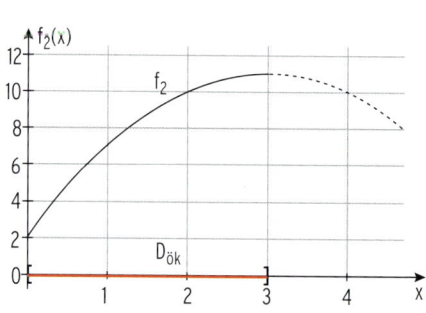

Aufgaben

1 Bestimmen Sie den Graph in der Abb. 1, der dem Graphen einer Gesamtkostenfunktion entspricht. Begründen Sie Ihre Entscheidung, indem Sie jeweils ein Argument angeben, das zum Ausschluss der weiteren Kurven führt. Bearbeiten Sie diese Aufgabe, indem Sie einen der Graphen A, B oder C einer Angebotsfunktion zuordnen.

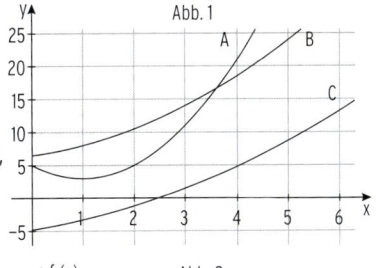

2 Für $t \neq 0$ ist die Funktionenschar f_t gegeben mit $f_t(x) = \frac{1}{t}x^2 + 6x + 300 - 100t; \; x \in \mathbb{R}$.

Die Abb. 2 zeigt die zugehörige Parabel für zwei Werte von t. Bestimmen Sie die beiden t-Werte. Ermitteln Sie die Werte von t, sodass die zugehörige Parabel für $x \geq 0$ der Graph einer Gesamtkostenfunktion ist.

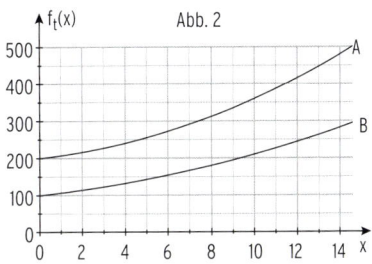

3 Zeigen Sie: Die Funktionenschar f_a mit $f_a(x) = \frac{1}{10}(x + \sqrt{a})^2 + a^2 + 1$ ist eine Angebotsfunktion für alle $a > 0$ und $x \geq 0$. Bestimmen Sie den Wertebereich von f_a.

4 Gegeben ist die Funktion f_a mit $f_a(x) = \frac{a}{2}x^2 - ax; \; a, x \in \mathbb{R}; \; a \neq 0$.

a) Bestimmen Sie einen Wert für a, sodass der Punkt $Q(-1|4)$ auf dem Graphen von f_a liegt.

b) Untersuchen Sie den Graphen von f_a für verschiedene Werte von a und geben Sie drei gemeinsame Eigenschaften an.

c) Der Graph von f_a soll ein Graph der Erlösfunktion eines Monopolisten darstellen. Bestimmen Sie die zugehörigen Werte von a. Berechnen Sie den Wert von a, so dass 3 der größte Funktionswert ist. Interpretieren Sie Ihr Ergebnis ökonomisch.

5 Für bestimmte t-Werte lässt sich eine Nachfragefunktion beschreiben durch

$f_t(x) = -t(x^2 + 4x + 4) + 32; \; x \geq 0$.

a) Bestimmen Sie den Wert von t, sodass die Abb. 3 den Graph einer Nachfragefunktion darstellt.

b) Bestimmen Sie t so, dass der Höchstpreis bei 20 GE/ME liegt.

c) Ermitteln Sie t, sodass die Sättigungsmenge bei 10 ME liegt.

6 Die Marketingabteilung hat die Angebotsfunktion p_A mit $p_A(x) = 0{,}5x^2 + bx + 1{,}25; \; b \in \mathbb{R}^+$ und die Nachfragefunktion p_N mit $p_N(x) = -0{,}25x^2 + 25$ ermittelt.
Beschreiben Sie, wie sich die Lage des Marktgleichgewichts mit wachsendem b ändert.

Test zur Überprüfung Ihrer Grundkenntnisse

1 Lösen Sie die quadratische Gleichung.

a) $x^2 + 2x - 15 = 0$ **b)** $4(x - 3)(2x - 1) = 0$

2 Gegeben sind die Gesamtkostenfunktion K durch $K(x) = 0{,}2x^2 + 3x + 20$ und die Erlösfunktion E mit $E(x) = 8x$. Die Kapazitätsgrenze liegt bei 22 ME.

a) Berechnen Sie die Gewinnzone und die Verlustzone.
Zeigen Sie, dass der maximale Gewinn 11,25 GE beträgt.

b) Nach einer Preissenkung gilt $E_{neu}(x) = 7x$. Untersuchen Sie die gegenseitige Lage der Graphen von K und E_{neu}. Interpretieren Sie ihr Ergebnis ökonomisch.

3 Die Abbildung 1 zeigt einen Ausschnitt eines Graphen einer quadratischen Funktion für $x \geq 0$.

a) Abb. 1 zeigt den Graphen einer Gesamtkostenfunktion. Bestätigen Sie diese Behauptung.

b) Übertragen Sie die Abbildung in Ihr Heft. Zeichnen Sie den Graphen der Funktion der variablen Gesamtkosten in ihr Koordinatensystem ein.

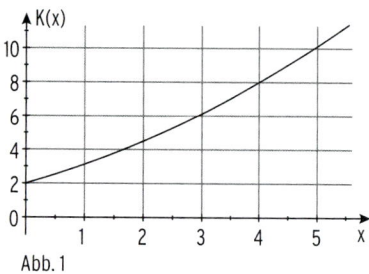

Abb. 1

4 Die Cylanda AG ist Monopolist für wichtige Komponenten in Mobiltelefonen. Die Preis-Absatz-Funktion lässt sich beschreiben durch $p(x) = -3x + 28{,}8$, x in ME. Die Preise sind in GE/ME angegeben.

a) Ermitteln Sie den ökonomisch sinnvollen Definitionsbereich.

b) Berechnen Sie die Absatzmenge und den Umsatz bei einem Preis von 12 GE/ME.

5 Das Unternehmen Hirscher und Söhne bietet als Monopolist am Markt eine Spezialgerät an. Dadurch hängt der Preis (in EUR) von der nachgefragten Stückzahl in ME ab. Die Erlöskurve ist eine Parabel, welche die Abszissenachse in $x = 16$ schneidet. Der größtmögliche Erlös beträgt 320 EUR. Bestimmen Sie den Term der Erlösfunktion.

6 Gegeben sind die Angebotsfunktion p_A durch $p_A(x) = 0{,}3x^2 + 3x + 10$ und die Nachfragefunktion p_N mit $p_N(x) = 145 - 1{,}2x^2$.

a) Bestimmen Sie den ökonomisch sinnvollen Definitionsbereich für beide Funktionen. Berechnen Sie das Marktgleichgewicht.

b) Bestimmen Sie den Preis, der bei einer verkauften Menge von 6 ME erzielt werden kann.

c) Ermitteln Sie den Nachfrageüberhang bei einem staatlich festgelegten Höchstpreis von 50 GE.

7 Gegeben ist für jedes $t \neq 0$ die Funktion f_t mit $f_t(x) = tx^2 + 1$; $x \in \mathbb{R}$. Bestimmen Sie t, sodass der Graph von f_t dem Graphen einer Gesamtkostenfunktion entspricht.

4 Potenzfunktionen

mvurl.de/ubmw

Beispiele für Potenzfunktionen mit natürlichem Exponenten

f mit $f(x) = x^n$; $x \in \mathbb{R}$; $n \in \mathbb{N}^*$	$n = 1$: $f(x) = x$; $x \in \mathbb{R}$ Ursprungsgerade	$n = 2$: $f(x) = x^2$; $x \in \mathbb{R}$ Normalparabel
	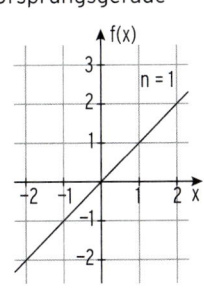	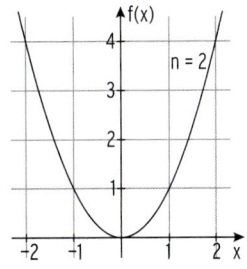
Neu:	$n = 3$: $f(x) = x^3$; $x \in \mathbb{R}$	$n = 4$: $f(x) = x^4$; $x \in \mathbb{R}$
Schaubild von f	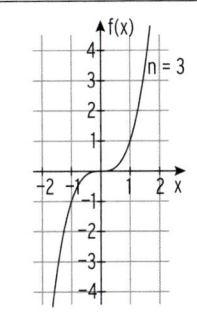	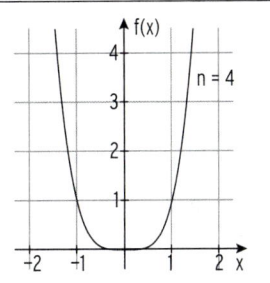
Globaler Verlauf	vom III. in I. Quadranten	vom II. in I. Quadranten
Symmetrie	zum Ursprung	zur y-Achse

Aufgaben

1 Skizzieren Sie den Graphen der Potenzfunktion. Berechnen Sie den Funktionswert, wenn sich der x-Wert verdoppelt bzw. verdreifacht.

a) $f_1(x) = -x^3$ **b)** $f_2(x) = 0{,}5x^4$ **c)** $f_3(x) = -x^5$ **d)** $f_4(x) = -\frac{1}{2}x^2$

2 Gegeben ist eine Funktion f.

Bestimmen Sie die Hochzahl n, sodass der Punkt auf dem Schaubild von f liegt.

$f(x) = x^n$; $n \in \mathbb{N}$; $P_1(0{,}5 \mid 0{,}125)$; $P_2(-2 \mid 16)$; $P_3(-3 \mid -27)$

Beispiele für Potenzfunktionen mit negativen Exponenten

f mit $f(x) = x^n$; $x \in \mathbb{R}^*$; $n \in \mathbb{Z}_-^*$	$n = -1$: $f(x) = x^{-1}$; $x \neq 0$ Hinweis: $x^{-1} = \frac{1}{x}$	$n = -2$: $f(x) = x^{-2}$; $x \neq 0$ Hinweis: $x^{-2} = \frac{1}{x^2}$
	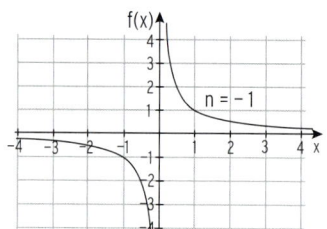	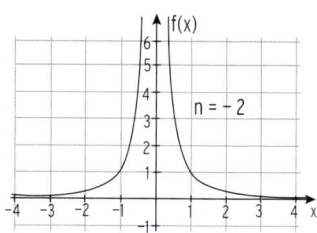
	Der Graph von f nähert sich für $x \to \pm\infty$ der Abszissenachse und für $x \to 0$ der Ordinatenachse an. f hat keine Nullstellen. Symmetrie zum Ursprung	Der Graph von f nähert sich für $x \to \pm\infty$ der Abszissenachse und für $x \to 0$ der Ordinatenachse an. f hat keine Nullstellen ($f(x) > 0$). Symmetrie zur y-Achse

Beispiele für Potenzfunktionen mit positiven rationalen Exponenten

f mit $f(x) = x^r$; $x \in \mathbb{R}_+$; $r \in \mathbb{Q}_+^*$	$r = \frac{1}{2}$: $f(x) = x^{\frac{1}{2}}$; $x \in \mathbb{R}$; $x \geq 0$ Hinweis: $x^{\frac{1}{2}} = \sqrt{x}$	$r = \frac{1}{3}$: $f(x) = x^{\frac{1}{3}}$; $x \in \mathbb{R}$; $x \geq 0$ Hinweis: $x^{\frac{1}{3}} = \sqrt[3]{x}$
	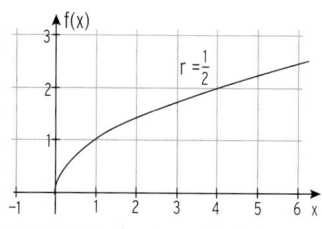	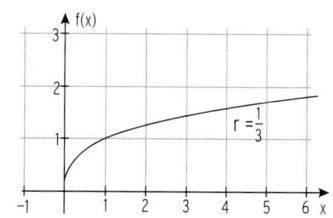
	Der Graph von f verläuft im I. Quadranten.	Der Graph von f verläuft im I. Quadranten.

Aufgaben

1 Skizzieren Sie den Graph der Funktion f. Beschreiben Sie Eigenschaften des Graphen.

a) $f_1(x) = 2x^{-1}$ **b)** $f_2(x) = \frac{4}{x^2}$ **c)** $f_3(x) = -0,5\,x^{0,5}$ **d)** $f_4(x) = 1 + x^{\frac{1}{3}}$

mvurl.de/1vc5

2 Ordnen Sie jedem Graph einen Funktionsterm zu. Begründen Sie Ihre Zuordnung.

$f_1(x) = \frac{1}{5}x^3$; $f_2(x) = 1,2x^6$; $f_3(x) = 2x^{-2}$; $f_4(x) = -\frac{1}{2x}$; $f_5(x) = \sqrt{x} - 3$; $f_5(x) = \sqrt{x+3}$

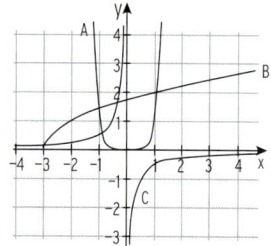
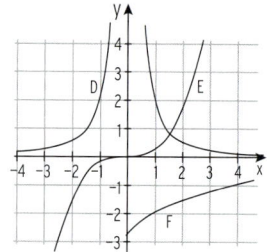

5 Ganzrationale Funktionen dritten Grades

Lernsituation

Das Unternehmen Wiera KG beschäftigt
sich mit der Entwicklung und Produktion trag-
barer Computersysteme. Unter anderem
entwickelt das Unternehmen Datenbrillen.

mvurl.de/1ftc

Die Unternehmenssituation für die Datenbrille L-Look für den Massenmarkt lässt sich wie
folgt beschreiben:

Die Fixkosten für Maschinen, Gebäude, Energie etc., betragen 120 GE, die Produktionskosten je ME Datenbrille liegen bei 2,5 GE/ME. Der **Erlös** pro ME Datenbrille L-Look beträgt
5,8 GE. Dabei stellt x die Anzahl der produzierten Datenbrillen in Mengeneinheiten (ME)
und E(x) den Erlös in Geldeinheiten (GE) dar. Für die Datenbrille L-Look kalkuliert die Wiera
KG mit einer **linearen Gesamtkostenfunktion** K mit $K(x) = K_v(x) + K_f$.

Das Unternehmen Wiera KG ist Alleinanbieter der Datenbrille X-Look. Diese exklusive
Datenbrille wird auf hochmodernen Anlagen gefertigt und die Gesamtkosten für die
Produktion lassen sich durch die Funktion K mit $K(x) = 0{,}06x^3 - 1{,}8x^2 + 25x + 200$
beschreiben.

In einer Produktionsperiode können maximal 40 ME der Datenbrillen hergestellt werden.
Die Erlössituation lässt sich durch die quadratische Funktion E mit

$E(x) = -2{,}25x^2 + 64x$ modellieren.

Forschungsergebnisse führen zu einer Verbesserung der Datenbrille X-Look. Das Unternehmen startet eine Werbekampagne. Die Preise werden überarbeitet. Die Gesamtkosten
ändern sich nicht. In einer Produktionsperiode können weiterhin maximal 40 ME der Datenbrillen X-Look hergestellt werden.

Dadurch ergibt sich in Zukunft für die Datenbrille X-Look eine quadratische Preis-Absatz-
Funktion. Die Situation wird in der nachfolgenden Tabelle dargestellt:

Produktionsmenge in ME	5	10	20
Preis in GE/ME	87,25	80,00	58,00

Analysieren Sie die drei Situationen rechnerisch und grafisch, (Erlös-, Kosten- und Gewinn-situation). Diskutieren Sie verschiedene Lösungswege. Geben Sie jeweils den sinnvollen ökonomischen Definitionsbereich für die Produktion der Datenbrillen an.

Füllen Sie die Tabelle aus.

Datenbrille	Wirtschaftliche Situation	K ist eine .... Funktion	E ist eine .... Funktion
L-Look			
X-Look			
X-Look nach Verbesserung			

Ergänzen Sie die Abbildungen, sodass Sie die Gewinnzone markieren können.

Situation 1

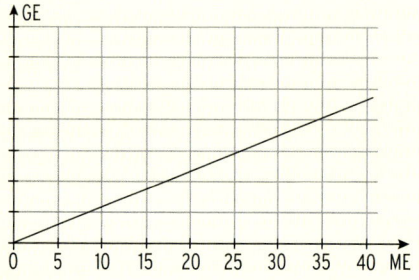

Situation 2

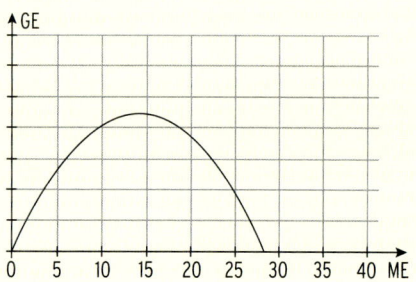

Situation 3

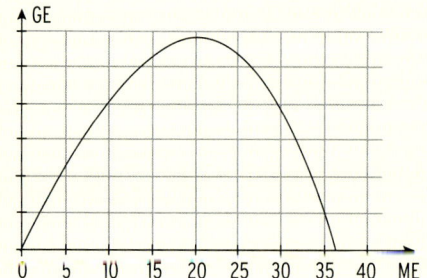

5.1 Definition einer ganzrationalen Funktion dritten Grades

Beispiel 1

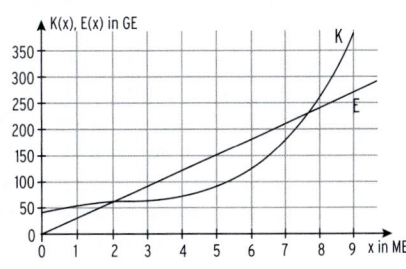

⮩ Die Waldner AG untersucht ihre Kosten-, Erlös- und Gewinnsituation für die Produktion von Großküchen.
Die Abbildung zeigt die Graphen der Gesamtkostenfunktion K mit
$K(x) = x^3 - 7x^2 + 20x + 40$; $0 \leq x \leq 9$;
x in ME und die Erlösgerade.

a) Beschreiben Sie den Verlauf der Gesamtkostenkurve.
b) Übertragen Sie die Abbildung in Ihr Heft. Skizzieren Sie den Graphen der Gewinnfunktion in Ihr Koordinatensystem und erläutern Sie Ihr Vorgehen.

Lösung

a) **Verlauf:** Der Graph von K verläuft im 1. Quadranten, er schneidet die Ordinatenachse bei 40, d. h.,
die Fixkosten belaufen sich auf 40 GE.
Die Gesamtkostenkurve ist steigend.
Der Graph verläuft weder linear noch parabelförmig (quadratisch),
sondern S-förmig. K ist eine **ertragsgesetzliche Gesamtkostenfunktion.**

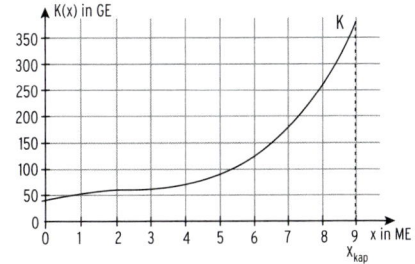

$K(9) = 382$
An der Kapazitätsgrenze $x_{Kap} = 9$ betragen die Gesamtkosten 382 GE.

b) Aus $K(2) = E(2)$ folgt $G(2) = 0$.
Für $x_1 = 2$ und $x_2 \approx 7{,}6$ gilt $K(x) = E(x)$ und damit $G(x) = 0$.
Die Schnittstellen von Gesamtkosten- und Erlösfunktion sind die Nullstellen der Gewinnfunktion.
Aus $K(0) = 40$ folgt $G(0) = -40$
Der Graph von G schneidet die Ordinatenachse bei -40.
Aus $G(x) = E(x) - K(x)$ folgt, dass G (wie K) eine ganzrationale Funktion dritten Grades ist.
Es existiert ein größter Abstand der beiden Graphen von E und K in Ordinatenrichtung.
An dieser Stelle liegt die Maximalstelle der Gewinnfunktion.

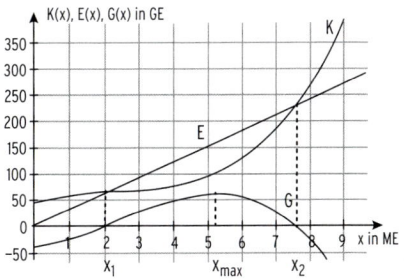

Eine **ganzrationale Funktion** f dritten Grades (**kubische Funktion**) ist gegeben durch
$f(x) = ax^3 + bx^2 + cx + d; \ x \in \mathbb{R}; \ a \neq 0.$
a, b, c und d heißen Koeffizienten.
Der maximale Definitionsbereich von f ist D (f) = $\mathbb{R}$.

Hinweis: $ax^3 + bx^2 + cx + d$ ist ein **Polynom 3. Grades**.
Ganzrationale Funktionen werden auch als **Polynomfunktionen** bezeichnet.

Beispiel 2

➲ Die Gesamtkosten K eines Betriebes werden beschrieben durch
$K(x) = 0{,}1x^3 - 6x^2 + 186x + 540; \ 0 \leq x \leq 70.$
Erstellen Sie eine Wertetabelle für $16 \leq x \leq 24$ und berechnen Sie die jeweilige Kostenzunahme. Untersuchen Sie den Verlauf des Graphen von K.

Lösung

x	16	17	18	19	20	21	22	23	24
K(x)	2389,6	2459,3	2527,2	2593,9	2660,0	2726,1	2792,8	2860,7	2930,4

Differenz Gesamtkostenzunahme	69,7	67,9	66,7	66,1	66,1	66,7	67,9	69,7

Die Gesamtkosten steigen mit zunehmender Produktionsmenge:
K ist **monoton wachsend.**

Im Intervall [0; 20] nehmen die Gesamtkosten mit jeder ME der Produktion zu. Die Zunahme wird aber geringer. Die Gesamtkosten entwickeln sich degressiv. Der Graph von K ist **rechtsgekrümmt. K ist degressiv wachsend.**

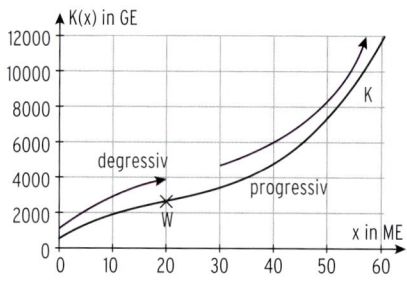

Im Intervall [20; 70] nehmen die Gesamtkosten mit jeder ME der Produktion zu. Die Gesamtkostenzunahme wird größer. Die Gesamtkosten entwickeln sich progressiv.
Der Graph von K ist **linksgekrümmt.**
K ist progressiv wachsend.
Der Wechsel des Krümmungsverhaltens findet im **Wendepunkt** W(20 | 2660) statt.

Eine **ganzrationale Gesamtkostenfunktion** dritten Grades heißt **ertragsgesetzlich**, wenn die Kosten zunächst degressiv, danach progressiv wachsen.
Degressiv (progressiv) wachsend bedeutet, die **Zusatzkosten** (der Kostenanstieg)für die Produktion einer weiteren Einheit werden **immer kleiner (größer).**

Beispiel 2

⮕ Gegeben ist die Funktion f durch $f(x) = 2x^3 - 3x$; $x \in \mathbb{R}$.

Untersuchen Sie den Graphen von f auf Verlauf und Symmetrie.

mvurl.de/h7f3

Lösung

Globaler Verlauf:

Der Graph von f verläuft

• vom 3. in den 1. Quadranten;

• für $x \to \infty$ bzw. für $x \to -\infty$

wie das Schaubild mit $y = 2x^3$.

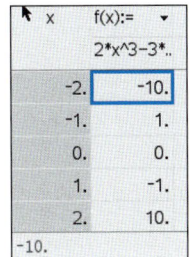

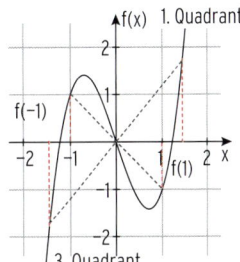

Symmetrie:

Funktionwerte vergleichen

$f(-1) = 1$; $f(1) = -1$ d. h. $f(-1) = -f(1)$

$f(2) = 10$; $f(-2) = -10$ d. h. $f(-2) = -f(2)$

Feststellung: $f(-x) = -f(x)$

Der Graph von f ist symmetrisch zum Ursprung O.

Im Funktionsterm sind **alle Exponenten von x ungerade**: $f(x) = ax^3 + cx$.

Schaubilder von ganzrationalen Funktionen 3. Grades

Aus dem Funktionsterm lassen sich folgende Eigenschaften des Schaubildes einer ganzrationalen Funktion 3. Grades direkt ablesen.

Symmetrie zum Ursprung:

Kommen im Funktionsterm **nur ungerade Exponenten** von x vor, dann ist das Schaubild **symmetrisch zum Ursprung**. Die Bedingung für Punktsymmetrie zu O(0|0), **f(− x) = −f(x)**, ist erfüllt und es gilt **$f(x) = ax^3 + cx$**.

Globaler Verlauf

Das Vorzeichen des Koeffizienten a vor x^3 entscheidet über den Verlauf des Schaubildes für $x \to \infty$ bzw. $x \to -\infty$.

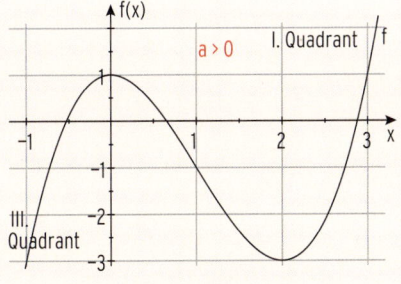

$f(x) = a\mathbf{x}^3 + ...$

Das Schaubild von f verläuft für $a > 0$
vom III. in den I. Quadranten.

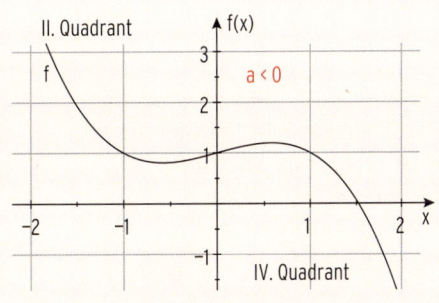

$f(x) = a\mathbf{x}^3 + ...$

Das Schaubild von f verläuft für $a < 0$
vom II. in den IV. Quadranten.

Aufgaben

1 Zeichnen Sie den Graphen der gegebenen Funktion f in einem geeigneten Bereich. Beschreiben Sie den Verlauf des Graphen von f. Geben Sie die Achsenschnittpunkte an.

a) $f(x) = \frac{1}{2}x^3 - 3x^2$
b) $f(x) = -x^3 + \frac{4}{3}x^2 - \frac{1}{3}x$
c) $f(x) = \frac{1}{4}x^3 - \frac{3}{4}x^2 + 5$

d) $f(x) = -x + \frac{1}{48}x^3$
e) $f(x) = \frac{1}{4}x^3 - 3x^2 + 9x$
f) $f(x) = x^2(3 - x)$

2 $x_1 = -3$; $x_2 = 1$ und $x_3 = 2$ sind die Nullstellen einer Polynomfunktion f 3. Grades. Der Graph von f verläuft durch den Punkt $P(0|1,5)$. Skizzieren Sie den Graphen von f.

3 Der Graph einer ganzrationalen Funktion 3. Grades ist symmetrisch zum Ursprung. Skizzieren Sie den Graph, wenn dieser

a) durch die Punkte $P(1|2)$ und $Q(3|-2)$ verläuft,

b) die Gerade g mit $y = 3x$ in O berührt und durch $P(1|1)$ geht.

4 Eine ganzrationale Funktion 3. Grades hat die Nullstellen $x_{1|2} = 4$ und $x_3 = -1$. Skizzieren Sie eine mögliche zugehörige Parabel. Bestimmen Sie eine ganzrationale Funktion 2. Grades mit denselben Nullstellen.

5 Das Schaubild einer ganzrationalen Funktion 3. Grades verläuft durch die Punke $A(1|0)$, $B(3|0)$ und $C(0|-4)$. Zeichnen Sie ein mögliches Schaubild.

6 Ordnen Sie jeder Kurve den zugehörigen Funktionsterm zu. Begründen Sie Ihre Wahl.

$f_1(x) = x^3 - 2x^2 + 1$; $f_2(x) = x^3 - 2x$; $f_3(x) = -\frac{1}{2}x(x - 2)(x + 1)$; $f_4(x) = x^3 - 2x^2$

A

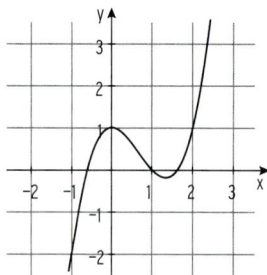

B

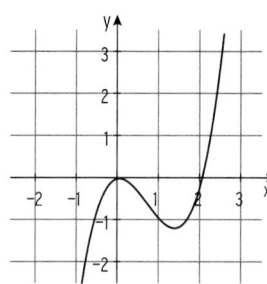

C

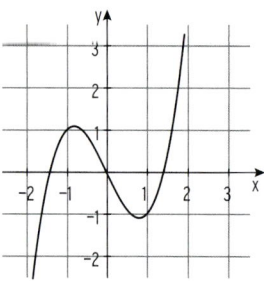

D

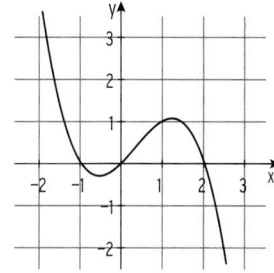

7 Das Unternehmen AS-Küchen produziert Küchen in verschiedenen Ausführungen. Ihre Kosten-, Erlös- und Gewinnsituation soll untersucht werden. Die Abbildung zeigt die Graphen der Erlösfunktion E und der Gesamtkosten-funktion K für eine Produktionsperiode von einer Woche mit

$K(x) = 0{,}1x^3 - 27x^2 + 2430x + 107100$; $x \geq 0$; x in ME. Wöchentlich können bis zu 250 ME produziert werden.

a) Beschreiben Sie den Verlauf der Gesamtkostenkurve.

b) Skizzieren Sie den Graphen der Gewinnfunktion in Ihr Koordinatensystem und erläutern Sie Ihr Vorgehen.

8 Untersuchen Sie das Krümmungsverhalten des Graphen der Gesamtkostenfunktion K mit $K(x) = x^3 - 12x^2 + 60x + 90$; $0 \leq x \leq 11$, x in ME, mithilfe einer Skizze.

9 Ein kleiner Betrieb fertigt High-End-Lautsprecher in geringer Stückzahl für höchste Ansprüche. Die Lautsprecher werden aus Tropenholz gefertigt.
Die Gesamtkosten lassen sich beschreiben durch
$K(x) = 0{,}002x^3 - 0{,}075x^2 + x + 8{,}25$; $x \in [0; 25]$

a) Skizzieren Sie den Graphen der Gesamtkostenfunktion. Markieren Sie die Bereiche degressiver bzw. progressiver Gesamtkostenentwicklung. Bestimmen Sie die Koordinaten des Wendepunktes von K. Interpretieren Sie die Kostenentwicklung aus ökonomischer Sicht.

b) Zeichnen Sie den Graphen der variablen Gesamtkosten in Ihr Koordinatensystem ein. Erläutern Sie Ihr Vorgehen.

10 Die Gewinnsituation der Druckfix GmbH für den neuartigen Drucker lässt sich durch eine Gewinnfunktion 3. Grades beschreiben mit
$G(x) = -0{,}1x^3 + 12x^2 + 400x - 50000$; $0 \leq x \leq 130$, x in ME.
Skizzieren Sie den Graphen der Gewinnfunktion. Markieren Sie die Bereiche, auf denen Gewinn bzw. Verlust erzielt wird. Interpretieren Sie die Gewinnentwicklung aus ökonomischer Sicht.

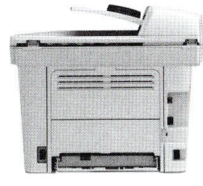

11 Entscheiden Sie, ob die Abbildung den Graphen einer ertragsgesetzlichen Gesamtkostenfunktion bzw. einer Gewinnfunktion dritten Grades darstellt. Begründen Sie Ihre Wahl

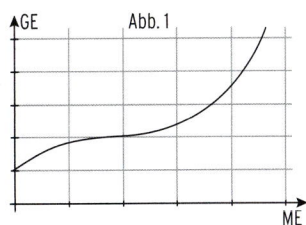
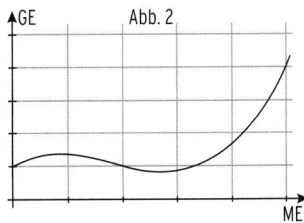
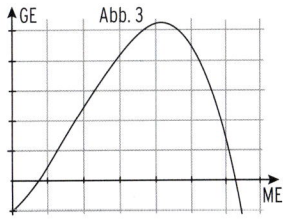

5.2 Gemeinsame Punkte

5.2.1 Polynomgleichungen

Beispiel: Bestimmen Sie die Nullstellen der Funktion f mit $f(x) = \frac{1}{4}(x^3 - 9x^2 + 20x)$; $x \in \mathbb{R}$.

Lösung: Bedingung für die Nullstellen $f(x) = 0$ $\frac{1}{4}(x^3 - 9x^2 + 20x) = 0$ (Polynomgleichung)

CAS: $x_1 = 0$; $x_2 = 4$; $x_3 = 5$

Die **Nullstelle** einer ganzrationalen Funktion zu berechnen, heißt, eine **Polynomgleichung zu lösen.**

Gleichungstyp 1: Lösung durch Wurzelziehen

Beispiele

a) $x^3 - 8 = 0$ | +8   **b)** $x^3 + 4 = 0$

    $x^3 = 8$ | $\sqrt[3]{8}$ $x^3 = -4$

    $x = \sqrt[3]{8} = 2$ $x = -\sqrt[3]{4}$

in Worten: **gerundet** auf 2 Dezimalen: $x \approx -1{,}59$

x ist gleich 3. Wurzel aus 8   x ist gleich **minus** 3. Wurzel aus 4

  Bemerkung: Für $a \geq 0$: $\left(\sqrt[3]{a}\right)^3 = a$

Beachten Sie
....

Gleichungen der Form $ax^3 + d = 0$; $a \neq 0$ werden gelöst durch Umformung zu $x^3 = -\frac{d}{a}$.
Danach wird die 3. Wurzel gezogen: $x_1 = \sqrt[3]{-\frac{d}{a}}$.

**Gleichungstyp 2: Lösung durch Ausklammern
und Anwendung des Satzes vom Nullprodukt**

Beispiele

a) $x^3 - x = 0$

Lösung

Ausklammern von x: $\mathbf{x} \cdot x^2 - \mathbf{x} \cdot 1 = 0 \Leftrightarrow \mathbf{x}(x^2 - 1) = 0$

Satz vom Nullprodukt: $x = 0 \vee x^2 - 1 = 0$

Lösungen: $x_1 = 0$; $x_2 = 1$; $x_3 = -1$

Linearfaktorzerlegung: $x(x - 1)(x + 1) = 0$

b) $x^3 - 2x^2 = 0$

Lösung

Ausklammern von x^2: $\mathbf{x^2} \cdot x - \mathbf{x^2} \cdot 2 = 0 \Leftrightarrow \mathbf{x^2}(x - 2) = 0$

Satz vom Nullprodukt: $x^2 = 0 \vee x - 2 = 0$

Lösungen: $x_{1|2} = 0$; $x_3 = 2$

Faktordarstellung: $x^2(x - 2) = 0$

c) $\frac{1}{4}(x^3 - 9x^2 + 20x) = 0$

Lösung

Ausklammern von x: $\frac{1}{4}x(x^2 - 9x + 20) = 0$

Satz vom Nullprodukt: $x = 0 \vee x^2 - 9x + 20 = 0$

Lösung von $x^2 - 9x + 20 = 0$ ergibt: $x_2 = 4$; $x_3 = 5$

Lösungen: $x_1 = 0$; $x_2 = 4$; $x_3 = 5$

Linearfaktordarstellung: $\frac{1}{4}x(x - 4)(x - 5) = 0$

Lösung von Polynomgleichungen

Gleichungstyp	Lösungsverfahren mit Beispielen		
lineare Gleichung $(a \neq 0)$	$ax + b = 0$ • **auflösen nach x** $\frac{1}{2}x - 4 = 0$ $x = 8$		
quadratische Gleichung $(a \neq 0)$	$ax^2 + c = 0$ • **auflösen nach x** • **2. Wurzel ziehen** $\frac{1}{2}x^2 = 4$ $x^2 = 8$ $x_{1|2} = \pm\sqrt{8}$	$ax^2 + bx = 0$ • **x ausklammern** • **Satz vom Nullprodukt** $x^2 - 8x = 0$ $x(x - 8) = 0$ $x_1 = 0; \ x_2 = 8$	$x^2 + px + q = 0$ • **pq-Formel** $x_{1|2} = -\frac{p}{2} \pm \sqrt{(\frac{p}{2})^2 - q}$ $x^2 - 8x + 2 = 0$ $x_{1|2} = 4 \pm \sqrt{14}$
Gleichung 3. Grades $(a \neq 0)$	$ax^3 + d = 0$ • **Auflösen nach x** • **3. Wurzel ziehen** $\frac{1}{2}x^3 - 4 = 0 \quad |\cdot 2$ $x^3 - 8 = 0$ $x^3 = 8$ $x = \sqrt[3]{8}$		$ax^3 + bx^2 + cx = 0$ • **Höchste gemeinsame Potenz von x ausklammern** • **Satz vom Nullprodukt** $2x^3 - 8x^2 = 0$ $2x^2(x - 4) = 0$ $2x^2 = 0 \ \vee \ x - 4 = 0$ $x_{1|2} = 0; \ x_3 = 4$

Hinweis: Ein weiteres Lösungsverfahren für Polynomgleichungen 3. Grades ist die Polynomdivision.

Aufgaben

1 Bestimmen Sie alle Lösungen der Polynomgleichung.

a) $3x^3 = 12$ **b)** $8 - 3x^3 = 0$ **c)** $\frac{1}{8}x^3 + 2 = 0$

d) $-0{,}25x^3 + 3x = 0$ **e)** $2x^3 - \frac{3}{4}x^2 = 0$ **f)** $x^3 - x^2 = x$

g) $-3x + \frac{1}{2}x^3 = 0$ **h)** $4x^3 - 5x^2 = 0$ **i)** $x + 2{,}5x^2 - 4x^3 = 0$

2 $x_1 = 0$ und $x_2 = 1$ sind die einzigen Lösungen einer Gleichung dritten Grades. Geben Sie zwei mögliche Gleichungen an.

3 Schreiben Sie die Gleichung $x^3 - 4x^2 = -4x$ in der Linearfaktorform $(x - x_1)(x - x_2)(x - x_3) = 0$.

4 Alexander löst eine Gleichung. Nehmen Sie Stellung und korrigieren Sie mögliche Fehler.

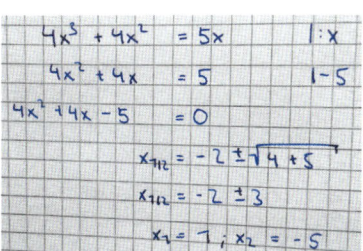

5.2.2 Nullstellen ganzrationaler Funktionen 3. Grades

Beispiel 1

➲ Skizzieren Sie den Graphen der Funktion mit $x \in \mathbb{R}$.
Berechnen Sie die Nullstellen.

a) $K(x) = \frac{1}{4}x^3 + 2$ b) $G(x) = -x^3 - x^2 + 2x$ c) $G(x) = -\frac{3}{2}x^3 + 2x^2$

Lösung

a) Bedingung für die Nullstellen: $K(x) = 0$ $\frac{1}{4}x^3 + 2 = 0 \Leftrightarrow \frac{1}{4}x^3 = -2$

$$x^3 = -8$$

Einzige Nullstelle: $x_1 = -\sqrt[3]{8} = -2$

Graph von K:

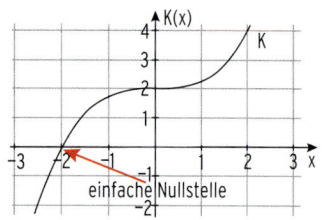

einfache Nullstelle

b) Bedingung für die Nullstellen: $G(x) = 0$ $-x^3 - x^2 + 2x = 0$

Lösung durch **Ausklammern**: $-x(x^2 + x - 2) = 0$

Satz vom Nullprodukt anwenden:

$-x = 0 \lor x^2 + x - 2 = 0$

Lösung der quadratischen Gleichung:

$x^2 + x - 2 = 0$

$x_2 = -2; \ x_3 = 1$

Die Funktion G hat **drei einfache Nullstellen**.

Nullstellen von G: $x_1 = 0; \ x_2 = -2; \ x_3 = 1$

Linearfaktordarstellung von G(x):

$G(x) = -x(x + 2)(x - 1)$

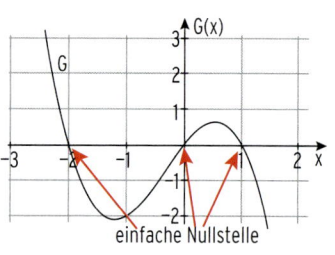

einfache Nullstelle

c) Bedingung für die Nullstellen: $G(x) = 0$ $-\frac{3}{2}x^3 + 2x^2 = 0$

Lösung durch **Ausklammern**: $x^2\left(-\frac{3}{2}x + 2\right) = 0$

Satz vom Nullprodukt: $x^2 = 0 \lor -\frac{3}{2}x + 2 = 0$

Doppelte Nullstelle: $x_{1|2} = 0$

$$-\frac{3}{2}x + 2 = 0$$

Einfache Nullstelle: $x = \frac{4}{3}$

Nullstellen von G: $x_{1|2} = 0; \ x_3 = \frac{4}{3}$

Faktordarstellung von G(x):

$G(x) = x \cdot x \cdot \left(-\frac{3}{2}x + 2\right) = x^2\left(-\frac{3}{2}x + 2\right)$

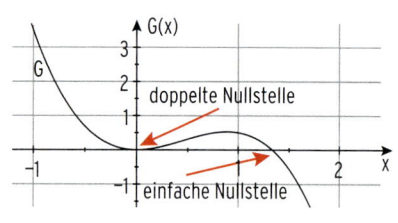

doppelte Nullstelle

einfache Nullstelle

> ## Beachten Sie
> Eine ganzrationale Funktion **3. Grades hat mindestens eine und höchstens drei einfache Nullstellen.**
> Eine ganzrationale Funktion **3. Grades kann eine einfache und eine doppelte Nullstelle aufweisen.**

Vielfachheit von Nullstellen ganzrationaler Funktionen

$f(x) = -\frac{1}{2}x^3 + 2x$	$f(x) = 5x^3 - 20x^2 + 25x - 10$	$f(x) = x^3 - 3x^2 + 3x - 1$

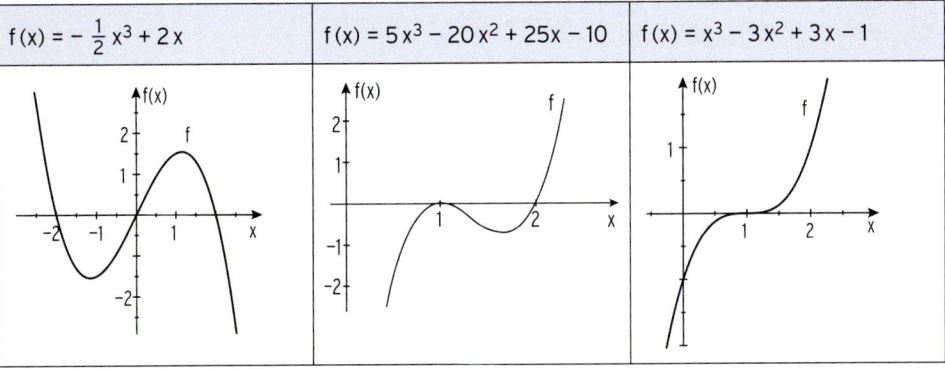

Bedingung für die Nullstellen: $f(x) = 0$

$-\frac{1}{2}x^3 + 2x = 0$	$5x^3 - 20x^2 + 25x - 10 = 0$	$x^3 - 3x^2 + 3x - 1 = 0$
$-\frac{1}{2}x(x-2)(x+2) = 0$	$5(x-1)^2(x-2) = 0$	$(x-1)^3 = 0$
3 **einfache** (Linear-)Faktoren im Nullprodukt	$x = 1$ ist **2-facher Faktor** im Nullprodukt	$(x-1)$ ist **3-facher Faktor** im Nullprodukt
$x_1 = 0$; $x_2 = 2$; $x_3 = -2$	$x_1 = 1 = x_2$; $\qquad x_3 = 2$	$x_1 = x_2 = x_3 = 1$
einfache Nullstellen	**doppelte** **einfache** Nullstelle(n)	**dreifache Nullstelle**

Bedeutung für den Graphen von f

z.B. $x_1 = 0$ ist **einfache** Nullstelle Der Graph von f durch**schneidet** die Abszissenachse in x_1. O$(0\|0)$ ist **Schnittpunkt**.	z.B. $x_{1\|2} = 1$ ist **doppelte** Nullstelle Der Graph von f **berührt** die Abszissenachse in $x_{1\|2}$. B$(1\|0)$ ist **Berührpunkt**.	$x_{1\|2\|3} = 1$ ist **dreifache** Nullstelle Der Graph von f durch**schneidet** und **berührt** die Abszissenachse in $x_{1\|2\|3}$. B$(1\|0)$ ist **Sattelpunkt**.

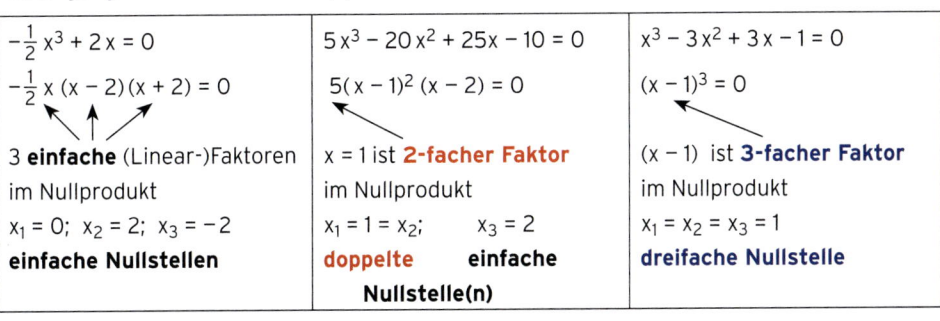

Beispiel 2

⟳ Der Gewinn der Abt AG für eines ihrer Produkte lässt sich modellieren durch die Funktion G mit $G(x) = -x^3 + 6x^2 + 15x - 20$; x in ME, $G(x)$ in GE.
Die Kapazitätsgrenze liegt bei 10 ME.

a) Bestimmen Sie die Gewinnschwelle und die Gewinngrenze. Stellen Sie den Funktionsterm in Linearfaktordarstellung auf.

b) Die Fixkosten erhöhen sich um 80 GE.
Die Abt AG kann in diesem Fall verlustfrei produzieren.
Bewerten Sie diese Behauptung.

Lösung

a) $D_{ök} = [0; 10]$

Bedingung: $G(x) = 0$ $-x^3 + 6x^2 + 15x - 20 = 0$

Mit CAS: $x_1 = 1$; $x_2 \approx 7{,}62$; $x_3 \approx -2{,}62$

Gewinnschwelle: $x_{GS} = 1$

Gewinngrenze: $x_{GG} \approx 7{,}62$

Gewinnfunktion in Linearfaktoren: $G(x) = -(x - 1)(x - 7{,}62)(x + 2{,}62)$

b) Term der neuen Gewinnfunktion G_{neu} mit

$G_{neu}(x) = G(x) - 80$

$G_{neu}(x) = -x^3 + 6x^2 + 15x - 100$

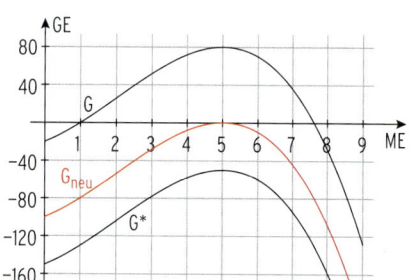

Hinweis: Das Schaubild der Funktion G_{neu} entsteht aus dem Schaubild von G durch Verschiebung um 80 Einheiten nach unten.

G_{neu} auf Nullstellen untersuchen

Mit CAS: $x_1 = 5$; $x_2 = 5$; $x_3 = -4$

Interpretation

$x_{1|2} = 5$ ist eine doppelte Lösung, d.h. $x_{1|2} = 5$ ist eine doppelte Nullstelle von G_{neu}.
Das Schaubild der Gewinnfunktion G_{neu} berührt die Abszissenachse.
Die ZFW AG kann nur verlustfrei produzieren, wenn sie genau 5 ME produziert und verkauft.Der Gewinn ist jedoch null.
Funktionsterm in Linearfaktoren: $G_{neu}(x) = -(x - 5)(x - 5)(x + 4) = -(x - 5)^2(x + 4)$

Hinweis: Verschiebt man das Schaubild von G um mehr als 80 Einheiten nach unten, so hat der verschobene Graph keinen Schnittpunkt mit der Abszissenachse. Erhöhen sich also die Fixkosten um mehr als 80 GE, kann nicht verlustfrei produziert werden (siehe Graph von G* in der Abbildung) .

Aufgaben

1 Berechnen Sie den Schnittpunkt des Schaubildes von f mit der Abszissenachse.
Skizzieren Sie den Graphen von f

a) $f(x) = -\frac{1}{3}x^3 + 2x$

b) $f(x) = \frac{1}{48}x^3 - 1$

c) $f(x) = 0,4x(3 - x^2)$

d) $f(x) = \frac{1}{6}x^3 - \frac{5}{3}x^2$

e) $f(x) = x^3 - \frac{4}{3}x^2 + \frac{1}{3}x$

f) $f(x) = \frac{1}{4}x^3 - \frac{5}{2}x$

2 Zeichnen Sie den Graphen der gegebenen Funktion f in ein geeignetes Koordinatensystem. Beschreiben Sie den Verlauf des Graphen.

a) $f(x) = (x + 2)(1 - x)(x - 4)$

b) $f(x) = -x^3 + \frac{4}{3}x^2$

c) $f(x) = \frac{1}{4}x^3 + \frac{3}{4}x^2 + 5$

3 Ordnen Sie jedem Graphen den zugehörigen Funktionsterm zu. Begründen Sie Ihre Wahl.

$f_1(x) = x^3 + x^2 + 3;$ $f_2(x) = -x^3 + 2x^2;$ $f_3(x) = -\frac{3}{2}(x + 1)(x - 1)(x - 2)$

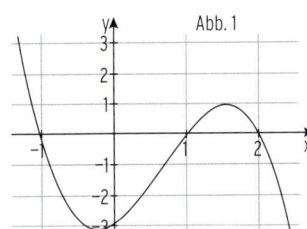
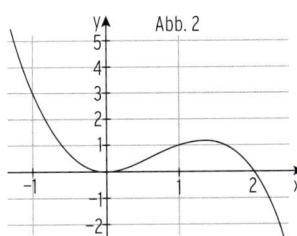
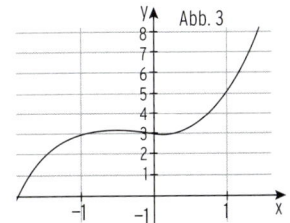

4 Die Abbildung zeigt eine Wertetabelle für eine ganzrationale Funktion f 3. Grades mit zwei Nullstellen. Diskutieren Sie Lage und Vielfachheit der Nullstellen von f. Begründen Sie Ihre Antworten. Beschreiben Sie den Verlauf des Graphen von f.

-1.5	0.5625
-1.	0.
-0.5	0.3125
0.	0.75
0.5	0.5625
1.	-1.
1.5	-4.6875

5 Für die Erlöse der Boss AG gilt:
$E(x) = -\frac{1}{12}x^3 + 2x$; x in ME; E(x) in GE.
Bestimmen Sie die ökonomisch sinnvollen Produktionsmengen.

6 Ein Betrieb arbeitet mit der Gewinnfunktion G mit $G(x) = -2(x + 1)(x - 2)(x - 5)$; x in ME; G(x) in GE. Bestimmen Sie die Gewinnzone.

7 Die Aldo KG verwendet die Gewinnfunktion G mit $G(x) = -x^3 + 6x^2 - 2x - 12$; $D_{ök} = [0; 6]$.
Lösen Sie die Gleichung $G(x) = 0$.
Interpretieren Sie die Lösungen ökonomisch.

8 Erläutern Sie anhand der dargestellten Gewinnfunktion die Auswirkungen einer Veränderung der Fixkosten auf die Gewinnzone, die gewinnmaximale Ausbringungsmenge und den maximalen Gewinn.

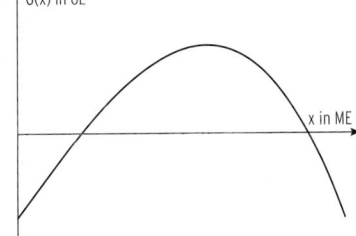

5.2.3 Gemeinsame Punkte von zwei Graphen

Gesamtkosten, Erlös, Gewinn

mvurl.de/bare

Beispiel 1

⮕ Die täglichen Gesamtkosten eines Industriebetriebes in GE, in Abhängigkeit von der
Ausbringungsmenge x (in ME), sind gegeben durch:
$K(x) = 0{,}1x^3 - 3x^2 + 50x + 300$; $x \geq 0$.
Die Kapazitätsgrenze liegt bei 40 ME. Der Verkaufspreis beträgt 60 GE je ME.
Bestimmen Sie die Gewinnzone und die Verlustzonen.

Lösung

Im **Modell der vollständigen Konkurrenz** ist der Marktpreis konstant,
es gilt $E(x) = p(x) \cdot x$ (Vergleichen Sie auch Seite 57).
Erlösfunktion E mit $E(x) = p \cdot x = 60x$;
Wegen $x_{Kap} = 40$ gilt: $D_{ök} = [0; 40]$
Schnittstellen von E und K

Bedingung: $E(x) = K(x)$ $\qquad$ $60x = 0{,}1x^3 - 3x^2 + 50x + 300$

Mit CAS: $\qquad\qquad\qquad$ $x_1 = 10$; $x_2 = 30$; $x_3 = -10$

$x_3 = -10 < 0$ wirtschaftlich nicht relevant, da $-10 \notin D_{ök}$

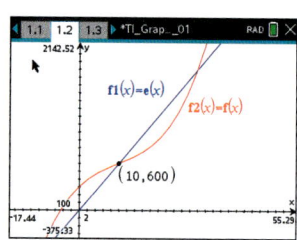

Bei Produktion und Verkauf von 10 bzw. 30 ME sind
Erlös und Gesamtkosten gleich groß (Kostendeckung).
Die Gewinnzone beginnt in der **Gewinnschwelle** $x_{GS} = 10$
und endet in der **Gewinngrenze** $x_{GG} = 30$.
Gewinnzone: (10; 30)
Verlustzonen: [0; 10); (30; 40]

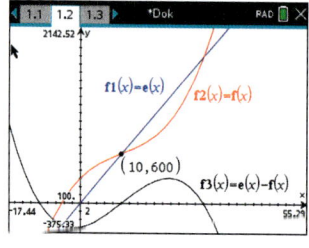

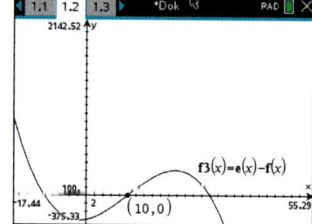

Hinweis:

Gewinnschwelle und **Gewinngrenze** sind
Nullstellen der Gewinnfunktion G mit
$G(x) = E(x) - K(x)$
$\qquad = -0{,}1x^3 + 3x^2 + 10x - 300$
$G(x) = -0{,}1(x + 10)(x - 10)(x - 30)$

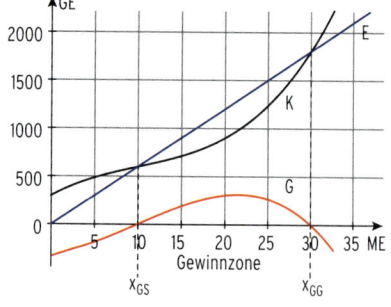

Beispiel 2

➲ Die Gesamtkosten K und die Erlöse eines Betriebes werden beschrieben durch
$K(x) = 0{,}1x^3 - 6x^2 + 186x + 540$ und $E(x) = 190x$; $0 \le x \le 70$, x in ME.
Bestimmen Sie den Bereich, in dem der Betrieb Gewinn erzielt.

Lösung

Erlösfunktion E mit $E(x) = 190x$

Gewinnfunktion G mit $G(x) = E(x) - K(x) = 190x - (0{,}1x^3 - 6x^2 + 186x + 540)$
$$G(x) = -0{,}1x^3 + 6x^2 + 4x - 540$$

Um den Bereich, in dem Gewinn erzielt wird, festzulegen, benötigt man die **Ausbringungsmengen,** in denen **Kostendeckung** erzielt wird.

Bed. für Kostendeckung: $G(x) = 0$ $\qquad\qquad 0 = 0{,}1x^3 - 6x^2 - 4x + 540$

Mit CAS: $\qquad\qquad\qquad\qquad\qquad\quad x_1 = 10$; $x_2 \approx 59{,}13$; $x_3 \approx -9{,}13$

($x_3 \approx -9{,}13 < 0$ wirtschaftlich nicht relevant,
da $-9{,}13 \notin D_{ök}$)

Ergebnis: Der Betrieb erwirtschaftet
einen **Gewinn**, wenn die produzierte und
verkaufte Menge im Bereich zwischen
10 ME und ca. 59,13 ME liegt.

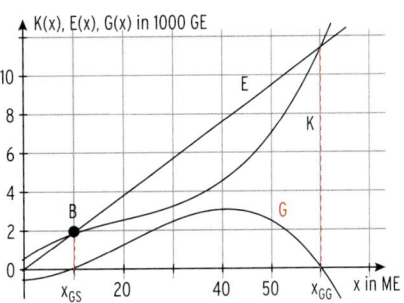

Beispiel 3

➲ Zeigen Sie, dass der Graph der Funktion E mit $E(x) = 60x$ den Graph der Gesamtkostenfunktion K mit $K(x) = x^3 - 12x^2 + 60x + 256$ in $x = 8$ berührt. Interpretieren Sie den Sachverhalt ökonomisch.

Lösung

Gleichsetzen: $\qquad K(x) = E(x)$
$$x^3 - 12x^2 + 60x + 256 = 60x$$
$$x^3 - 12x^2 + 256 = 0$$

Lösungen mit CAS: $x_1 = 8$; $x_2 = 8$; $x_3 = -4$
Linearfaktorzerlegung:
$$x^3 - 12x^2 + 256 = (x - 8)^2(x + 4)$$
**Die doppelte Lösung $x_{1|2} = 8$ bedeutet eine
Berührstelle.**

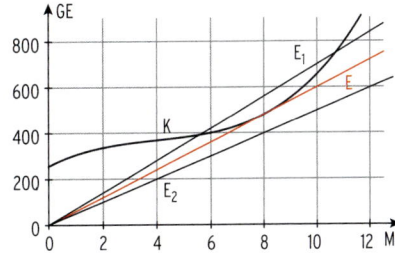

Interpretation:

Bei einem Erlös von 60 GE/ME werden die Gesamtkosten nur bei einer Herstellungsmenge von 8 ME gedeckt, ist der Erlös größer als 60 GE/ME (Vgl. $E_1(x) = 70x$) wird Gewinn, unter 60 GE/ME (Vgl. $E_2(x) = 50x$) wird Verlust erwirtschaftet.

Beispiel 4

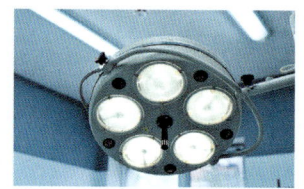

→ Die Gesamtkosten für die Herstellung einer OP-Leuchte,
für die das Unternehmen Waldner ein Monopol
besitzt, sind gegeben durch die Funktion K mit
$K(x) = x^3 - 3x^2 + 3x + 27$.
Die Erlösfunktion E ist gegeben durch $E(x) = -8x^2 + 36x$.
Dabei ist x in ME, $K(x)$ bzw. $E(x)$ in GE angegeben.

a) Berechnen Sie die Gewinnzone, die Verlustzonen und das Gewinnmaximum.

b) Bestimmen Sie die Preis-Absatz-Funktion p, den Höchstpreis und die
Kapazitätsgrenze. Geben Sie die Koordinaten des Cournot'schen Punktes an.

Lösung

a) Bedingung für $D_{ök}$: $E(x) = 0$ $\qquad\qquad\qquad x_1 = 0$; $x_2 = 4,5$
Ökonomisch sinnvoller Definitionsbereich: $D_{ök}(E) = [0; 4,5]$
Gewinnfunktion G mit $G(x) = E(x) - K(x)$
$$G(x) = -8x^2 + 36x - (x^3 - 3x^2 + 3x + 27)$$
Gewinnschwelle, Gewinngrenze: $G(x) = 0$ $\qquad -x^3 - 5x^2 + 33x - 27 = 0$
Mit CAS: $\qquad\qquad\qquad\qquad\qquad\qquad\qquad x_1 = 1$; $x_2 = 3$

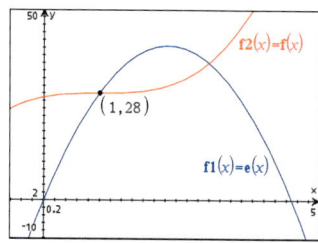

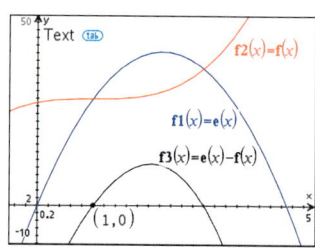

($x_3 = -9$ wirtschaftlich nicht relevant, da $-9 \notin D_{ök}$)
Gewinnschwelle $x_{GS} = 1$
Gewinngrenze $x_{GG} = 3$
Gewinnzone: (1; 3)
Verlustzonen: [0; 1); (3; 4,5]
Gewinnmaximum: $G_{max} = G(2,05) \approx 11,02$

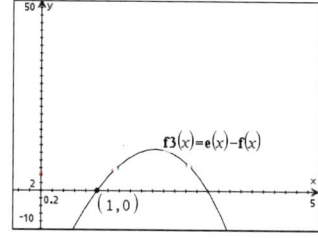

b) Im Modell des Angebotsmonopols hängt der Verkaufspreis von der Absatzmenge ab.
p mit $p(x) = mx + b$ ist die lineare Preis-Absatz-Funktion.
Für den Erlös gilt $E(x) = p(x) \cdot x$.

Für $p(x)$ erhält man $p(x) = \frac{E(x)}{x}$: $\qquad\qquad p(x) = \frac{-8x^2 + 36x}{x} = -8x + 36$
Für den **Höchstpreis** gilt: $\qquad\qquad\qquad p(0) = 36$
Die **Kapazitätsgrenze** ist die
Nullstelle der Preis-Absatzfunktion: $p(x) = 0$ $\qquad -8x + 36 = 0 \Rightarrow x = 4,5$
Mit $p(x_{max}) = p(2,05) = 19,6$ ergibt sich der Cournot'sche Punkt C(2,05 | 19,6).

Aufgaben

1 Berechnen Sie die gemeinsamen Punkte der Graphen von f_1 und f_2.

a) $f_1(x) = -x^3 - 2x^2$; $f_2(x) = x^2$; $x \in \mathbb{R}$ **b)** $f_1(x) = x^3$; $f_2(x) = 4x$; $x \in \mathbb{R}$

c) $f_1(x) = 0,5x^3 - 3x$; $f_2(x) = -0,5x$; $x \in \mathbb{R}$.

2 Untersuchen Sie die gegenseitige Lage der Graphen von f_1 und f_2.
Begründen Sie Ihre Antwort.

a) $f_1(x) = \frac{1}{20}x^3 - \frac{3}{8}x^2 + 2$; $f_2(x) = -\frac{1}{10}x^2 + x + 2$

b) $f_1(x) = -x^2 + 2x^3$; $f_2(x) = 0,5x^2$

3 Für die Gesamtkosten des Zulieferunternehmens Kramer AG
in Wolfsburg gilt: $K(x) = x^3 - 6x^2 + 14x + 18$; $x \geq 0$; x in ME;
$K(x)$ in GE.
Die Erlössituation lässt sich beschreiben durch $E(x) = 15x$.
Berechnen Sie die Schnittpunkte von Kostenkurve und
Erlösgerade.
Interpretieren Sie Ihre Ergebnisse im Sachzusammenhang.

4 Die Erlös- und die Gewinnsituation eines Monopolisten lassen sich beschreiben durch
$E(x) = -10x^2 + 120x$ und $G(x) = -0,5x^3 - 2x^2 + 73x - 134$, x in ME.

a) Zeigen Sie: Die Gewinnzone beginnt bei 2 ME. Ermitteln Sie die Gewinngrenze. Bestimmen
Sie das Gewinnmaximum und geben Sie die Koordinaten des Counot'schen Punktes an.

b) Bestimmen Sie den Term der Gesamtkostenfunktion und den ökonomisch sinnvollen
Definitionsbereich.

c) Die Gesamtkosten betragen 250 GE.
Bestimmen Sie die zugehörige Produktionsmenge.

d) Beschreiben Sie den Verlauf des Graphen der Gesamtkostenfunktion.

5 Die Gesamtkosten der Waldner GmbH sind
gegeben durch $K(x) = 2x^3 - 20x^2 + 74x + 204$.
Die Ware ist zu einem konstanten Preis je ME
am Markt absetzbar. Die Abbildung zeigt den
Graphen der Gesamtkostenfunktion K.

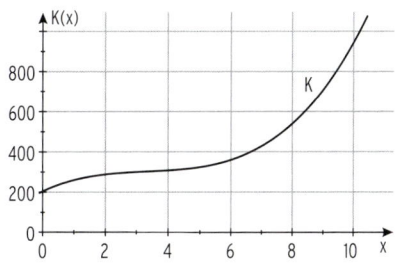

a) Bestimmen Sie die Bereiche degressiven bzw.
progressiven Kostenwachstums mithilfe einer
Wertetabelle auf $D_{ök}(K) = [0; 10]$.

b) Bestimmen Sie den konstanten Verkaufspreis, wenn die Gewinnschwelle bei 4 ME liegt.
Übertragen Sie den Graphen von K in Ihr Heft und zeichnen Sie die zugehörige Erlösgerade in das Koordinatensystem ein. Berechnen Sie die Gewinngrenze.

c) Während die Gesamtkosten unverändert bleiben, muss der Stückerlös aufgrund der
Marktlage gesenkt werden. Beschreiben Sie die Wirkung der Preissenkung auf den
Gewinn.

6 Die Abbildung zeigt den Graphen einer Gesamtkostenfunktion und einer Erlösfunktion.
Beschreiben Sie den Verlauf des Graphen der Gewinnfunktion.

7 Die Gesamtkosten in GE für die Herstellung einer Druckpresse, für die die Mannheimer Druckmaschinen AG ein Monopol besitzt, sind gegeben durch die Funktion K mit
$K(x) = 0,05 x^3 - 1,2 x^2 + 10 x + 156$.
Die Kapazitätsgrenze liegt bei 26 ME. Die Erlösfunktion E ist gegeben durch $E(x) = -1,25 x^2 + 50 x$.

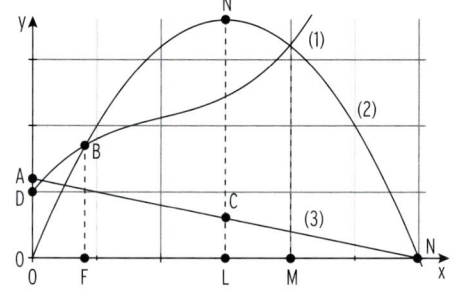

a) Geben Sie den ökonomisch sinnvollen Definitionsbereich an und zeichnen Sie die Graphen von K und E in ein geeignetes Koordinatensystem.

b) Bestimmen Sie die Gewinnzone und die Verlustzonen.

c) Ermitteln Sie den Höchstpreis für eine Druckpresse. Geben Sie die Preisspanne an.

d) Bestimmen Sie x, sodass $E(x) - K(x) = 200$ und interpretieren Sie Ihr Ergebnis.

8 Die Abbildung beschreibt die Kosten- und die Erlössituation eines Monopolisten.
Beschriften Sie alle Kurven und ergänzen Sie die Achsenbeschriftungen.
Erläutern Sie die Bedeutung der gekennzeichneten Punkte.

9 Gegeben ist die Gesamtkostenfunktion K mit $K(x) = \frac{1}{3}x^3 - 3x^2 + 10x + 18$.
Die Kapazitätsgrenze liegt bei 10 ME.

a) Ermitteln Sie den Höchstpreis und die Sättigungsmenge, wenn der Erlös beschrieben wird durch $E(x) = -4x^2 + 22x$. Bestimmen Sie den maximalen Erlös.

b) Die Gewinnzone endet bei 3 ME und ist weniger als 1 ME breit. Überprüfen Sie diese Behauptung.

10 Die Gesamtkosten und die Erlössituation bei der Herstellung eines Messgerätes, für das das Unternehmen Paulmichl ein Monopol besitzt, lassen sich beschreiben durch
$K(x) = x^3 - 10x^2 + 36x + 108$;
$E(x) = -15x^2 + 120x$; $x \geq 0$; x in ME.
Bestimmen Sie die Gewinnschwelle und die Gewinngrenze.
Bei 3 ME wird ein Gewinn von 72 GE erzielt. Berechnen Sie eine weitere Produktionsmenge mit dem gleichen Gewinn. Verdeutlichen Sie Ihre Ergebnisse in einer Skizze.

Angebot und Nachfrage – Marktgleichgewicht

Beispiel 1

➲ Gegeben sind die beiden Funktionen p_1 und p_2 mit

$p_1(x) = -\frac{1}{3}x^3 + 2x^2 + 5x + 10$; $x \in \mathbb{R}$ und $p_2(x) = 50 - \frac{16}{3}x$; $x \in \mathbb{R}$.

Der Markt für Beleuchtungsanlagen für Fahrräder wird untersucht.

Die beiden Funktionen p_1 und p_2 beschreiben für $x \geq 0$ die Marktsituation als Angebots- und

als Nachfragefunktion. Dabei wird x in Mengeneinheiten (ME), $p_1(x)$ und $p_2(x)$ in Geldeinheiten pro Mengeneinheit (GE/ME) angegeben. Ordnen Sie begründet zu.

Erstellen Sie eine zugehörige aussagekräftige Grafik.

Berechnen Sie das Marktgleichgewicht und den Umsatz im Marktgleichgewicht.

Lösung

Grafische Darstellung von p_1 und p_2 für $x \in \mathbb{R}$

Funktionsterm der Angebotsfunktion:

$p_1(x) = -\frac{1}{3}x^3 + 2x^2 + 5x + 10$

Funktionsterm der Nachfragefunktion:

$p_2(x) = 50 - \frac{16}{3}x$

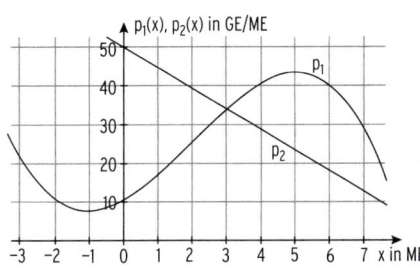

Begründung für die Nachfragefunktion:

Die Nachfragefunktion ist monoton fallend für $x \geq 0$.

Begründung für die Angebotsfunktion:

Die Funktion p_1 hat eine Minimalstelle in $x_1 = -1$ und eine Maximalstelle in $x_2 = 5$.

Die Funktion p_1 ist also monoton wachsend für $0 \leq x \leq 5$

Die Funktion p_1 ist eine Angebotsfunktion auf $D_{ök} = [0; 5]$: $p_1(x) = p_A(x)$

(Ökonomisch sinnvoller Definitionsbereich für die Marktsituation.)

Marktgleichgewicht

Bedingung: $p_A(x) = p_N(x)$ $-\frac{1}{3}x^3 + 2x^2 + 5x + 10 = 50 - \frac{16}{3}x$

Mit CAS: $x_1 = x_G = 3$

$(x_2 = 8 \notin D_{ök})$

Einsetzen in $p_N(x)$ ergibt: $p_G = 34$

Gleichgewichtsmenge: 3 ME
Gleichgewichtspreis: 34 GE/ME

Marktgleichgewicht MG (3 |34)

Umsatz im Marktgleichgewicht

beträgt 102 GE ($3 \cdot 34 = 102$)

Skizze der Marktsituation:

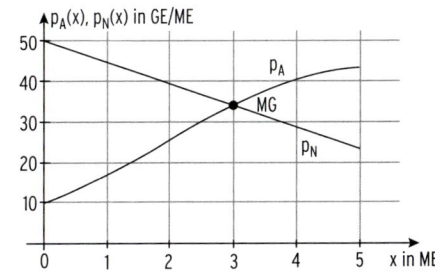

Beispiel 2

➲ Der Markt für Hochregalsysteme lässt sich beschreiben durch die Nachfragefunktion
p_N mit $p_N(x) = -x^3 + 12x^2 - 60x + 800$ und die Angebotsfunktion
p_A mit $p_A(x) = -3x^2 + 90x + 125$; $x \in D_{\text{ök}}$.

Dabei wird x in Mengeneinheiten (ME) und
$p_1(x)$ und $p_2(x)$ in GE/ME angegeben.
Die Abb. zeigt den Graphen der
Nachfragefunktion für $x \geq 0$.

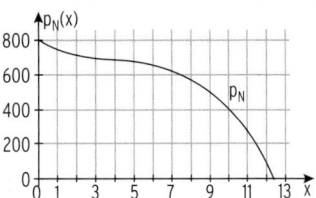

a) Bestimmen Sie den maximalen, ökonomisch sinnvollen Definitionsbereich für die
Marktsituation.
Berechnen Sie die Gleichgewichtsmenge und den Gleichgewichtspreis.

b) Ermitteln Sie Angebot und Nachfrage bei einem Preis von 600 GE/ME.
Interpretieren Sie Ihr Ergebnis.

Lösung

a) Die Nachfragefunktion p_N mit $p_N(x) = -x^3 + 12x^2 - 60x + 800$
ist monoton fallend für $x \geq 0$.
Die Sättigungsmenge beträgt $x_{\text{Sätt}} \approx 12{,}38$
(mit CAS).
$D_{\text{ök}}(p_N) = [0; 12{,}38]$
Der Graph der Angebotsfunktion
p_A mit $p_A(x) = -3x^2 + 90x + 125$
ist ein Ausschnitt aus einer nach unten geöffneten
Parabel. Die Maximalstelle ist $x_1 = 15$.
$D_{\text{ök}}(p_A) = [0; 15]$
Der ökonomisch sinnvolle Definitionsbereich für die Marktsituation ist $D_{\text{ök}} = [0; 12{,}38]$.

Gleichgewichtsmenge

Bedingung: $p_N(x) = p_A(x)$	$-x^3 + 12x^2 - 60x + 800 = -3x^2 + 90x + 125$
Mit CAS	$x_1 = x_G \approx 7{,}2$
Gleichgewichtspreis in GE/ME	$p_G = p_N(x_1) \approx 617{,}1$

b) Angebot bei einem Preis von 600 GE/ME: $p_A(x) = 600$
 $x_A \approx 6{,}8$

Nachfrage bei einem Preis von 600 GE/ME: $p_N(x) = 600$
 $x_N \approx 7{,}6$

Der Preis $p = 600$ liegt unterhalb des Gleichgewichtspreises $p_G \approx 617{,}1$.
Es besteht an **Nachfrageüberhang**: $x_N - x_A = 7{,}6 - 6{,}8 = 0{,}8$
Der Nachfrageüberhang beträgt 0,8 ME.

Aufgaben

1 Das Unternehmen VELOMOBIL GmbH ist auf dem deutschen Markt einer von vielen Fahr-
radanbietern. Für die Marketingstrategie einer neuen Fahrradserie HOLLÄNDER soll von
der Markt untersucht werden. Der Markt für Fahrräder wird mit Hilfe der Funktionen p_A
und p_N beschrieben: $p_A(x) = \frac{1}{6}x^3 - 2,5x^2 + 50x + 500$
und $p_N(x) = -2x^2 + 800$; x in ME; $p_A(x)$ und $p_N(x)$ in GE/ME.

a) Beschriften Sie die Achsen und ergänzen Sie die Zeichnung um folgende Begriffe:
Nachfragefunktion, Angebotsfunktion, Höchstpreis,
Mindestangebotspreis, Sättigungsmenge,
Marktgleichgewicht, Gleichgewichtspreis
und Gleichgewichtsmenge.

b) Bestimmen Sie den ökonomischen Definitions-
und Wertebereich für den Gesamtmarkt.

c) Berechnen Sie den Umsatz im Marktgleichgewicht.

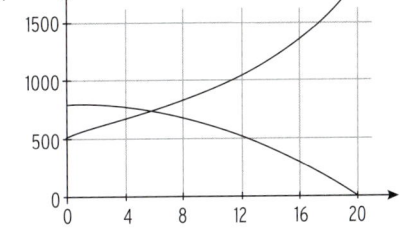

d) Erläutern Sie, für welche Preise ein Angebotsüberschuss bzw. ein Nachfrageüberschuss
vorliegt. Verdeutlichen Sie Ihre Antwort in der Zeichnung, anhand eines selbst gewählten
Beispiels.

2 Die Grafik beschreibt die Angebots- und die
Nachfragesituation für Fahrradreisen rund um den
Bodensee im Sommer 2017. Dabei wird x in ME,
$p_1(x)$, $p_2(x)$ in GE/ME angegeben.

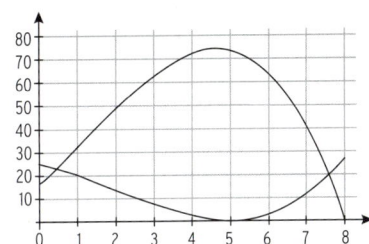

a) Kennzeichnen Sie in der Grafik
- den Gleichgewichtspreis,
- die Gleichgewichtsmenge,
- die Graphen der Nachfragefunktion und der
  Angebotsfunktion auf dem ökonomisch
  sinnvollen Definitionsbereich für den Gesamtmarkt.
  Ergänzen Sie die Beschriftung der Koordinatenachsen.

b) Folgende Funktionsterme sind gegeben:
$p_1(x) = 0,25(x - 5)^2 \cdot (x + 4)$
und $p_2(x) = -0,5(x + 2)^2 (x - 8)$.
Ordnen Sie die beiden Terme den Graphen zu. Begründen Sie Ihre Zuordnung ökonomisch.

c) Der Markt soll mit Hilfe der beiden Funktionen p_A und p_N mit
$p_A(x) = -0,5x^3 + x^2 + 10x + 12$ und $p_N(x) = -0,5x^2 - 2x + 30$
untersucht werden.
Bestimmen Sie den ökonomischen Definitionsbereich. Ermitteln Sie das Marktgleichgewicht und berechnen Sie den Umsatz des Anbieters. Geben Sie den Höchstpreis und den
Mindestangebotspreis für eine Fahrradreise an.
Untersuchen Sie die Marktsituation für einen Reisepreis von 20 GE/ME.

5.3 Aufstellen von Funktionstermen für ganzrationale Funktionen 3. Grades

Beispiel 1

⭢ Die Kostensituation des Unternehmens wird durch folgende Tabelle dargestellt:

x in ME	0	1	2	3
K(x) in GE	2	10	16	23

Ermitteln Sie eine geeignete Kostenkurve, wenn bekannt ist, dass es sich um eine ertragsgesetzliche Kostenkurve handelt.

Lösung

Ansatz für den Funktionsterm einer Kostenfunktion 3. Grades: $K(x) = ax^3 + bx^2 + cx + 2$
Für die **3 Unbekannten a, b, c** benötigt man drei Bedingungen und damit drei Bestimmungsgleichungen.

Bedingungen	Gleichungssystem für a, b, c
$K(1) = 10$	$a + b + c + 2 = 10$
$K(2) = 16$	$8a + 4b + 2c + 2 = 16$
$K(3) = 23$	$27a + 9b + 3c + 2 = 23$
Vereinfachtes Gleichungssystem:	$\begin{vmatrix} a + b + c = 8 \\ 8a + 4b + 2c = 14 \\ 27a + 9b + 3c = 21 \end{vmatrix}$

Lösung des linearen Gleichungssystems (LGS) mit dem **Gauß-Verfahren:**

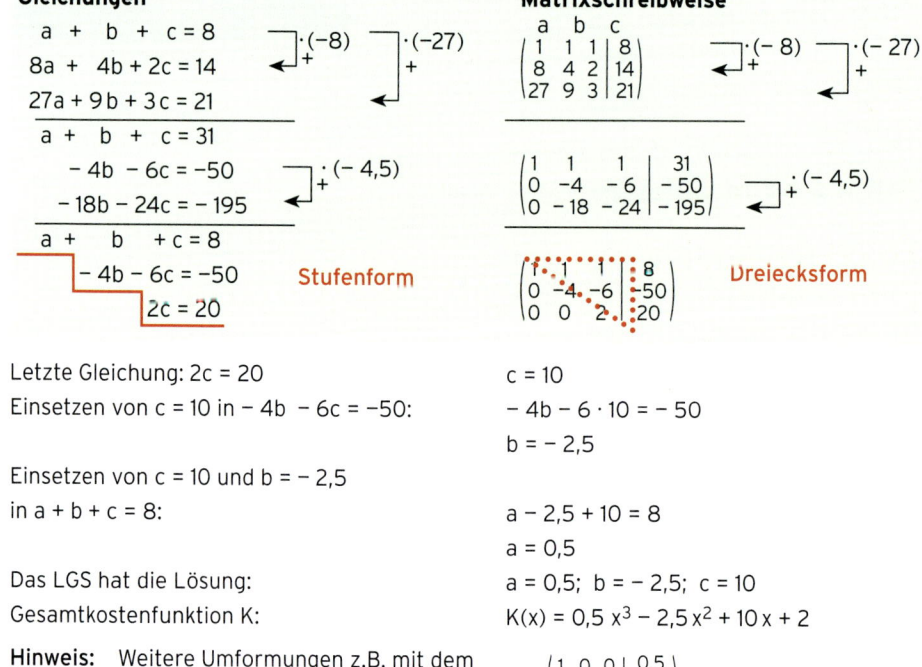

Gleichungen

$$a + b + c = 8$$
$$8a + 4b + 2c = 14$$
$$27a + 9b + 3c = 21$$

$$a + b + c = 31$$
$$-4b - 6c = -50$$
$$-18b - 24c = -195$$

$$a + b + c = 8$$
$$-4b - 6c = -50 \qquad \text{Stufenform}$$
$$2c = 20$$

Matrixschreibweise

$$\begin{pmatrix} a & b & c \\ 1 & 1 & 1 & | & 8 \\ 8 & 4 & 2 & | & 14 \\ 27 & 9 & 3 & | & 21 \end{pmatrix}$$

$$\begin{pmatrix} 1 & 1 & 1 & | & 31 \\ 0 & -4 & -6 & | & -50 \\ 0 & -18 & -24 & | & -195 \end{pmatrix}$$

$$\begin{pmatrix} 1 & 1 & 1 & | & 8 \\ 0 & -4 & -6 & | & -50 \\ 0 & 0 & 2 & | & 20 \end{pmatrix} \qquad \text{Dreiecksform}$$

Letzte Gleichung: $2c = 20$	$c = 10$
Einsetzen von $c = 10$ in $-4b - 6c = -50$:	$-4b - 6 \cdot 10 = -50$
	$b = -2{,}5$
Einsetzen von $c = 10$ und $b = -2{,}5$	
in $a + b + c = 8$:	$a - 2{,}5 + 10 = 8$
	$a = 0{,}5$
Das LGS hat die Lösung:	$a = 0{,}5; \ b = -2{,}5; \ c = 10$
Gesamtkostenfunktion K:	$K(x) = 0{,}5x^3 - 2{,}5x^2 + 10x + 2$

Hinweis: Weitere Umformungen z.B. mit dem CAS führen auf eine Diagonalgestalt

$$\begin{pmatrix} 1 & 0 & 0 & | & 0{,}5 \\ 0 & 1 & 0 & | & -2{,}5 \\ 0 & 0 & 1 & | & 10 \end{pmatrix}$$

Beispiel 2

⮕ Die Gesamtkosten des Unternehmens NUVA für ein Duschgel
werden durch folgende Tabelle dargestellt:

x in ME	0	1	3	5
K(x) in GE	8	39	65	83

Ermitteln Sie den Term einer Gesamtkostenfunktion K,
wenn bekannt ist, dass sich die Gesamtkosten
ertragsgesetzlich verhalten.

Lösung

Mit Hilfsmittel
Lösung durch kubische Regression:

Eingabe aller Werte in das CAS

ergibt a = 1; b = − 10; c = 40, d = 8

Gesuchter Funktionsterm: $K(x) = x^3 - 10x^2 + 40x + 8$

Lösung mithilfe eines linearen Gleichungssystems:

Ansatz für den Funktionsterm einer Kostenfunktion 3. Grades: $K(x) = ax^3 + bx^2 + cx + 8$

Für die **3 Unbekannten a, b, c** benötigt man drei Bedingungen und damit
drei Bestimmungsgleichungen.

Bedingungen	Gleichungssystem für a, b, c
K(1) = 39	a + b + c + 8 = 39
K(3) = 65	27a + 9b + 3c + 8 = 65
K(5) = 83	125a + 25b + 5c + 8 = 83
Vereinfachtes Gleichungssystem:	a + b + c = 31
	27a + 9b + 3c = 57
	125a + 25b + 5c = 75

Lösung des linearen Gleichungssystems (LGS) mit CAS

Das LGS hat die Lösung: a = 1; b = − 10; c = 40

Gesamtkostenfunktion K: $K(x) = x^3 - 10x^2 + 40x + 8$

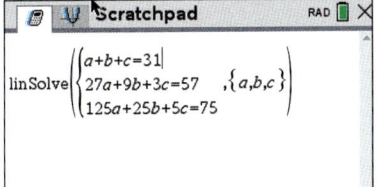
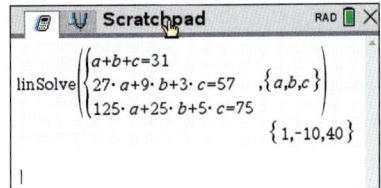

Beispiel 3

⮕ Das Angebot einer Unternehmung lässt sich
durch eine ganzrationale Funktion
3. Grades bestimmen.
Bestimmen Sie den Term der Funktion, deren
Graph abgebildet ist. Ermitteln Sie den ökonomisch sinnvollen Definitionsbereich der
Angebotsfunktion.

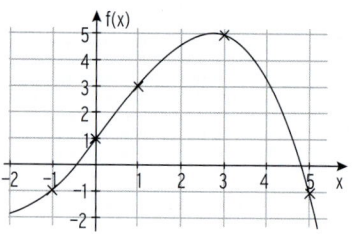

Lösung

Ansatz: $f(x) = a x^3 + b x^2 + c x + d$

Ablesen der Punktkoordinaten: $(-1 \mid -1)$; $(1 \mid 3)$; $(3 \mid 5)$; $(5 \mid -1)$

Lösung durch **kubische Regression**:

Funktionsterm: $f(x) = -0{,}125 \, x^3 + 0{,}125 \, x^2 + 2{,}125 \, x + 0{,}875$

Ökonomisch sinnvoller Definitionsbereich:

f hat eine Minimalstelle in $x_1 \approx -2{,}07$ und eine Maximalstelle in $x_2 \approx 2{,}74$.

Die Angebotsfunktion p_A ist also monoton wachsend für $0 \leq x \leq 2{,}74$

p_A ist eine Angebotsfunktion auf $D_{\ddot{o}k} = [0; 2{,}74]$.

Beispiel 4

⮕ Der Markt für Fan-Artikel zur Fussball-Europameisterschaft wurde untersucht. Die
Marketingabteilung des Unternehmens Duogema liefert für den Vorstand folgende
Ergebnisse.

Preis in GE/ME	Angebotsmenge in ME
22	1,5
40,75	3
62,875	4,5
85	6
103,75	7,5

Bestimmen Sie den Funktionsterm der Angebotsfunktion.

Lösung

Ansatz: $p_A(x) = a x^3 + b x^2 + c x + d$

Ablesen der Punktkoordinaten: $(1{,}5 \mid 22)$; $(3 \mid 40{,}75)$; $(4{,}5 \mid 62{,}875)$; $(6 \mid 85)$; $(7{,}5 \mid 103{,}75)$

Lösung durch **kubische Regression** mit r = 1:

Funktionsterm: $p_A(x) = -\frac{1}{6}x^3 + 2{,}25 \, x^2 + 5 \, x + 10$

Hinweis: r = 1 bedeutet, dass alle Punkte auf dem ermittelten Graphen liegen.

Aufgaben

1 Der Graph einer Gesamtkostenfunktion K mit $K(x) = x^3 - 12x^2 + 60x + d$ verläuft durch den Punkt P(2 | 170). Ermitteln Sie die fixen Kosten.

2 Das Schaubild einer ganzrationalen Funktion f mit $f(x) = \frac{2}{3}x^3 - \frac{1}{6}x^2 + cx + d$ geht durch die Punkte B(1|2,5) und C(−2|−14). Ermitteln Sie c und d.

3 Das Graph einer ganzrationalen Funktion 3. Grades mit $f(x) = -0,5x^3 + bx^2 + cx + d$ verläuft durch die Punkte A(0|−4); B(1|−1,5) und C(2|−2). Bestimmen Sie den Funktionsterm.

4 Der Graph einer ganzrationalen Funktion 3. Grades ist symmetrisch zum Ursprung und verläuft durch A(−2 | −8) und B(1 | 2,5). Bestimmen Sie den Funktionsterm.

5 Die Abbildung zeigt den Graph einer ertragsgesetzlichen Gesamtkosten-funktion K.
Die fixen Kosten liegen bei 72 GE.
Bestimmen Sie mithilfe der Abbildung einen Funktionsterm der Gesamtkostenfunktion.

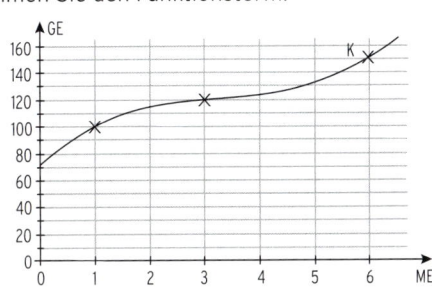

6 Umfragen auf der Messe für Hygieneartikel haben ergeben, dass der Höchstpreis für eine ME Duschgel bei 40 GE/ME liegt, die Sättigungsmenge ist bei 10 ME erreicht. Weitere Nachfragedaten können der Tabelle entnommen werden:
Ermitteln Sie den Term der Nachfragefunktion p_N 3. Grades.

x	1	5
$p_N(x)$	39,69	31,25

7 Die Gesamtkosten K eines Unternehmens in Abhängigkeit von der Ausbringungsmenge x werden durch nachfolgende Funktion beschrieben: $K(x) = ax^3 + bx^2 + 20x + 20$.
Die Gesamtkosten bei einer Produktion von 4 ME betragen 60 GE.
Bei einem Verkaufspreis von 20 GE je ME liegt die Gewinnschwelle bei 2 ME.
Bestimmen Sie den Term der Gesamtkostenfunktion.

8 Mit dem folgenden LGS soll der Term einer ertragsgesetzlichen Gesamtkostenfunktion bestimmt werden. Beschreiben Sie den Verlauf des Graphen der Gesamtkostenfunktion.
$a + b + c + d = \frac{37}{3}$
$27a + 9b + 3c + d = 17$
$d = 5$
$216a + 36b + 6c + d = 29$

9 Über die Gewinnsituation eines Unternehmens ist folgendes bekannt: Die Gewinnzone verläuft von 2 ME bis 5 ME. Die fixen Kosten betragen 90 GE. Bei Produktion und Verkauf von 4 ME wird ein Gewinn von 26 GE erzielt.
Stellen Sie ein LGS zur Bestimmung der Gewinnfunktion (Ganzrationale Funktion 3. Grades) auf. Ermitteln Sie den Term der Gewinnfunktion.

5.4 Kurvenscharen

Beispiel

⮑ Ein Betrieb fertigt High-End-Lautsprecher für höhere Ansprüche.
Für die Markteinführung gilt die Preis-Absatz-Funktion p mit $p(x) = -0{,}17x + 4$.
Der Preis $p(x)$ wird angegeben in Geldeinheiten pro Mengeneinheiten (GE/ME).
Die Lautsprecher werden aus Tropenholz gefertigt, dessen Preis saisonabhängig
schwankt. Diese Abhängigkeit wird durch einen Parameter t repräsentiert:
$$K_t(x) = 0{,}002x^3 - 0{,}09x^2 + tx + 10; \; t \in [1{,}4; \, 2{,}5]; \; D_{ök}(K_t) = [0; \, 30].$$
Die Abbildung zeigt die Schaubilder
(Scharkurven) für drei t-Werte.

a) Ordnen Sie jedem Schaubild
einen Parameterwert zu.

b) Bei 10 ME entstehen Gesamtkosten
in Höhe von 19 GE.
Bestimmen Sie den zugehörigen
t-Wert.

c) Es sei $t = 1{,}5$.
Ermitteln Sie die Gewinnzone und die Verlustzonen.

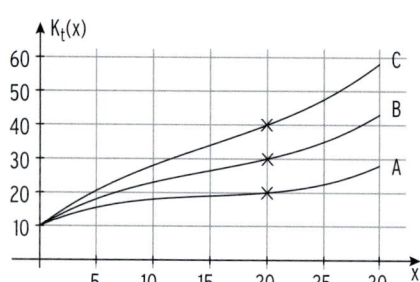

Lösung

a) Schaubild A:
   Punktprobe mit P(20 | 20): $K_t(20) = 20$ für $t = 1{,}5$
   Schaubild B:
   Punktprobe mit P(20 | 30): $K_t(20) = 30$ für $t = 2$
   Mit CAS:

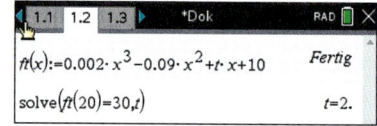

   Schaubild C:
   Punktprobe mit P(20 | 40) ergibt $t = 2{,}5$.

b) Ansatz: $K_t(10) = 19$ $t = 1{,}6$

c) Kostenfunktion für $t = 1{,}5$. $K_{1{,}5}(x) = 0{,}002x^3 - 0{,}09x^2 + 1{,}5x + 10$
   Erlösfunktion: $E(x) = p(x) \cdot x$ $E(x) = (-0{,}17x + 4)x = -0{,}17x^2 + 4x$
   Gewinnfunktion: $G(x) = E(x) - K_{1{,}5}(x)$ $G(x) = -0{,}002x^3 - 0{,}08x^2 + 2{,}5x - 10$
   Ansatz: $G(x) = 0$ $-0{,}002x^3 - 0{,}08x^2 + 2{,}5x - 10 = 0$
   Lösung mit CAS: $x_1 = x_{GS} \approx 4{,}84; \; x_2 = x_{GG} \approx 16{,}77$
                        $x_3 \approx -61{,}61 < 0 \quad x_3 \notin D_{ök}(K_t)$.
   Gewinnzone: $(4{,}84; \, 16{,}77)$
   Verlustzonen: $[0; \, 4{,}84); \; (16{,}77; \, 30]$

Aufgabe

1 Das Traditionsunternehmen K-Küche produziert Küchen in verschiedenen Ausführungen.
Augrund des hohen Preisdrucks seitens der Konkurenz soll die Gewinnsituation für das
neu einzuführende Standardmodell EasyCook 707 genauer untersucht werden.
Die Marketingabteilung geht nach ersten Untersuchungen von folgender Gewinnfunktion
für die nächsten Produktionsperioden aus:
$G_p(x) = -0{,}1x^3 + 27x^2 + (p - 2430)x - 107100$ mit x, $p \in \mathbb{R}$ und $x \geq 0$, $p > 0$.
Dabei gibt x die produzierten ME und $G_p(x)$ den Gewinn in EUR für eine Produktions-
periode von einer Woche in EUR an. p ist ein Parameter, der für den Verkaufspreis der
Küche in EUR steht.
Auf Grund des Produktionsprozesses und der zur Verfügung stehenden Kapazitäten soll
die wöchentliche Produktionsmenge zwischen 90 ME und 250 ME liegen.
Ermitteln Sie den Verkaufspreis p, so dass die Gewinnschwelle bei einer Produktion von
90 ME pro Woche liegt.
Berechnen Sie die Gewinnzone.

2 Erläutern Sie, welche Graphen in der
Abb. 1 eine Gesamtkostenfunktion
repräsentieren können.
Begründen Sie ihre Entscheidung.
Nennen Sie Gemeinsamkeiten
aller drei Graphen.

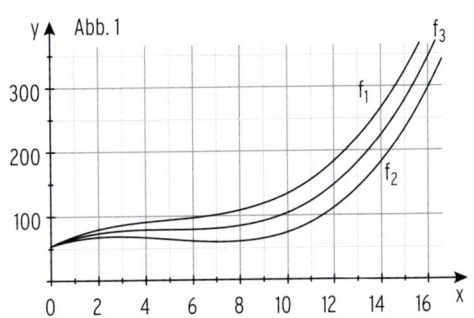

3 Die Dortmunder Bürosysteme AG (kurz DoBü AG) ermittelt für die Produktion des
Regals „Vario I" die Kosten in Abhängigkeit von der Absatzmenge x und einem Qualitätsstandard b. Die Unternehmensleitung geht bei ihren Produktionsentscheidungen
von folgender ertragsgesetzlicher Gesamtkostenfunktion 3. Grades aus:
$K_b(x) = 5x^3 - bx^2 + 215x + 360$ mit $b \in [45; 56]$, $x \in [0; 10]$.
Die Unternehmung verkauft das Regal „Vario I" konstant für 185 GE je ME.

a) Bestimmen Sie, für welche Werte von b die Stelle x = 4 die Gewinnschwelle ist.

b) Es wird davon ausgegangen, dass für den Qualitätsstandard b = 50 gilt.
Ermitteln Sie die Gewinnzone für das Regal „Vario I".

4 Die Marketingabteilung der Pyrokomet GmbH bestimmt aus den Daten zur Produktsparte Tischfeuerwerk die folgende Angebotsfunktion p_A und die Nachfragefunktion p_N:
$p_A(x) = ax^3 + 10$; $a > 0$; $x \geq 0$ \qquad $p_N(x) = -0{,}25x^3 + 35$; $x \geq 0$
$p_A(x)$ und $p_N(x)$ geben den Preis in GE/ME an. Dabei ist a ein von Steuern abhängiger
Parameter.
Bestimmen Sie die Sättigungsmenge und das Marktgleichgewicht in Abhängigkeit von a.

Test zur Überprüfung Ihrer Grundkenntnisse

1 Berechnen Sie die Lösungen der folgenden Gleichung.

a) $2 - \frac{3}{8}x^3 = 0$ **b)** $0,125(x^2 - 3)(x + 1) = 0$ **c)** $-2x^3 + x^2 + x = 0$

2 Eine ganzrationale Funktion f hat die Nullstellen $x_1 = -2$, $x_2 = 1$ und $x_3 = 3$. Der Graph von f schneidet die Ordinatenachse in $y = 5$.
Bestimmen Sie einen geeigneten Funktionsterm.

3 Gegeben sind die Gesamtkostenfunktion K durch $K(x) = 0,5x^3 - 3x^2 + 9x + 5$ und die Erlösfunktion E mit $E(x) = 7,5x$. Die Kapazitätsgrenze liegt bei 8 ME.

a) Zeigen Sie, dass gilt: $G(x) = -0,5x^3 + 3x^2 - 1,5x - 5$
Berechnen Sie die Gewinnzone und die Verlustzonen.

b) Ermitteln Sie die Produktionsmengen, für die der Gewinn mindestens 4 GE beträgt.

4 Der Gewinn der Zurga AG lässt sich modellieren durch die Funktion G mit
$G(x) = ax^3 + 20x^2 + 3x + d$.
Bestimmen Sie a und d, wenn folgendes bekannt ist: Die Gewinnschwelle liegt bei 4 ME.
Werden 5 ME verkauft, wird ein Gewinn von 61 GE erzielt.

5 Die Abbildung zeigt den Graphen einer Funktion für $x > 0$.

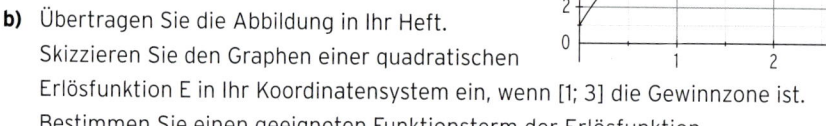

a) Untersuchen Sie, ob die Abbildung den Graph einer ertragsgesetzliche Gesamtkostenfunktion darstellt.

b) Übertragen Sie die Abbildung in Ihr Heft.
Skizzieren Sie den Graphen einer quadratischen Erlösfunktion E in Ihr Koordinatensystem ein, wenn [1; 3] die Gewinnzone ist.
Bestimmen Sie einen geeigneten Funktionsterm der Erlösfunktion.

6 Die nebenstehende Grafik beschreibt die Angebots- und Nachfragesituation für Kanufahrten an der Elbe im Sommer 2017.
Dabei wird x in Mengeneinheiten (ME) und und $p_1(x)$, $p_2(x)$ in 100 Geldeinheiten pro ME (HGE/ME) angegeben.
Der Gleichgewichtspreis liegt bei 18 HGE/ME
Die Funktionsgleichung für p_1 ist bekannt mit $p_1(x) = x^2 - 12x + 38$.

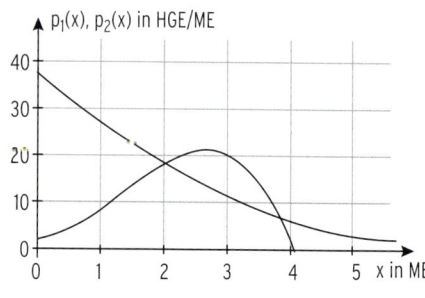

Der Funktionsterm für p_2 liegt nicht vor.
Ergänzen Sie die Grafik, indem Sie den Graphen die ökonomischen Begriffe zuordnen, das Marktgleichgewicht mit Gleichgewichtsmenge und Gleichgewichtspreis eintragen und den ökonomischen Definitionsbereich für die Marktsituation kennzeichnen.
Berechnen Sie die Gleichgewichtsmenge und den Höchstpreis der Nachfrager.

III Exponentialfunktionen

Lernsituation

mvurl.de/npis

1) Eine Flüssigkeit wird auf 90 °C erhitzt. Dann lässt man
   sie bei einer Umgebungstemperatur von 20 °C abkühlen.
   Bei diesem Experiment erhält man folgende Messreihe:

t in Minuten	0	1	2	3	4	5	6	7
Temperatur in °C	90	58	40	31	26	22	22	21

- Stellen Sie die Messdaten in einem Koordinatensystem dar.
- Diskutieren Sie, ob sich die Daten linear verhalten. Begründen Sie Ihre Antwort.
- Untersuchen Sie, ob die Funktion f mit $f(t) = 2,30t^2 - 24,68t + 84,92$ das Experiment beschreibt. Zeichnen Sie die Kurve in das Koordinatensystem ein.
- Bestimmen Sie mithilfe der Messwerte eine Exponentialfunktion, die die Flüssigkeitstemperatur in Abhängigkeit von der Zeit beschreibt. Die Umgebungstemperatur wird nicht unterschritten.
  Zeichnen Sie das Schaubild der Exponentialfunktion in das gemeinsame Koordinatensystem ein. Vergleichen Sie die beiden Näherungskurven.

2) In eine Tasse wird 90 °C heißer Tee eingeschenkt. Der Tee kühlt auf die Zimmertemperatur von 20 °C ab. Die Funktion h mit $h(t) = 20 + 70 \cdot 0,8^t$ beschreibt diesen Abkühlvorgang. Dabei ist t die Zeit in Minuten und h(t) die Temperatur in °C.

- Berechnen Sie die Zeit, die vergeht, bis der Tee auf die Trinktemperatur (50 °C) abgekühlt ist.
- Ermitteln Sie die durchschnittliche Abkühlung pro Minute in den ersten zehn Minuten und in den folgenden zehn Minuten.
  Interpretieren Sie Ihre Ergebnisse.

Qualifikationen & Kompetenzen

- Graphen von Exponentialfunktionen erkennen
- Realitätsbezogene Zusammenhänge mit Exponentialfunktionen mathematisch beschreiben, darstellen und interpretieren
- Funktionsterme aufstellen
- Schnittpunkte bestimmen

1   Einführungsbeispiele

Beispiel 1

⊃ Papa Kurt schenkt seinem Sohn 1000 €.
Er bietet ihm folgende Alternative an:

a) Der Sohn erhält jedes Jahr weitere 50 €.

b) Der Betrag 1000 € wird zu 5 % Zinsen angelegt.
Beschreiben Sie die Entwicklung des Kapitals im Laufe von 20 Jahren.
Nennen Sie Argumente für die bessere Alternative.

Lösung

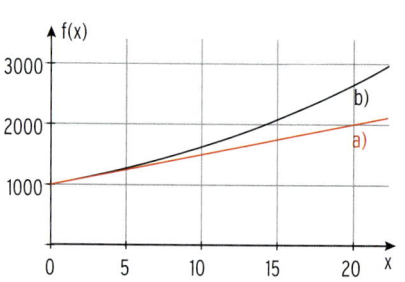

a) Nach 10 Jahren: 1500 €
Nach 20 Jahren: 2000 €
Kapital nach n Jahren:
$K_n = 1000 + 0.05 \cdot 1000 \cdot n$
$K_n = 1000 + 50\,n$
Konstante jährliche Zunahme um d = 50.
Das Kapital erhöht sich jedes Jahr um 50 €,
also **linear.**

Bemerkung: f mit $f(x) = 1000 + 50x$; $x \in \mathbb{R}$, ist eine **lineare Funktion.**

b) Kapital nach 1 Jahr: $K_1 = 1000 \cdot 1.05 = 1050$
Kapital nach 2 Jahren: $K_2 = 1050 \cdot 1.05 = (1000 \cdot 1.05) \cdot 1.05 = 1000 \cdot 1.05^2$
$K_2 = 1102.5$
Kapital nach 10 Jahren: $K_{10} = 1000 \cdot 1.05^{10} = 1628.89$
Kapital nach 20 Jahren: $K_{20} = 1000 \cdot 1.05^{20} = 2653.30$
Kapital nach n Jahren: $K_n = 1000 \cdot 1.05^n$
Jedes Jahr wächst das Kapital mit dem **Wachstumsfaktor q = 1,05.**
Das Kapital erhöht sich **exponentiell.**
Ergebnis: Alternative b) ist vorteilhafter (s. Abb.).

Bemerkung: f mit $f(x) = 1000 \cdot 1.05^x$; $x \in \mathbb{R}$, ist eine **Exponentialfunktion.**

Beachten Sie

Beim **linearen Wachstum** nimmt die Größe f(x) immer **um den gleichen Summanden d zu,** wenn die Größe x um 1 zunimmt.
Beim **exponentiellen Wachstum** wächst die Größe f(x) immer **mit dem festen Faktor q,** wenn die Größe x um 1 zunimmt.

Beispiel 2

⊃ Nimmt man Milch aus dem Kühlschrank,
hat sie eine Temperatur von 6 °C, danach
erwärmt sie sich.
Die Zimmertemperatur beträgt 20 °C.
Dieser Vorgang lässt sich durch den
Funktionsterm beschreiben:
$f(x) = 20 - 14 \cdot 2^{-0{,}144\,x}$; $x \geq 0$,
x in Minuten, $f(x)$ in °C.
Machen Sie Aussagen zum Temperaturverlauf.

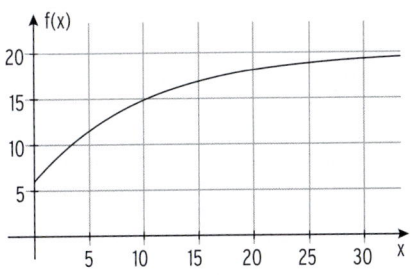

Lösung

Man stellt fest: Die Erwärmung verläuft **nicht linear.**

Wertetabelle

x	0	1	10	20	30
f(x)	6	7,33	14,84	18,10	19,30

Die Erwärmung ist abgeschlossen, wenn die Milch Zimmertemperatur (20 °C) hat.

Für $x \to \infty$ strebt die Temperatur $f(x) \to 20$.

Vergleich von $f(1)$ mit $f(0)$ ergibt: In der 1. Minute erwärmt sich die Milch um 1,33 °C.

Von der 20. bis zur 30. Minute erwärmt sich die Milch um

$$\frac{19{,}30\,°C - 18{,}10\,°C}{10\,min} = 0{,}12\,\frac{°C}{min}.$$

Die „Erwärmungsgeschwindigkeit" ist am Anfang am größten.

Beispiel 3

⊃ Eine Bakterienkultur vermehrt sich in
den ersten fünf Stunden exponentiell.
Die **Exponentialfunktion f** mit
$f(t) = 2200 \cdot 1{,}804^t$ beschreibt die Anzahl der Bakterien nach t Stunden.
Beschreiben Sie, wie sich die Anzahl
der Bakterien entwickelt.

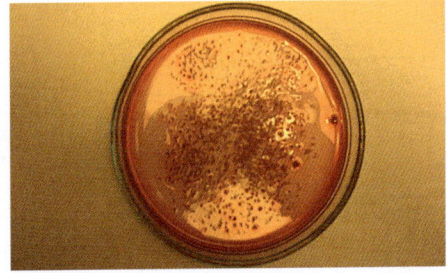

Lösung

$f(0) = 2200$ Anfangsbestand
Wachstumsfaktor $q = 1{,}804$
Stündlich nimmt die Zahl der Bakterien
um 80,4 % zu. Nach etwa 4,8 Stunden
wird die Zahl 40000 überschritten.

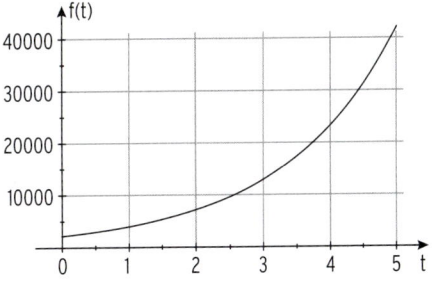

2 Definition einer Exponentialfunktion

mvurl.de/kqgb

Bei den bisher betrachteten Funktionen (z. B. f mit $f(x) = x^2$) war die Basis x variabel und die Hochzahl eine konstante natürliche Zahl. Ist die **Hochzahl x variabel** und die Basis eine positive Zahl, dann ergibt sich ein neuer Funktionstyp, die **Exponentialfunktion.**

Exponentialfunktion f mit $f(x) = b^x$; $b > 0$; $b \neq 1$; $x \in \mathbb{R}$

Beispiel

f mit $f(x) = 2^x$; $x \in \mathbb{R}$

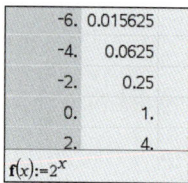

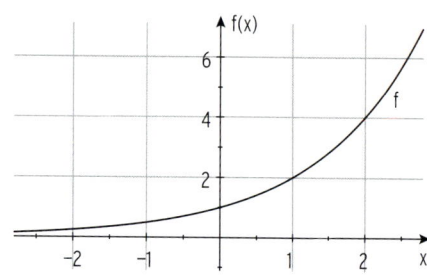

Funktionswerte: $f(0) = 2^0 = 1$; $f(-1) = 2^{-1} = \frac{1}{2}$

$f(-10) = 2^{-10} = \frac{1}{2^{10}} \approx 0{,}00098$

Eigenschaften: Die Funktionswerte $f(x)$ sind (monoton) **wachsend.**
Die Funktionswerte $f(x)$ streben für $x \to -\infty$ gegen null;
der Graph von f nähert sich immer mehr der Abszissenachse an.
Die Abszissenachse ist **waagrechte Asymptote (Näherungsgerade).**

Spiegelt man das Schaubild von f **an der Ordinatenachse,** ersetzt man x durch $(-x)$ und man erhält das Schaubild von g mit $g(x) = 2^{-x}$; $x \in \mathbb{R}$.

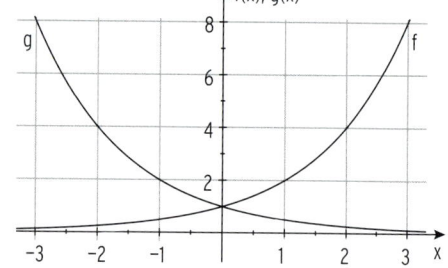

Seite 223

Funktionswerte: $g(0) = 2^0 = 1$; $g(1) = 2^{-1} = \frac{1}{2}$

$g(4) = 2^{-4} = \frac{1}{2^4} = 0{,}0625$

Eigenschaften: Die Funktionswerte $g(x)$ sind (monoton) **fallend.**
$g(x)$ strebt für $x \to \infty$ gegen null.
Die Abszissenachse ist **waagrechte Asymptote.**

Beachten Sie

Das Schaubild einer Exponentialfunktion f mit $f(x) = b^x$; $x \in \mathbb{R}$; $b > 0$; $b \neq 1$, verläuft durch den Punkt $S(0|1)$, denn $b^0 = 1$.
Die Abszissenachse ist **waagrechte Asymptote.**

3 Schaubilder von Exponentialfunktionen

Parametervariationen

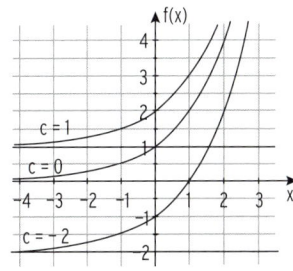

- **Verschiebung in Ordinatenrichtung**

  Verschiebung des Graphen von g mit $g(x) = 2^x$ **in Ordina-tenrichtung** ergibt den Graphen von f mit $f(x) = 2^x + c$

  Für c = 1: $f(x) = 2^x + 1$

  Verschiebung um 1 nach oben.

  Für c = – 2: $f(x) = 2^x – 2$

  Verschiebung um 2 nach unten.

  Die Gerade mit der Gleichung y = c ist **waagrechte Asymptote.**

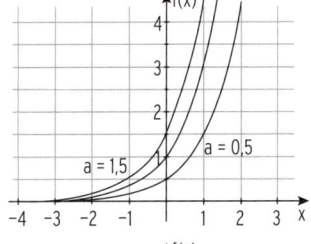

- **Streckung in Ordinatenrichtung**

  Für a > 0

  Streckung des Graphen von g mit $g(x) = 3^x$ **in Ordinaten-richtung** ergibt den Graphen von f mit **f(x) = a · 3^x.**

  Für a = 1,5: **f(x) = 1,5 · 3^x**   Streckungsfaktor 1,5

  Für a = 0,5: **f(x) = 0,5 · 3^x**   Streckungsfaktor 0,5

  Für a < 0

  zusätzlich eine Spiegelung an der Abszissenachse

  Für a = – 1,5: **f(x) = – 1,5 · 3^x**

  Für a = – 0,5: **f(x) = – 0,5 · 3^x**

  Die Abszissenachse ist **waagrechte Asymptote.**

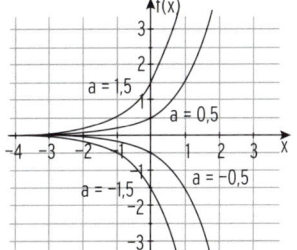

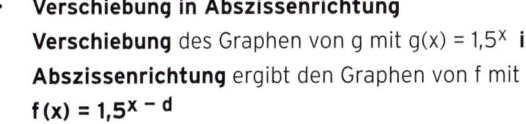

- **Verschiebung in Abszissenrichtung**

  Verschiebung des Graphen von g mit $g(x) = 1,5^x$ **in Abszissenrichtung** ergibt den Graphen von f mit

  f(x) = 1,5^{x – d}

  Für d = 1:   **f(x) = 1,5^{x – 1}**

  Verschiebung um 1 nach rechts

  Für d = – 2:   **f(x) = 1,5^{x + 2}**

  Verschiebung um 2 nach links

  Die Abszissenachse ist **waagrechte Asymptote.**

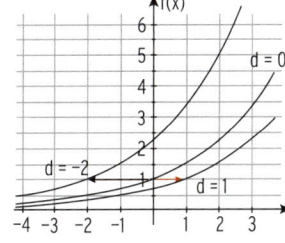

Beachten Sie

Der Graph von h entsteht aus dem Graphen von f mit $f(x) = b^x$
- durch **Verschiebung in Ordinatenrichtung** um c: $h(x) = b^x + c$
- durch **Streckung in Ordinatenrichtung** mit Faktor a (a > 0): $h(x) = a \cdot b^x$
  für a < 0 zusätzlich durch **Spiegelung an der Abszissenachse**
- durch **Verschiebung in Abszissenrichtung** um d: $h(x) = b^{x – d}$.
  Ersetzen Sie x durch (x – d).

Beispiel 1

➲ Gegeben ist das Schaubild der
Funktion f mit $f(x) = 4^x - 3$; $x \in \mathbb{R}$.
Beschreiben Sie den Verlauf des Graphen
von f. Kennzeichnen Sie $f(-1)$.
Entscheiden Sie, ob die Nullstelle von f
kleiner als 0,75 ist.
Erläutern Sie, wie der Graph von g
mit $g(x) = f(x + 1)$ aus dem Graphen von f entsteht.

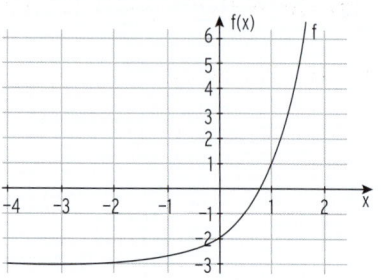

Lösung

Verlauf des Graphen von f:
Der Graph von f

* verläuft vom 3. in das 1. Feld.
* nähert sich für $x \to -\infty$ der Geraden
  mit $y = -3$ an **(waagrechte Asymptote).**
* ist steigend, f ist (streng) monoton wachsend.
* $SP_y (0\,|-2)$

$f(0{,}75) = -0{,}171 \ldots < 0$
Die Nullstelle von f ist größer als 0,75.

Hinweis: Der Graph von h mit $h(x) = 4^x$
(Asymptote: $y = 0$) wird um 3 nach
unten **verschoben** und man erhält den
Graphen von f (Asymptote: $y = -3$).

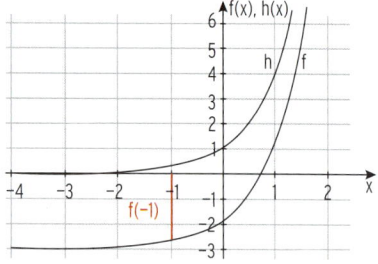

$g(x) = f(x + 1) = 4^{x+1} - 3$
Der Graph von f wird um 1 **nach links verschoben.**

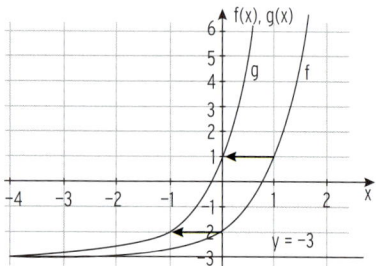

Beispiel 2

➲ Gegeben ist die Exponentialfunktion f mit $f(x) = -1{,}2 \cdot 3^{-x} + 2{,}5$; $x \in \mathbb{R}$.
Skizzieren Sie den Graphen von f und beschreiben Sie den Verlauf.
Der Graph von f entsteht aus dem Graphen von g mit $g(x) = 3^x$; $x \in \mathbb{R}$. Beschreiben Sie.

Lösung

Der Graph von f verläuft vom 3. in das 1. Feld,
nähert sich für $x \to \infty$ der Geraden mit $y = 2{,}5$ an
(waagrechte Asymptote). Der Graph von f ist steigend.
Der Graph von g wird an der Ordinatenachse gespiegelt
($g_1(x) = 3^{-x}$), mit Faktor 1,2 in Ordinatenrichtung gestreckt
($g_2(x) = 1{,}2 \cdot 3^{-x}$), an der Abszissenachse gespiegelt
($g_3(x) = -1{,}2 \cdot 3^{-x}$) und um 2,5 nach oben verschoben.
Dann ergibt sich der Graph von f.

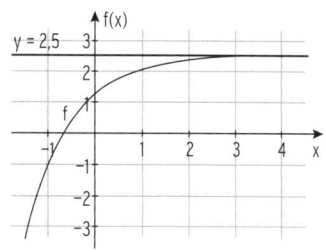

Beispiel 3

➲ Die Abbildung zeigt den Graphen von f
mit $f(x) = -2^{-x} + x$; $x \in \mathbb{R}$ und die Gerade
von g mit $g(x) = x$.
Beschreiben Sie den Verlauf des Graphen
von f. Begründen Sie: Der Graph von f verläuft stets unterhalb des Graphen von g.
Zeigen Sie: Die Nullstelle von f liegt zwischen 0,64 und 0,65.

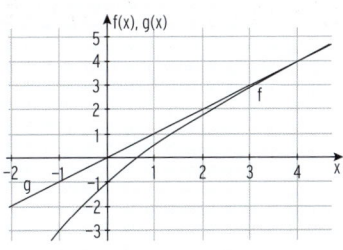

Lösung

Verlauf des Graphen von f:

• vom 3. in das 1. Feld   • monoton steigend   • $S_y(0|-1)$

• nähert sich für $x \to \infty$ der Geraden mit $g(x) = x$ an **(schiefe Asymptote)**

Der Graph von f verläuft stets **unterhalb der Geraden,** da $2^{-x} > 0$ ist und damit

$f(x) < x$ gilt für alle x.

Nullstelle: $f(0,64) = -0,0017...$; $f(0,65) = 0,0127...$

f (x) wechselt das Vorzeichen zwischen 0,64 und 0,65, also liegt (mindestens) eine Nullstelle
auf diesem Bereich.

Aus der Zeichnung: Der Graph von f verläuft **oberhalb der Abszissenachse** für $x > 0,65$.

Beachten Sie

Setzt man in $f(x) = -2^{-x} + x$ und $g(x) = x$ immer größere
x-Werte ein, unterscheiden sich die errechneten Werte
immer weniger, da $2^{-x} \to 0$ strebt: $f(x) \approx x$ für $x \to \infty$.
Die **schiefe Asymptote hat die Gleichung** $y = x$.

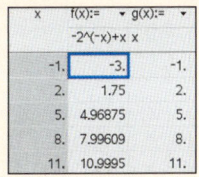

Beachten Sie

Wegen $b^x \to 0$ $(b > 0; b \neq 1)$ für $x \to -\infty$ bzw. wegen $b^{-x} \to 0$ für $x \to \infty$ hat das Schaubild von f mit $f(x) = a \cdot b^x + mx + c$ bzw. $f(x) = a \cdot b^{-x} + mx + c$ die **schiefe Asymptote** mit
der Gleichung $y = mx + c$.

Für m = 0: Das Schaubild von f mit $f(x) = a \cdot b^x + c$ bzw. $f(x) = a \cdot b^{-x} + c$ hat die
waagrechte Asymptote mit der Gleichung $y = c$.

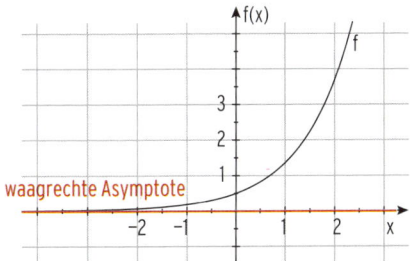

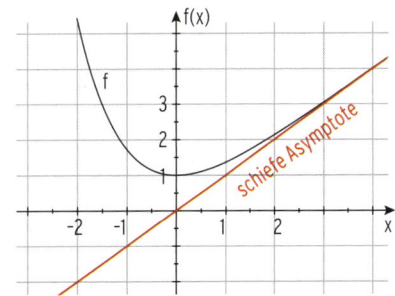

Aufgaben

1 Bestimmen Sie die Anzahl der Reiskörner
auf dem 64. Feld eines Schachbretts, wenn man
auf das 1. Feld ein Reiskorn, auf das
2. Feld zwei, auf das 3. Feld vier, auf das 4. Feld acht
Reiskörner usw. legt.
Vergleichen Sie Ihr Ergebnis mit der Weltjahres-
produktion von Reis.

2 Die Funktion f ist gegeben durch $f(x) = 3^x$.
Durch Abbildung des Graphen von f entsteht der
Graph der Funktion g mit $g(x) = a \cdot 3^{x-b} + c$.
Bestimmen Sie a, b und c, wenn es sich um eine

a) Verschiebung um 2 nach oben,

b) Spiegelung an der Abszissenachse,

c) Streckung in Ordinatenrichtung mit dem Faktor 0,5 und eine Verschiebung um 6 nach
unten,

d) Verschiebung um 1 nach rechts handelt.
Beschreiben Sie eine gemeinsame Eigenschaft aller Kurven.

3 Die Abbildung zeigt Ausschnitte aus den
Schaubildern der Funktionen
f_1 mit $f_1(x) = 3^{0,5x} - 1$ und
f_2 mit $f_2(x) = 3^{0,5x-1}$; $x \in \mathbb{R}$.
Ordnen Sie jedem Schaubild einen Funktionsterm zu und begründen Sie Ihre Entscheidung.

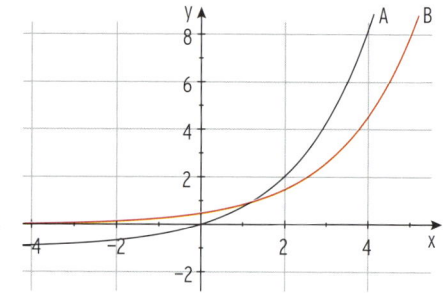

4 Frieder lässt einen Ball aus 2 m Höhe auf einen festen Boden fallen.
Der Ball springt nach jedem Aufprall jeweils auf 90 % der Höhe zurück, aus welcher er
gefallen ist. Berechnen Sie die Höhe des Balls nach dem 5. bzw. 8. Aufprall.
Geben Sie den Funktionsterm $f(n)$ an, der die Höhe nach dem n-ten Aufprall angibt.

5 Für $a > 0$ sind die Funktionen f mit $f(x) = a^x$; $x \in \mathbb{R}$, und g mit $g(x) = \frac{2}{a}x + 1$; $x \in \mathbb{R}$,
gegeben. Ermitteln Sie den Wert von a so, dass sich die Graphen von f und g
an der Stelle $x_1 = 1$ schneiden.

6 Gegeben ist die Funktion f mit $f(x) = 2^x$; $x \in \mathbb{R}$.
Durch Verschiebung des Graphen von f um 1 nach oben entsteht der Graph von g,
durch Verschiebung des Graphen von f um 1 nach links entsteht der Graph von h.
Skizzieren Sie die Graphen von f, g und h in ein Achsenkreuz.
Geben Sie die Funktionsterme von g und h an.
Ermitteln Sie den Schnittpunkt der Graphen von g und h.

7 Gegeben ist die Funktion f mit $f(x) = -2 \cdot 0,8^x$; $x \in \mathbb{R}$.

Skizzieren Sie den Graphen von f und beschreiben Sie seinen Verlauf.

Kennzeichnen Sie $f(-1)$. Berechnen Sie den Schnittpunkt des Graphen von f mit der Ordinatenachse.

Begründen Sie, warum der Graph von f keine gemeinsamen Punkte mit der Abszissenachse hat.

Nennen Sie einen Zusammenhang von $f(x)$ und $f(x+1)$.

Beschreiben Sie die Veränderung des Funktionswerts, wenn man x um 1 verkleinert.

8 Gegeben ist die Funktion f mit $f(x) = 2 - 3^{x-1}$; $x \in \mathbb{R}$.

Beschreiben Sie den Verlauf des Graphen von f.

Zeigen Sie, die Nullstelle von f liegt zwischen 1,63 und 1,64.

Lösen Sie die Gleichung $f(x) = 0,5$ mithilfe einer Zeichnung.

Erläutern Sie, wie der Graph von f aus dem Graphen von g mit $g(x) = 3^x$; $x \in \mathbb{R}$, entsteht.

9 Ordnen Sie jedem Graphen einen Funktionsterm zu:

$f_1(x) = 2^x$

$f_2(x) = 1,5^x$

$f_3(x) = -2^x$

$f_4(x) = 2^{-x}$

Begründen Sie Ihre Wahl.

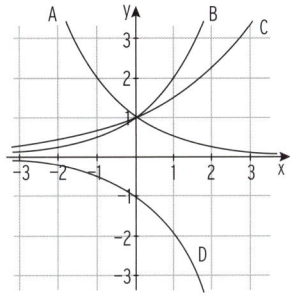

10 Die Schaubilder gehören zu einer Funktion vom Typ $f(x) = a \cdot 1,8^x + b$.

Bestimmen Sie a und b und begründen Sie Ihre Wahl.

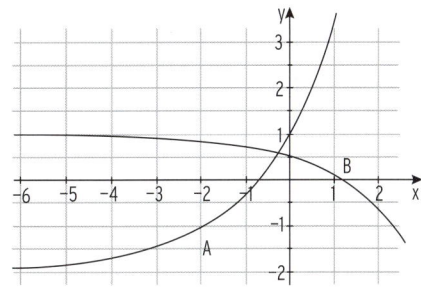

11 Jedes Schaubild gehört zu einer der Funktionen f_1 bis f_6.

Ordnen Sie zu und begründen Sie Ihre Wahl.

$f_1(x) = 0,5 \cdot 2^x - 2$ $f_2(x) = 3 - 2^{x-1}$ $f_3(x) = 0,5x + 3^{-x}$

$f_4(x) = 0,75(2^{-x} - 1)$ $f_5(x) = 0,5^x + 2$ $f_6(x) = 2^x - x - 1$

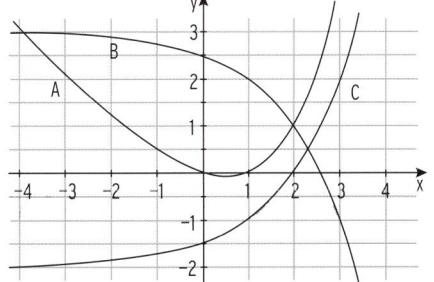

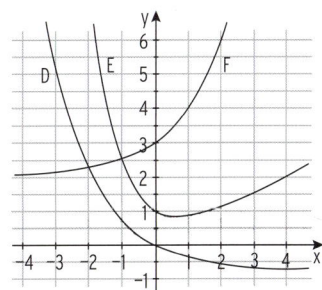

4 Anwendungsorientierte Aufgaben

Exponentielles Wachstum

Beispiel 1

⮕ Auf einem Konto sind 1 000,00 €
fest angelegt.
Der jährliche Zinssatz beträgt 8 %.

a) Geben Sie das Kapital in Abhängigkeit
von der Zeit t in Jahren an.

b) Berechnen Sie die Zeit, nach der sich
das Kapital auf 1 400,00 € erhöht hat.

c) Ermitteln Sie die Anzahl der Jahre,
nach denen sich das Kapital verdoppelt
hat.

Lösung

a) Kapital nach t Jahren (mit Zins und Zinseszins) $f(t) = 1000 \cdot 1{,}08^t$

Dieses **exponentielle Wachstum** wird mit der **Exponentialfunktion** f mit
$f(t) = 1000 \cdot 1{,}08^t$; t in Jahren, beschrieben.

Zum Zeitpunkt t = 0 ergibt sich für das Kapital: $f(0) = 1000$ **(Anfangsbestand).**

Hinweis: Das Kapital vermehrt sich mit dem **Wachstumsfaktor** 1,08.

$f(t) = 1000 \cdot 1{,}08^t$ bezeichnet man als **Wachstumsgleichung.**

b) Bedingung für t: $f(t) = 1\,400$ $1000 \cdot 1{,}08^t = 1400$

Gesuchter t-Wert $t \approx 4{,}4$ (CAS)

Ergebnis: Nach ungefähr 4,4 Jahren hat man 1 400,00 € auf dem Konto.

c) Bed. für die **Verdoppelungszeit:** $f(t) = 2 \cdot f(0)$

$$2000 = 1000 \cdot 1{,}08^t$$

$$2 = 1{,}08^t$$

CAS: $t \approx 9{,}0$

Die **Verdoppelungszeit** wird mit t_V bezeichnet und beträgt 9 Jahre.

Beachten Sie

Prozesse **exponentiellen Wachstums** können mit einer Exponentialfunktion beschrieben werden: $f(t) = a \cdot b^t$; $t \geq 0$

$b > 0$ ist der Wachstumsfaktor; $a = f(0)$ ist der Anfangsbestand.

Die **Verdoppelungszeit t_V** ist die Zeit, in der sich der Bestand **verdoppelt.**

t_V ist unabhängig vom Anfangswert.

Beispiel 2

→ Die Anzahl der Bakterien einer Kultur wurde
im Laufe von 5 Wochen gemessen:

t (in Wochen)	0	1	2	3	4	5
Bestand f(t)	825	968	1 135	1 333	1 564	1 836

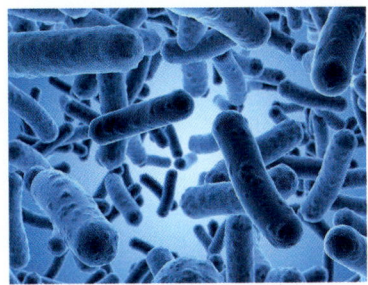

a) Begründen Sie die Annahme, dass f(t) ungefähr
exponentiell zunimmt.
Bestimmen Sie das Wachstumsgesetz.

b) Berechnen Sie den voraussichtlichen Bestand nach den ersten 10 Wochen.
Ermitteln Sie die Verdoppelungszeit.

Lösung

a) **Exponentielles Wachstum** liegt vor, wenn die Anzahl der Individuen in einer Woche
stets mit dem gleichen Faktor wächst.

$\frac{f(1)}{f(0)} \approx 1{,}173$; $\frac{f(2)}{f(1)} \approx 1{,}173$; $\frac{f(3)}{f(2)} \approx 1{,}174$ $\Rightarrow$ $\frac{f(t+1)}{f(t)} \approx 1{,}174$

Der **Wachstumsfaktor** beträgt also etwa 1,174.
Die Anzahl der Individuen nimmt in einer Woche um 17,4 % des letzten Bestandes zu
(Bestand zu Wochenbeginn).

Wachstumsgesetz $\qquad\qquad$ $f(t) = 825 \cdot 1{,}174^t$

b) **Bestand nach 10 Wochen:**

$f(10) = 825 \cdot 1{,}174^{10} \approx 4\,103{,}3$
Nach 10 Wochen sind etwa 4 103 Individuen
vorhanden.

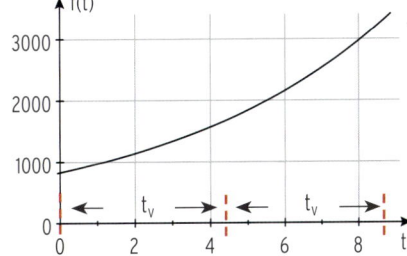

Verdoppelungszeit:
Bedingung: $\qquad$ $f(t) = 2 \cdot f(0)$
$\qquad\qquad\quad$ $825 \cdot 1{,}174^t = 2 \cdot 825$
$\qquad\qquad\quad$ $1{,}174^t = 2$

Mit CAS: $\qquad$ $t \approx 4{,}32$

Die **Verdoppelungszeit** t_V beträgt etwa 4,3 Wochen.

Beachten Sie

Exponentielles Wachstum bedeutet: $\frac{f(t+1)}{f(t)} = b$

Wachstum um den gleichen Faktor in der gleichen Zeiteinheit.

Beispiel 3

mvurl.de/p3jo

→ Ein Zerfallsprozess eines radioaktiven Präparats lässt sich beschreiben durch $f(t) = a \cdot b^t$; t in Tagen.

a) Ermitteln Sie a und b, wenn nach 5 Tagen noch 12 g, nach 10 Tagen noch 4,3 g vorhanden sind.

b) Ermitteln Sie die Anzahl der Tage, nach denen 90 % der ursprünglichen Masse des Präparats zerfallen sind.

c) Berechnen Sie die Halbwertszeit.

Lösung

a) Bestimmung von a und b durch **exponentielle Regression:**

1	5	12
2	10	4.3
		=ExpReg(
1	Titel	Exponen...
2	RegEqn	a*b^x
3	a	33.4884
4	b	0.814437
5	r²	1.

Mit CAS: $a \approx 33{,}488$; $b \approx 0{,}814$

Zerfallsgleichung: $f(t) = 33{,}488 \cdot 0{,}814^t$

Bemerkung: $b \approx 0{,}814 < 1$ ist der **Zerfallsfaktor,** $f(0) \approx 33{,}488$ ist der **Anfangsbestand.**

b) 90 % der ursprünglichen Masse des Präparats sind zerfallen, d. h., 10 % sind noch vorhanden.

Bedingung für t: $f(t) = 0{,}1 \cdot 33{,}488$ $33{,}488 \cdot 0{,}814^t = 3{,}3488$

Mit CAS: $t \approx 11{,}2$

Ergebnis: Nach etwa 11,2 Tagen sind 90 % der ursprünglichen Masse zerfallen.

c) **Halbwertszeit** ist die Zeit, in der sich die Masse einer radioaktiven Substanz auf die Hälfte des Anfangswertes $0{,}5 \cdot 33{,}488$ vermindert.

Bedingung: $f(t) = 0{,}5 \cdot 33{,}488$

$33{,}488 \cdot 0{,}814^t = 0{,}5 \cdot 33{,}488$

$0{,}814^t = 0{,}5$

Mit CAS: $t = t_H \approx 3{,}4$

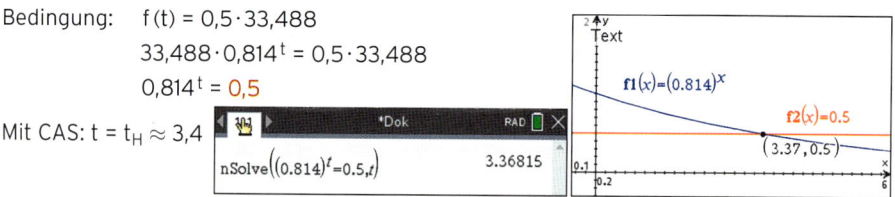

Die **Halbwertszeit** wird mit t_H bezeichnet und beträgt etwa 3,4 Tage.

Beachten Sie

Prozesse **exponentiellen Wachstums** und **Zerfalls** können mithilfe einer Exponentialfunktion beschrieben werden: $f(t) = f(0) \cdot b^t$; $t \geq 0$

$f(t)$ gibt den vorhandenen Bestand zum Zeitpunkt t an.

Dabei gilt: $f(0)$ ist der **Anfangsbestand**, b ist der **Wachstumsfaktor** (Zerfallsfaktor).

Für $b > 1$ beschreibt $f(t)$ Prozesse **exponentiellen Wachstums**,

für $0 < b < 1$ beschreibt $f(t)$ Prozesse **exponentiellen Zerfalls.**

Die **Halbwertszeit t_H** ist die Zeit, in der sich der Bestand **halbiert.**

t_H ist unabhängig vom Anfangswert.

Degressive Abschreibung

Beispiel

➲ Eine Anlage zum Anschaffungswert von 60000 € soll mit einem Prozentsatz
von 20 % degressiv abgeschrieben werden.

a) Berechnen Sie den Restbuchwert und den Abschreibungswert nach n Jahren.

b) Der Unternehmer wechselt zur linearen Abschreibung.
Berechnen Sie diesen Zeitpunkt, wenn die Nutzungsdauer 10 Jahre beträgt.

Lösung

a) Der Abschreibungssatz von 20 % bezieht sich auf den Buchwert B_0 = 60000 €.
Der **Buchwert nach 1 Jahr** beträgt: $\qquad B_1 = 60000 \cdot 0,8 = 48000$

Der **Buchwert nach 2 Jahren** beträgt: $\qquad B_2 = 48000 \cdot 0,8 = 38400$

Der Prozentsatz wird stets vom verbliebenen Restbuchwert abgeschrieben.

Der **Buchwert nach n Jahren** beträgt: $\qquad B_n = 60000 \cdot 0,8^n$

Der **Abschreibungswert a_n** ist jeweils 20 % des jeweiligen **Buchwertes.**

Damit gilt: $\qquad a_1 = 0,2 \cdot B_0 = 12000$

Abschreibungswert nach 2 Jahren: $\qquad a_2 = 0,2 \cdot B_1 = 0,2 \cdot 0,8 \cdot B_0$

Abschreibungswert a_n nach n Jahren:

$a_n = 0,2 \cdot B_{n-1}$

$\quad = 0,2 \cdot 0,8^{n-1} \cdot B_0$

$a_n = 0,8^{n-1} \cdot a_1 = 0,8^{n-1} \cdot 12000$

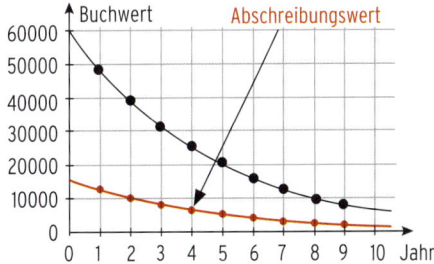

b) Nutzungsdauer 10 Jahre bedeutet: Die lineare Abschreibung beträgt 10 %.

Der **Buchwert nach n Jahren** beträgt
bei linearer Abschreibung: $\qquad B_{n,L} = 60000 - 6000n$
Grafische Darstellung
von linearer und degressiver Abschreibung:

Bedingung für den Wechselzeitpunkt:
$B_n = B_{n,L} \qquad 60000 \cdot 0,8^n = 60000 - 6000n$

Mit CAS: $t \approx 8,5$
In S stimmen der Buchwert bei linearer und
bei degressiver Abschreibung überein.
Der Unternehmer wechselt zu Beginn des
9. Abschreibungsjahres zur linearen Abschreibung (um den Buchwert 0 zu erreichen).

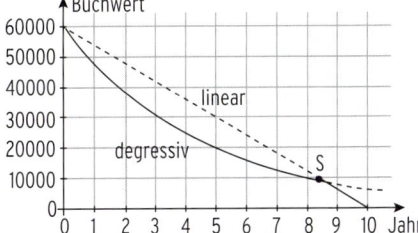

> ### Beachten Sie
>
> **Degressive Abschreibung** eines Wirtschaftsgutes mit den
> Anschaffungskosten B_0 und einem Abschreibungssatz von p %
>
> **Buchwert nach n Jahren** beträgt: $\qquad B_n = B_0 \cdot \left(1 - \frac{p}{100}\right)^n$
>
> **Abschreibungswert a_n** nach n Jahren: $\qquad a_n = \frac{p}{100} \cdot \left(1 - \frac{p}{100}\right)^{n-1} \cdot B_0$

Aufgaben

1 Der jährliche Zinssatz beträgt 4,6 %.
Berechnen Sie den Prozentsatz, um den ein eingesetztes Kapital in 8 Jahren zunimmt.

2 Eine radioaktive Substanz zerfällt nach dem Gesetz $g(t) = g(0) \cdot 0{,}98^t$.
Dabei gibt $g(t)$ die Masse des Präparates in Gramm zum Zeitpunkt t (t in Tagen) nach
Beginn der Messung an.

a) Berechnen Sie die Masse zu Beginn der Messung (t = 0), wenn nach 20 Tagen noch 24 g
übrig sind. Geben Sie das Zerfallsgesetz an.
Kontrollergebnis: $g(t) = 33 \cdot 0{,}98^t$.

b) Bestimmen Sie den Zeitpunkt, ab dem nur noch 1 % der ursprünglichen Masse vorhanden
ist.

c) Berechnen Sie die tägliche Zerfallsrate in Prozent und die Halbwertszeit der radioaktiven
Substanz.

3 Die Wasserrose vermehrt sich auf einem See
mit 8 ha Größe. Die bedeckte Fläche nimmt
wöchentlich um 30 % zu.
Anfangs sind 150 m² der Oberfläche bedeckt.
Beschreiben Sie die Situation.

4 Ein Auto verliert pro Jahr 20 % an Wert.

a) Ermitteln Sie den Zeitraum, indem der Wert auf die Hälfte des Neuwagenpreises sinkt.

b) Nach sechs Jahren hat das Auto noch einen Wert von 30 % des Neuwertes.
Überprüfen Sie diese Behauptung.

c) Berechnen Sie den jährlichen Wertverlust der ersten drei Jahre, jeweils bezogen
auf den Neuwert.

5 Der Tabelle kann man die Bevölkerungsentwicklung eines Landes für den Zeitraum
von 30 Jahren entnehmen (Angabe in Millionen).

Zeit t in Jahren	0	10	20	30
Anzahl N in Millionen	3,9	5,3	7,2	9,78

Bei einer Bevölkerungszahl von über 13 Millionen droht Wasserknappheit.
Modellieren Sie die Bevölkerungsentwicklung. Bewerten Sie Ihr Modell.

6 Ein Wetterballon misst während seines Aufstieges
den Luftdruck p in hPa (Hektopascal).
Die Tabelle zeigt den Zusammenhang zwischen der
Höhe h (über NN) und dem Luftdruck p.

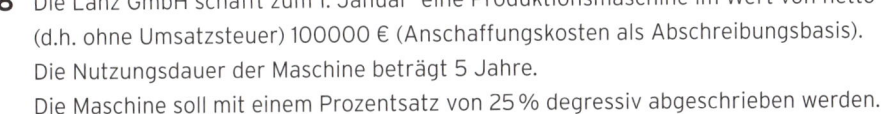

h in m	0	500	1000	2000
p in hPa	1016	953	895	787

a) Begründen Sie die Annahme, dass p ungefähr exponentiell abnimmt.
Bestimmen Sie das Abnahmegesetz.

b) Berechnen Sie die beim Luftdruck 500 hPa erreichte Höhe.

7 Zur Untersuchung eines Organs werden dem Patienten 59 mg eines Farbstoffes gespritzt.
Der gesunde Körper baut pro Minute 4 % des Momentanbestandes ab.
Ein Patient hat nach 20 Minuten noch 30 mg Farbstoff im Blut.
Überprüfen Sie, ob dieser Patient gesund ist.

8 Die Lanz GmbH schafft zum 1. Januar eine Produktionsmaschine im Wert von netto
(d.h. ohne Umsatzsteuer) 100000 € (Anschaffungskosten als Abschreibungsbasis).
Die Nutzungsdauer der Maschine beträgt 5 Jahre.
Die Maschine soll mit einem Prozentsatz von 25 % degressiv abgeschrieben werden.

a) Berechnen Sie den Restbuchwert und den Abschreibungswert für die ersten 5 Jahre.

b) Die Unternehmung wechselt zur linearen Abschreibung. Berechnen Sie diesen Zeitpunkt.

9 Das Unternehmen kauft eine Maschine für 21000 € (netto, ohne USt).
Berechnen Sie den Restbuchwert nach 7 Jahren bei einem Abschreibungssatz von $\frac{2}{7}$ bei
degressiver Abschreibung.

10 Eine Anlage zum Anschaffungswert von 150000 € soll mit einem Prozentsatz von
20 % degressiv abgeschrieben werden. Der Gesetzgeber erlaubt einen Wechsel zur
linearen Abschreibung.
Bernhard behauptet, nach sieben Jahren ist dieser Wechsel bei einer Nutzungsdauer von
10 Jahren sinnvoll. Überprüfen Sie diese Behauptung.

Test zur Überprüfung Ihrer Grundkenntnisse

1 Bestimmen Sie den Funktionsterm von g. Der Graph von g entsteht aus dem Graphen von f mit $f(x) = 2^x + 1$ durch:

a) Streckung in Ordinatenrichtung mit Faktor 0,25

b) Verschiebung um 3 nach rechts

c) Spiegelung an der Abszissenachse und Verschiebung in Ordinatenrichtung um − 5.

2 Der Graph von g mit $g(x) = a \cdot 2^{-x} + b$ verläuft durch die Punkte A (0|4) und B (1|2). Bestimmen Sie a und b.

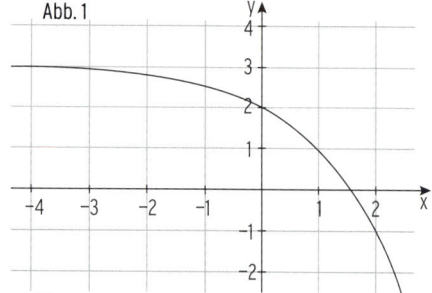

Abb. 1

3 Die Abb. 1 zeigt das Schaubild einer Funktion, die zum Typ $f(x) = a \cdot b^x + c$ gehört. Machen Sie Aussagen über a, b und c.

4 Die Funktion f ist gegeben durch $f(x) = 3^{1-x} - x$; $x \in \mathbb{R}$.
Skizzieren Sie den Graphen von f. Geben Sie die Gleichung der Asymptote an.
Bestimmen Sie den Schnittpunkt des Graphen von f mit der Abszissenachse.

5 Gegeben ist die Exponentialfunktion f mit $f(x) = -\frac{1}{2} \cdot 4^x + 3$; $x \in \mathbb{R}$.

a) Beschreiben Sie den Verlauf des Graphen von f. Ermitteln Sie den Bereich, auf dem der Graph von f unterhalb der Abszissenachse verläuft.

b) Der Graph von f wird in Ordinatenrichtung verschoben, sodass der verschobene Graph die Abszissenachse in 2 schneidet. Bestimmen Sie einen möglichen Funktionsterm.

c) Der Graph von f wird um 2 nach rechts verschoben und mit dem Faktor 2 in Ordinatenrichtung gestreckt. Dadurch entsteht der Graph von g.
Bestimmen Sie den Schnittpunkt des Graphen von g mit der Abszissenachse.

6 Am 01.01.2009 lebten etwa 6,8 Milliarden Menschen auf der Erde.
Bestimmen Sie das Jahr, in dem die Erdbevölkerung die 10-Milliarden-Grenze überschreitet, wenn ein jährliches Wachstum von 1,8 % unterstellt wird.
Nach Berechnungen der Vereinten Nationen sollen bis 2050 etwa 9,1 Milliarden auf der Erde leben.
Vergleichen Sie.

7 Ordnen Sie jedem Graphen einen der beiden Funktionstypen zu:
$f(x) = ax^2 + bx + c$
$g(x) = a \cdot b^x + cx + d$.
Begründen Sie Ihre Zuordnung.

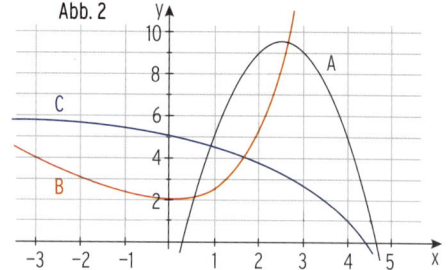

Abb. 2

IV Trigonometrische Funktionen

Lernsituation

Das Riesenrad in Wien hat einen Durchmesser von 61 Meter.
Die Gondel erreicht (mit Ihrer Aufhängung A) eine Höhe von 64,75 Meter.
Eine Umdrehung dauert etwa 300 Sekunden.

a) Bestimmen Sie die Entfernung von zwei nebeneinander hängenden Gondeln, wenn 15 Gondeln angebracht sind.
Ermitteln Sie die Länge der Strecke, die der Punkt A in einer Stunde zurücklegt.

b) Beschreiben Sie die Höhe des höchsten Punktes A im Verlauf einer Umdrehung.
Stellen Sie die Höhe von A in Abhängigkeit von der Zeit in einem geeigneten Koordinatensystem dar und geben Sie einen passenden Funktionsterm an.
Diskutieren Sie verschiedene Lösungswege.
Bestimmen Sie die Höhe des Punktes A nach einer Minute.

c) Jan behauptet, die Höhe des höchsten Punktes A im Verlauf einer Umdrehung kann durch eine ganzrationale Funktion beschrieben werden.
Diskutieren Sie diese Behauptung.

Qualifikationen & Kompetenzen

- Graphen von trigonometrischen Funktionen erkennen
- Realitätsbezogene Zusammenhänge mit trigonometrischen Funktionen beschreiben, darstellen und interpretieren
- Funktionsterme aufstellen
- Schnittpunkte bestimmen

1 Einführungsbeispiele

mvurl.de/mab9

Viele Vorgänge in der Natur laufen **periodisch** ab:

Wasserstand bei Ebbe und Flut, Lungenatmung, Schallwelle, Pendeluhr, Mondphasen.

Mithilfe von Messungen erhält man Daten. Durch deren Darstellung in einem rechtwinkligen Koordinatensystem erkennt man den periodischen Verlauf.

Beispiele

1) Die Tageslänge (Zeit zwischen Sonnenaufgang und Sonnenuntergang) ändert sich im Laufe eines Jahres. Am Diagramm erkennt man, dass sich dieser Ablauf jedes Jahr wiederholt. Die Funktion, die die Veränderung der Tageslänge beschreibt, hat die Periode ein Jahr.

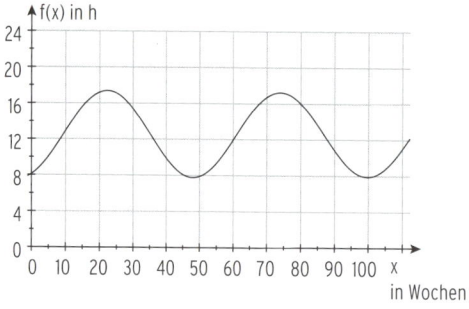

2) Die Gezeiten verhalten sich nahezu periodisch. Damit lässt sich der Wasserstand voraus-berechnen. Das Diagramm zeigt die Änderung des Wasserstands an der Nordsee für zwei Tage im März 2008.

Dabei ist x die Zeit in Stunden, x = 0 entspricht 0:30 Uhr am 9.03.2008, f(x) der Wasserstand in Meter über Seekartennull.

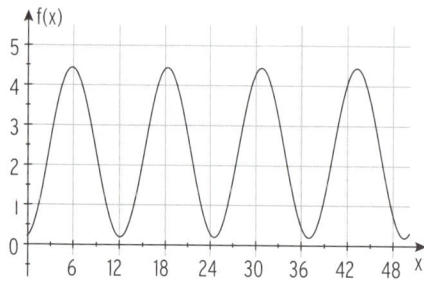

2 Definition der Winkelfunktionen

2.1 Definition der Winkelfunktionen für Winkel von 0° bis 90°

In der **Trigonometrie** beschäftigt man sich mit Dreiecken, insbesondere mit rechtwinkligen Dreiecken.

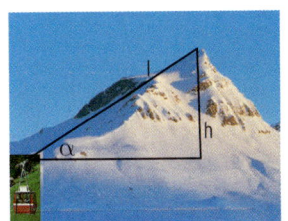

Im **rechtwinkligen Dreieck** nennt man die dem rechten Winkel gegenüberliegende Seite **Hypotenuse,** die anderen beiden Seiten heißen **Katheten.**
Die Kathete, die dem Winkel α anliegt, nennt man **Ankathete** von α, die dem Winkel α gegenüberliegende Seite nennt man **Gegenkathete** von α.

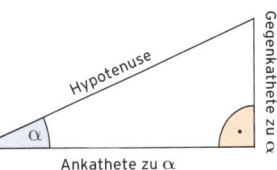

Rechtwinkliges Dreieck mit $\alpha = 36{,}9°$
Aus der Abbildung ersieht man, dass die **Verhältnisse** von Gegenkathete zu Hypotenuse im Dreieck ABC und im Dreieck AB'C' **gleich** sind: $\frac{3}{5} = \frac{6}{10}$.
Beide Dreiecke haben den gleichen Winkel α, der durch das **Verhältnis von Gegenkathete zu Hypotenuse** eindeutig festgelegt ist.

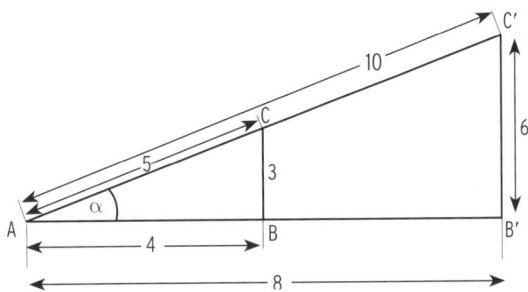

Dieses Verhältnis nennt man den **Sinus des Winkels** α: $\sin(\alpha) = \frac{3}{5} = \frac{6}{10}$

Auch das **Verhältnis von Ankathete zu Hypotenuse** legt den Winkel α fest, man nennt es den **Kosinus des Winkels** α: $\cos(\alpha) = \frac{4}{5} = \frac{8}{10}$

Das **Verhältnis von Gegenkathete zu Ankathete** nennt man den **Tangens des Winkels** α:
$\tan(\alpha) = \frac{3}{4} = \frac{6}{8}$

Definition der Winkelfunktionen

$\sin(\alpha) = \dfrac{\text{Gegenkathete von } \alpha}{\text{Hypotenuse}}$

$\cos(\alpha) = \dfrac{\text{Ankathete von } \alpha}{\text{Hypotenuse}}$

$\tan(\alpha) = \dfrac{\text{Gegenkathete von } \alpha}{\text{Ankathete von } \alpha}$

Beispiel

→ Bestimmen Sie aus einem Seitenverhältnis im rechtwinkligen Dreieck den zugehörigen Winkel. Erläutern Sie Ihre Vorgehensweise.

Lösung

Man legt die Spitze A des **rechtwinkligen Dreiecks** in den Ursprung eines rechtwinkligen Koordinatensystems.

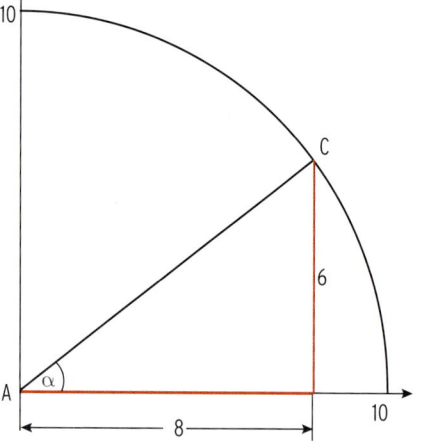

Legt man den Eckpunkt C auf einen Kreis mit Radius 10 LE (= Länge der Hypotenuse), erhält man ein Dreieck mit einem Winkel α von 0° bis 90° und jedem Seitenverhältnis ist eindeutig ein Winkel zugeordnet.

Dem Seitenverhältnis $\frac{\text{Gegenkathete}}{\text{Hypotenuse}} = \frac{6}{10}$ wird der Winkel 36,9° zugeordnet.

Aus $\sin(\alpha) = \frac{6}{10}$ ergibt sich $\alpha = 36{,}9°$.

Entsprechend erhält man für das Verhältnis $\frac{\text{Ankathete}}{\text{Hypotenuse}}$:

Aus $\cos(\alpha) = \frac{8}{10}$ ergibt sich $\alpha = 36{,}9°$.

Wählt man für die Länge der Hypotenuse eine Längeneinheit (1 LE), erhält man

$$\sin(\alpha) = \frac{0{,}6 \text{ LE}}{1 \text{ LE}} = 0{,}6.$$

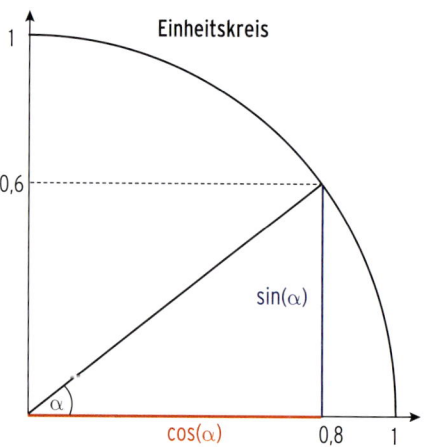

Einheitskreis

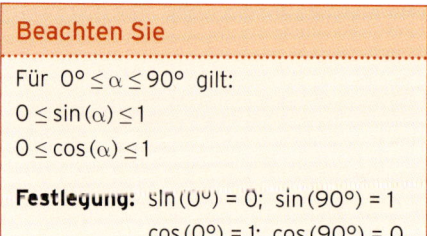

Beachten Sie

Für $0° \leq \alpha \leq 90°$ gilt:

$0 \leq \sin(\alpha) \leq 1$

$0 \leq \cos(\alpha) \leq 1$

Festlegung: $\sin(0°) = 0$; $\sin(90°) = 1$

$\cos(0°) = 1$; $\cos(90°) = 0$

Durch diese Vereinfachung kann man bei gegebenen Winkeln **sin(α)** als Maßzahl der Länge der **Gegenkathete,** **cos(α)** als Maßzahl der Länge der **Ankathete** ablesen.

2.2 Das Bogenmaß eines Winkels

Der Winkel α wird in der Einheit **Grad** angegeben, z. B. $\alpha = 45°$.
Ein anderes Winkelmaß ist das **Bogenmaß.**
Die Größe eines Winkels wird durch die **Länge** des
entsprechenden **Bogens im Einheitskreis** gemessen.
Man ordnet dem Winkel 360° den Umfang des Einheitskreises
$U = 2 \cdot \pi \cdot 1 = 2\pi$ zu, d.h., $360° \triangleq 2\pi = 6{,}28$ zu.

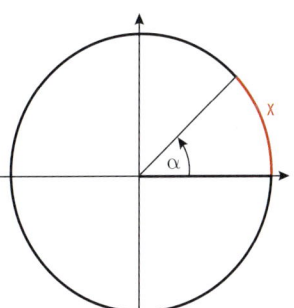

Beispiele für die Zuordnung von Winkel und Bogenlänge:

Winkel α in Grad	180°	90°	60°	45°	30°
Maßzahl der Bogenlänge x (x ist eine reelle Zahl)	$\pi = 3{,}14$	$\frac{\pi}{2} = 1{,}57$	$\frac{\pi}{3} = 1{,}05$	$\frac{\pi}{4} = 0{,}79$	$\frac{\pi}{6} = 0{,}52$

Beachten Sie

Jedem Winkel α lässt sich eindeutig eine reelle Zahl x (Bogenmaß) zuordnen.

Umrechnungsformel: $\frac{2\pi}{360°} = \frac{x}{\alpha}$ ergibt $x = \frac{\pi\alpha}{180°}$ oder $\alpha = \frac{x \cdot 180°}{\pi}$

Beispiele

Das Gradmaß $\alpha = 36{,}7°$ führt auf das Bogenmaß $x = \frac{36{,}7° \cdot \pi}{180°} = 0{,}64$.

Das Bogenmaß $x = \frac{\pi}{10}$ führt auf das Gradmaß $\alpha = \frac{\pi \cdot 180°}{10\pi} = 18°$.

Berechnung mit CAS (x im Bogenmaß):

sin (0,5) = 0,48   cos (0,5 π) = 0
sin (−2,5) = −0,60   cos (π) + 1 = 0

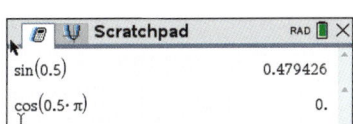

Hinweis: Ist der Winkel im − **Gradmaß (α)** gegeben, rechnet man im **Modus DEG,**
            − **Bogenmaß (x)** gegeben, rechnet man im **Modus RAD.**

Aufgaben

1 Bestimmen Sie.
a) sin (1,8)   **b)** cos (0,9)   **c)** sin (3,14)   **d)** cos (1,57)   **e)** sin (−1,57)

2 Bestimmen Sie den zugehörigen Winkel α bzw. das zugehörige Bogenmaß x.
a) x = 1,5   **b)** α = 45°   **c)** x = 3   **d)** α = 120°   **e)** x = −1

3 Übertragen Sie die Abbildung in
Ihr Heft.
Kennzeichnen Sie am Einheitskreis das Bogenmaß x, sin (x) und
cos (x).

a) 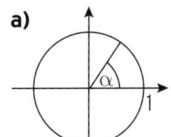   **b)** 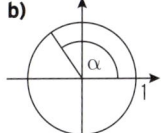   **c)**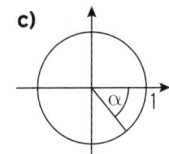

4 Schätzen Sie ab: sin (1,5°) und sin (1,5). Erklären Sie Ihr Ergebnis.

2.3 Definition der Sinus- und der Kosinusfunktion für $x \in \mathbb{R}$

a) Die Funktion f mit $f(x) = \sin(x)$; $x \in \mathbb{R}$, heißt **Sinusfunktion.**

Schaubild **(Sinuskurve)**

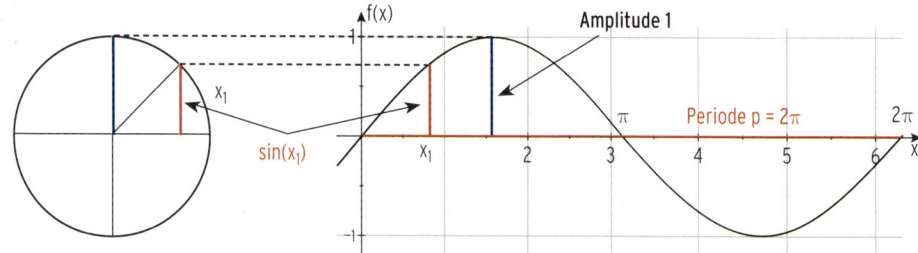

b) Die Funktion f mit $f(x) = \cos(x)$; $x \in \mathbb{R}$, heißt **Kosinusfunktion.**

Schaubild **(Kosinuskurve)**

Wertetabelle

(Schrittweite 1):

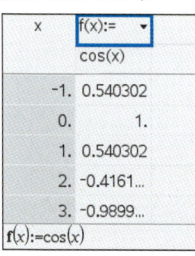

x	f(x):= cos(x)
-1.	0.540302
0.	1.
1.	0.540302
2.	-0.4161...
3.	-0.9899...

f(x):=cos(x)

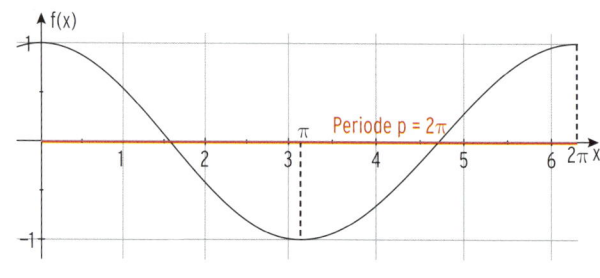

Beachten Sie die folgenden Eigenschaften von Sinus- und Kosinusfunktion

f mit $f(x) = \sin(x)$; $x \in \mathbb{R}$ bzw.   f mit $f(x) = \cos(x)$; $x \in \mathbb{R}$

1) **Wertebereich:** $W(f) = [-1; 1]$ d.h.: $-1 \leq \sin(x) \leq 1$ bzw. $-1 \leq \cos(x) \leq 1$

     Sinus- und Kosinusfunktion haben die **Amplitude 1.**

2) **Periodizität:** Wegen $\sin(x) = \sin(x \pm 2\pi)$ bzw. $\cos(x) = \cos(x \pm 2\pi)$ gilt:

     Sinus- und Kosinusfunktion haben die **Periode 2π.**

3) **Nullstellen** von f mit $f(x) = \sin(x)$; $x \in \mathbb{R}$

     Bedingung: $f(x) = 0$ $\sin(x) = 0$ für $x = 0$; $\pm\pi$; $\pm 2\pi$; ...

     Nullstellen der Sinusfunktion: $x_1 = 0$; $x_{2|3} = \pm\pi$; $x_{4|5} = \pm 2\pi$; ...

     allgemein: $x_k = k \cdot \pi$; $k \in \mathbb{Z}$

     Nullstellen von f mit $f(x) = \cos(x)$; $x \in \mathbb{R}$

     Bedingung: $f(x) = 0$ $\cos(x) = 0$ für $x = \pm\frac{\pi}{2}$; $\pm\frac{3}{2}\pi$; ...

     Nullstellen der Kosinusfunktion: $x_{1|2} = \pm\frac{\pi}{2}$; $x_{3|4} = \pm\frac{3}{2}\pi$; $x_{5|6} = \pm\frac{5}{2}\pi$; ...

     allgemein: $x_k = \frac{\pi}{2} + k \cdot \pi$; $k \in \mathbb{Z}$

3 Schaubilder von Trigonometrischen Funktionen

Funktionen der Form $f(x) = a \sin(x) + c$ **bzw.** $f(x) = a \cos(x) + c$

mvurl.de/67th

Beispiel 1

➲ Gegeben ist die Funktion f für $x \in \mathbb{R}$. Beschreiben Sie, wie der Graph von f aus der Sinuskurve bzw. der Kosinuskurve entsteht.
Bestimmen Sie die Amplitude, den Wertebereich von f und zeichnen Sie den Graphen.

a) $f(x) = 3 \sin(x)$ **b)** $f(x) = \cos(x) + 2$ **c)** $f(x) = 0,5 \sin(x) - 1$

Lösung

a) $f(x) = 3 \sin(x)$
Die Sinuskurve
wird mit Faktor 3 in y-Richtung gestreckt.
Amplitude (größter „Ausschlag") $a = 3$
Periode $p = 2\pi$
Wertebereich $W(f) = [-3; 3]$
Hinweis: Nullstellen von f: $x_k = k \cdot \pi$; $k \in \mathbb{Z}$

b) $f(x) = \cos(x) + 2$
Die Kosinuskurve wird um 2 nach
oben verschoben.
Amplitude $a = 1$; Periode $p = 2\pi$
Wertebereich: $W(f) = [1; 3]$
Hinweis: f hat keine Nullstelle, da
$-1 \le \cos(x) \le 1$.

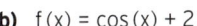

c) Die Sinuskurve wird mit Faktor 0,5 in
Ordinatenrichtung gestreckt: $g(x) = 0,5 \sin(x)$ mit Amplitude $a = 0,5$.
Der Graph von g mit $g(x) = 0,5 \sin(x)$ wird um 1 nach unten verschoben:
$f(x) = 0,5 \sin(x) - 1$ mit Amplitude $a = 0,5$; Periode $p = 2\pi$ und
Wertebereich $W(f) = \left[-\frac{3}{2}; -\frac{1}{2}\right]$;

Hinweis: g hat keine Nullstellen, da $-0,5 \le 0,5 \sin(x) \le 0,5$.

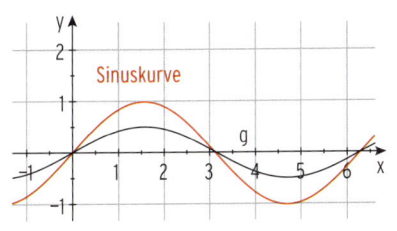

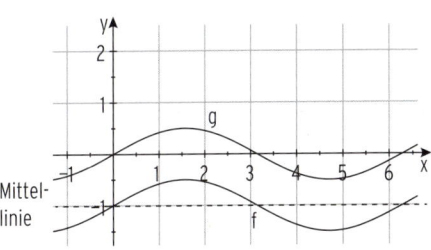

Beachten Sie

Die **Amplitude** ist die größte Auslenkung (von der Mittellinie).

Beispiel 2

➲ Gegeben ist die Funktion f für $x \in \mathbb{R}$.

Beschreiben Sie, wie der Graph von f aus der Sinuskurve bzw. der Kosinuskurve entsteht. Bestimmen Sie die Amplitude und den Wertebereich von f.

a) $f(x) = -2\sin(x)$ **b)** $f(x) = 2 + 3\cos(x)$

Lösung

a) $f(x) = -2\sin(x)$

Die Sinuskurve wird mit Faktor 2 in
Ordinatenrichtung gestreckt: $h(x) = 2\sin(x)$
Der Graph von h wird an der Abszissenachse
gespiegelt: $f(x) = -2\sin(x)$
$a = -2$, aber Amplitude $|a| = |-2| = 2$

Hinweis: Der Betrag von -2 ist die positive
Zahl 2.
Wertebereich von f: $W(f) = [-2; 2]$; Periode $p = 2\pi$
Hinweis: Nullstellen von f: $x_1 = 0$; $x_2 = \pm\pi$; $x_3 = \pm 2\pi$, also $x_k = k \cdot \pi$; $k \in \mathbb{Z}$

b) $f(x) = 2 + 3\cos(x)$

Die Kosinuskurve ($y = \cos(x)$) wird mit Faktor 3 in **Ordinatenrichtung gestreckt**:
$h(x) = 3\cos(x)$
Der Graph von h mit $h(x) = 3\cos(x)$ wird um 2 nach oben verschoben:
$f(x) = 3\cos(x) + 2$
Amplitude $|a| = 3$; Periode $p = 2\pi$
Wertebereich: $W(f) = [1; 5]$

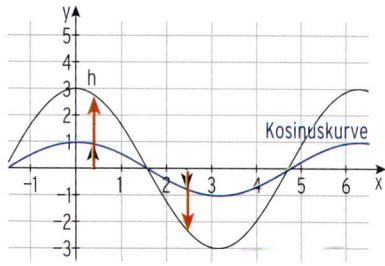

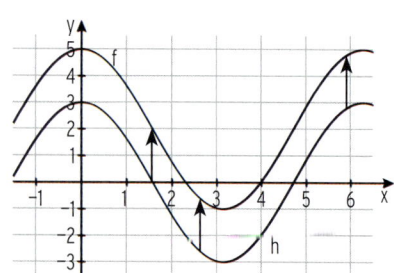

Beachten Sie

Der Graph von g entsteht aus dem Graphen von f mit $f(x) = \sin(x)$ bzw. $f(x) = \cos(x)$
durch

- **Spiegelung** an der Abszissenachse: $g(x) = -\sin(x)$ bzw. $g(x) = -\cos(x)$
- **Verschiebung** in Ordinatenrichtung: $g(x) = \sin(x) + c$ bzw. $g(x) = \cos(x) + c$
- **Streckung** in Ordinatenrichtung: $g(x) = a \cdot \sin(x)$ bzw. $g(x) = a \cdot \cos(x)$; $a > 0$.

Die trigonometrische Funktion f mit $f(x) = a \cdot \sin(x) + c$ bzw. $f(x) = a \cdot \cos(x) + c$; $a \neq 0$ hat
die **Amplitude** $|a|$ und die **Periode** $p = 2\pi$.

Beispiel 3

➲ Der Graph einer Funktion f mit $f(x) = -2\sin(x)$ entspricht keinem der dargestellten Schaubilder. Begründen Sie obige Aussage, indem Sie je eine Eigenschaft der Schaubilder nennen, die mit den Funktionseigenschaften nicht vereinbar ist.

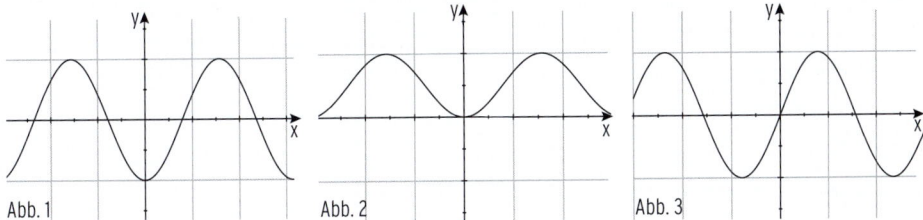

Abb. 1   Abb. 2   Abb. 3

Lösung

Eigenschaften von f: Der Graph von f schneidet die x-Achse im Ursprung O.

$\qquad$ f(x) wechselt in O das Vorzeichen von + nach −.

Schaubild 1 verläuft nicht durch den Koordinatenursprung.

Schaubild 2 berührt die x-Achse im Ursprung.

Schaubild 3: Die Ordinaten der Kurvenpunkte wechseln bei O das Vorzeichen von − nach +.

Beispiel 4

➲ Das Schaubild einer Funktion f mit $f(x) = a\cos(x) + c$ ist dargestellt.
   Bestimmen Sie den Funktionsterm aus der Abbildung.

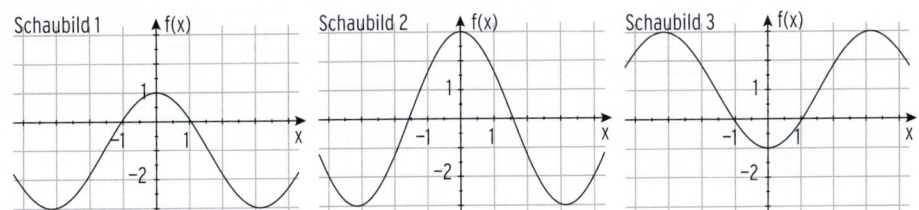

Lösung

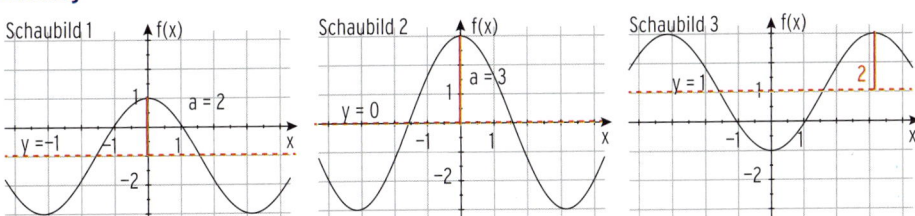

Alle Schaubilder haben die Periode $p = 2\pi$.

Mittellinie: $y = -1$ Mittellinie: $y = 0$ Mittellinie: $y = 1$

Amplitude: $a = 2$ Amplitude: $a = 3$ Amplitude: $|a| = 2$

$\qquad\qquad\qquad\qquad\qquad\qquad\qquad\qquad\qquad$ gespiegelt an der Abszissenachse

$f(x) = 2\cos(x) - 1$ $f(x) = 3\cos(x)$ $f(x) = -2\cos(x) + 1$

1 Gegeben ist die Funktion f mit $x \in \mathbb{R}$.
Zeichnen Sie den Graphen von f im angegebenen Intervall.
Bestimmen Sie die Amplitude und den Wertebereich von f.
Beschreiben Sie, wie der Graph von f aus der Sinuskurve bzw. Kosinuskurve entsteht.

a) $f(x) = 3\sin(x) + 1$; $D(f) = [-1; 7]$ **b)** $f(x) = -0,5\cos(x) + 2$; $D(f) = [-0,5; 2\pi]$

c) $f(x) = 4 - 2\cos(x)$; $D(f) = [-4; 4]$ **d)** $f(x) = 2\sin(x) - 1,5$; $D(f) = [-2; 6]$

2 Das Schaubild einer Funktion f mit $f(x) = a\sin(x) + b$ ist dargestellt.
Bestimmen Sie den Funktionsterm aus der Abbildung.

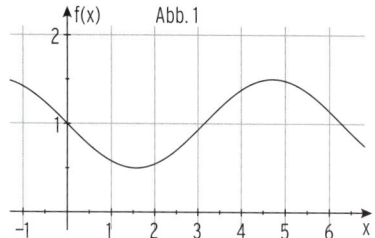
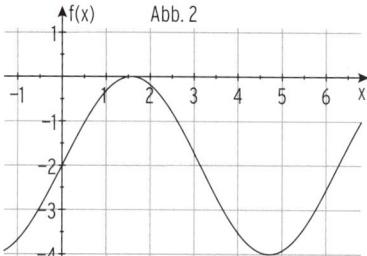

3 Das Schaubild einer Funktion f mit $f(x) = -2\cos(x)$ entspricht keinem der dargestellten Schaubilder.
Begründen Sie obige Aussage, indem Sie je eine Eigenschaft der Schaubilder nennen, die mit den Funktionseigenschaften von f nicht vereinbar ist.

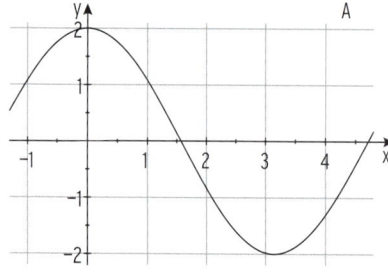
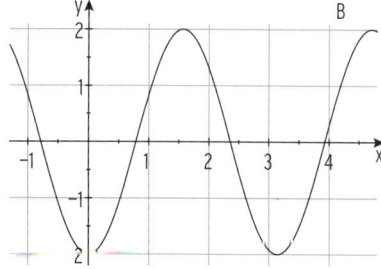
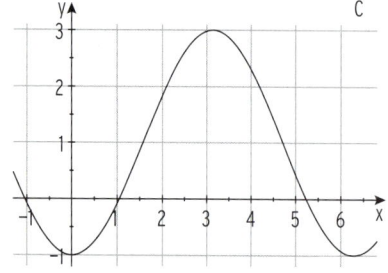
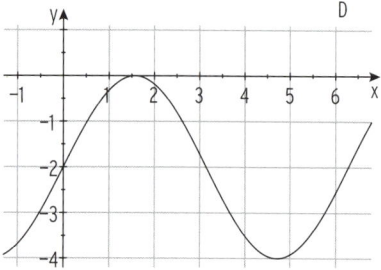

Funktionen der Form $f(x) = a\sin(bx) + c$ bzw. $f(x) = a\cos(bx) + c$

Beispiel 1

➲ Gegeben ist die Funktion f mit $x \in \mathbb{R}$.

Beschreiben Sie, wie der Graph von f aus der Sinuskurve bzw. Kosinuskurve entsteht.

a) $f(x) = \sin(2x)$ **b)** $f(x) = \cos(\pi x)$

mvurl.de/b247

Lösung

a)

	$y = \sin(x)$	$y = \sin(2x)$
Periode p	2π	π
Nullstellen	$0;\ \pi;\ 2\pi;\ \dots$	$0;\ \frac{\pi}{2};\ \pi;\ \dots$

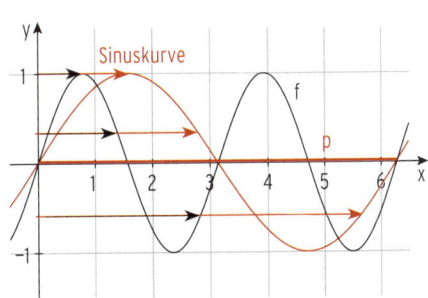

Die Periode hat sich **halbiert**.

Der Graph von f entsteht aus der Sinuskurve durch **Streckung in Abszissenrichtung mit Faktor $\frac{1}{2}$.**

Hinweis: Eine Periode ist der **Abstand** von einer Nullstelle bis zur übernächsten Nullstelle, wenn keine Verschiebung in Ordinatenrichtung vorliegt.

b)

	$y = \cos(x)$	$y = \cos(\pi x)$
Periode p	2π	$2 = \frac{2\pi}{\pi}$
Nullstellen	$\frac{\pi}{2};\ \frac{3}{2}\pi;\ \dots$	$\frac{1}{2};\ \frac{3}{2};\ \dots$

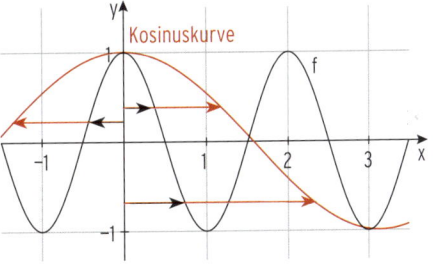

Die Periode hat sich mit dem Faktor $\frac{1}{\pi}$ verändert. Der Graph von f entsteht aus der Kosinuskurve durch **Streckung in Abszissenrichtung mit Faktor $\frac{1}{\pi}$.**

Hinweis: Eine Periode ist der **Abstand** der Abszissen (x-Werte) von zwei aufeinander folgenden „Hochpunkten" bzw. „Tiefpunkten".

Periode von f mit $f(x) = \mathbf{sin(bx)}$ bzw. f mit $f(x) = \mathbf{cos(bx)}$

Faktor b	1	2	0,5	3	π	4	allgemein: b
Periode p	2π	π	4π	$\frac{2}{3}\pi$	2	$\frac{\pi}{2}$	$\frac{2\pi}{b}$
Streckung der Sinuskurve bzw. der Kosinuskurve in Abszissenrichtung mit Faktor	1	$\frac{1}{2}$	2	$\frac{1}{3}$	$\frac{1}{\pi}$	$\frac{1}{4}$	$\frac{1}{b}$

Beachten Sie

Für die Periode p von f mit $f(x) = \sin(bx)$ bzw. f mit $f(x) = \cos(bx)$ gilt $\mathbf{p = \frac{2\pi}{b}}$.

Der Graph von f entsteht aus der Sinuskurve bzw. Kosinuskurve durch **Streckung in Abszissenrichtung** mit Faktor $\frac{1}{b}$ ($b > 0$).

Beispiel 2

➲ Gegeben ist die Funktion f mit $f(x) = \frac{1}{2} - \cos\left(\frac{x}{2}\right)$; $x \in \mathbb{R}$.

Bestimmen Sie Amplitude und Periode.

Beschreiben Sie, wie der Graph von f aus der Kosinuskurve entsteht.

Lösung

Der Graph von f hat die **Amplitude** $|a| = 1$ und ist **symmetrisch** zur Ordinatenachse;
f hat die **Periode** $p = \frac{2\pi}{\frac{1}{2}} = 4\pi$.

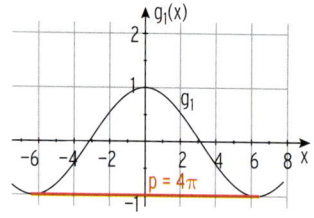 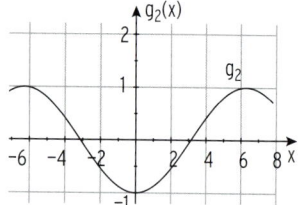 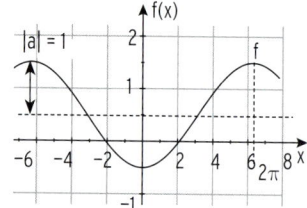

Der Graph von g mit $g(x) = \cos(x)$ wird in folgender Reihenfolge abgebildet:

1. in Abszissenrichtung mit Faktor 2 gestreckt $\left(g_1(x) = \cos\left(\frac{x}{2}\right)\right)$,

2. an der Abszissenachse gespiegelt $\left(g_2(x) = -\cos\left(\frac{x}{2}\right)\right)$

3. um $\frac{1}{2}$ nach oben verschoben $\left(g_3(x) = f(x) = \frac{1}{2} - \cos\left(\frac{x}{2}\right)\right)$.

Beispiel 3

Das gezeichnete Schaubild hat die Gleichung
$f(x) = a \sin(bx) + c$.
Bestimmen Sie a, b und c sowie die
Periodenlänge. Begründen Sie.

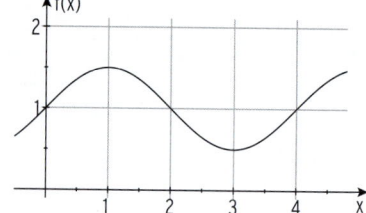

Lösung

Mittellinie (aus der Abbildung): c = 1

Amplitude (aus der Abbildung): a = 0,5

oder: Ordinatendifferenz von höchstem und
tiefstem Punkt:

Amplitude:

Periode:

Funktionsterm:

$$y_H - y_T = 1,5 - 0,5 = 1$$

$$a = \frac{y_H - y_T}{2} = 0,5$$

$$p = 4 = \frac{2\pi}{b} \;\Rightarrow\; b = \frac{\pi}{2}$$

$$f(x) = 0,5\sin\left(\frac{\pi}{2}x\right) + 1$$

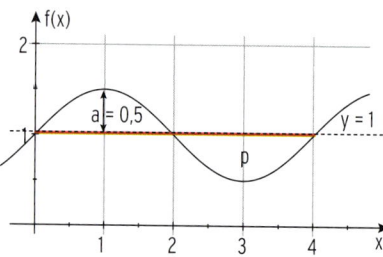

Beachten Sie

Die **Amplitude** ist die **halbe Differenz** der Ordinaten (y-Werte) des höchsten und des
tiefsten Punktes: $\frac{y_H - y_T}{2}$.

Aufgaben

1 Bestimmen Sie ohne Hilfsmittel.

a) $\sin(\pi)$ **b)** $\cos(-\pi)$ **c)** $\cos\left(\frac{3}{2}\pi\right)$ **d)** $\sin\left(-\frac{\pi}{2}\right)$

2 Bestimmen Sie die Amplitude, die Periode und die Gleichung der Mittellinie.

a) $f(x) = 3\sin(x)$ **b)** $f(x) = 2\cos(5x)$ **c)** $f(x) = -5\sin(2x) + 1$

d) $f(x) = 4\cos(\pi x) + 3$ **e)** $f(x) = 3 - 6\sin\left(\frac{x}{2}\right)$ **f)** $f(x) = -2\cos\left(\frac{\pi}{2}x\right) - 3$

3 Geben Sie den Term einer trigonometrischen Funktion an mit der Amplitude a und der Periode p.

a) $a = 3;\ p = \pi$ **b)** $a = 0,5;\ p = 6$ **c)** $a = 2,5;\ p = 3\pi$

4 Beschreiben Sie, wie der Graph von f aus der Sinus- bzw. der Kosinuskurve entsteht. Zeichnen Sie den Graphen von f im angegebenen Intervall. Bestimmen Sie die Perioden- länge und den Wertebereich.

a) $f(x) = 1 - 3\sin(\pi x);\ D(f) = [-1;\ 3]$ **b)** $f(x) = 2\cos(3x) + 1;\ D(f) = [0;\ \pi]$

5 Gegeben ist die Funktion f mit $f(x) = 1 - \frac{4}{5}\sin(2x);\ x \in \mathbb{R}$.

a) Zeigen Sie: Der Graph von f hat keinen gemeinsamen Punkt mit der Abszissenachse.

b) Verschieben Sie den Graphen von f so, dass die verschobene Kurve mindestens einen gemeinsamen Punkt mit der Abszissenachse hat.

c) Die Lösung von $1 - \frac{4}{5}\sin(2x) = x$ ist kleiner als 0,42. Überprüfen Sie.

Interpretieren Sie Ihr Ergebnis geometrisch.

6 Die Abbildung zeigt den Graphen einer Funktion der Form $f(x) = a\sin(0,5x) + c$. Bestimmen Sie a und c sowie die Periodenlänge. Begründen Sie.

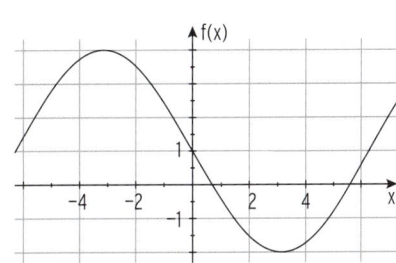

7 Das gezeichnete Schaubild ist der Graph einer Funktion f mit $f(x) = a\cos(bx) + c$. Bestimmen Sie a, b und c sowie die Periodenlänge. Begründen Sie.

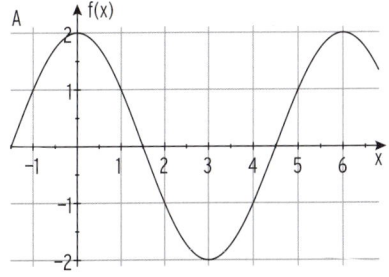 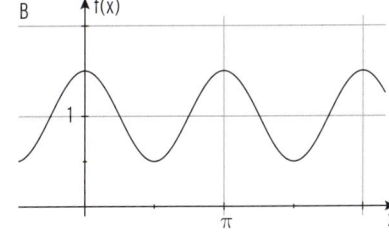

8 Beschreiben Sie, wie der Graph von g aus dem Graphen von f entsteht.

a) $f(x) = \cos(x)$; $g(x) = 3\cos(0{,}5\,x)$

b) $f(x) = \sin(x)$; $g(x) = -0{,}5\sin(2\,x) - 2$

c) $f(x) = 2\sin(3\,x)$; $g(x) = \sin(3\,x) - 1$

d) $f(x) = -\cos(4\,x)$; $g(x) = \cos(4\,x) + 5$

9 Entscheiden Sie, ob die gegebene Gleichung lösbar ist. Begründen Sie Ihr Ergebnis.

a) $\cos(3x) = 2$

b) $\cos(2x) = 3 + \sin(x)$

c) $2\sin(x) = 4 - 0{,}4\,x$

10 Ordnen Sie jeder Funktion den zugehörigen Graphen zu. Begründen Sie Ihre Wahl.

a) $f_1(x) = 2\cos(2\,x)$

b) $f_2(x) = -1{,}5\cos(2\,x)$

c) $f_3(x) = 2\cos\left(\dfrac{2\pi}{3}\,x\right)$

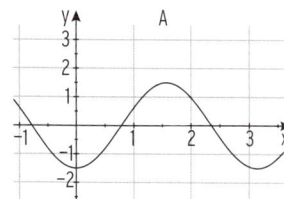 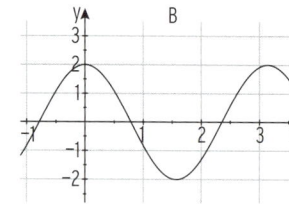 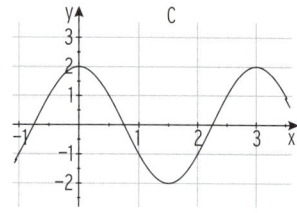

11 Keines der abgebildeten Schaubilder ist der Graph der Funktion f mit $f(x) = 2\sin(2\,x) - 1$. Begründen Sie an jeweils einer Eigenschaft.

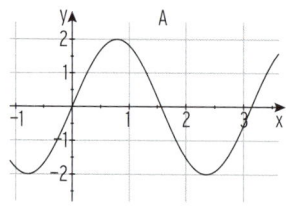 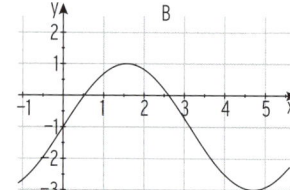 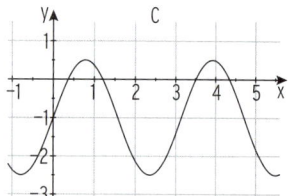

12 Bestimmen Sie einen passenden Funktionsterm.

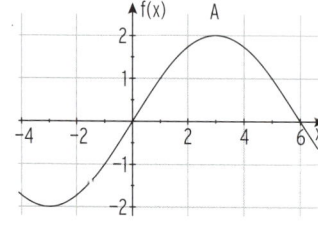 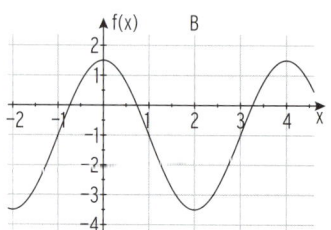

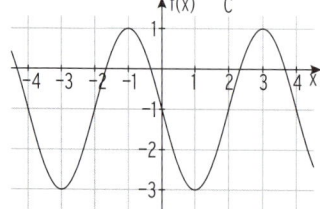 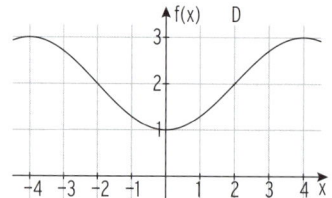

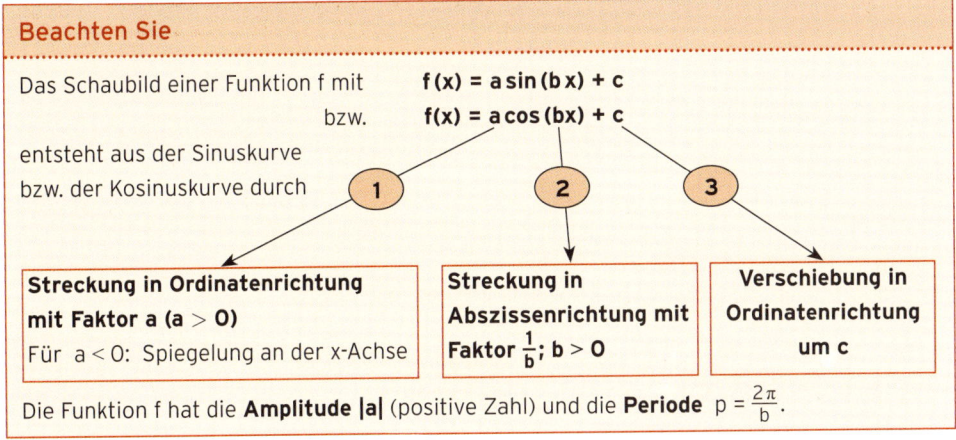

Beachten Sie

Das Schaubild einer Funktion f mit $\;\;\;\;$ **f(x) = a sin(bx) + c**

$\;\;\;\;\;\;\;\;\;\;\;\;\;$ bzw. $\;\;\;\;\;\;\;\;\;\;\;\;\;$ **f(x) = a cos(bx) + c**

entsteht aus der Sinuskurve
bzw. der Kosinuskurve durch $\;\;$ **1** $\;\;\;\;\;\;$ **2** $\;\;\;\;\;\;$ **3**

Streckung in Ordinatenrichtung mit Faktor a (a > 0) Für $a < 0$: Spiegelung an der x-Achse	**Streckung in Abszissenrichtung mit Faktor $\frac{1}{b}$; b > 0**	**Verschiebung in Ordinatenrichtung um c**

Die Funktion f hat die **Amplitude |a|** (positive Zahl) und die **Periode** $p = \frac{2\pi}{b}$.

Beispiel

$f(x) = 2\sin(\pi x) + 1$, dabei ist $a = 2$, $b = \pi$ und $c = 1$.

Sinuskurve

Zu

a = 2

Streckung der Sinuskurve in Ordinatenrichtung

mit Faktor $a = 2$ ergibt den Graphen von g

mit $g(x) = 2\sin(x)$.

Zu 2

b = π

Streckung des Graphen von g mit $g(x) = 2\sin(x)$ **in**

Abszissenrichtung mit Faktor $\frac{1}{b} = \frac{1}{\pi}$ ergibt den

Graphen von h mit $h(x) = 2\sin(\pi x)$.

h hat die **Periode** $p = \frac{2\pi}{b} = 2$.

Zu

c = 1

Verschiebung des Graphen von h mit $h(x) = 2\sin(\pi x)$

in Ordinatenrichtung um c (1 nach oben) ergibt den

Graphen von f mit $f(x) = 2\sin(\pi x) + 1$

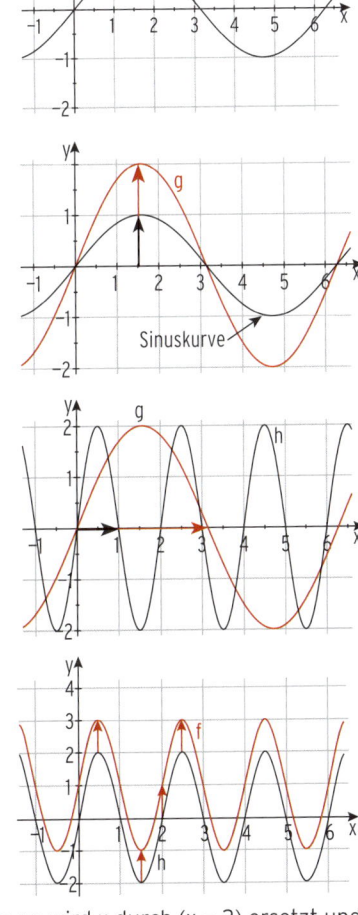

Hinweis: Verschiebt man die Sinuskurve um 2 nach rechts, so wird x durch $(x - 2)$ ersetzt und
man erhält den Graphen von f mit $f(x) = \sin(x - 2)$.

1 Beschreiben Sie die Eigenschaften der Funktion f und ihres Schaubildes (Periode, Amplitude, Wertebereich, Symmetrie). Skizzieren Sie das Schaubild von f.

a) $f(x) = \frac{1}{2}\sin\left(\frac{\pi}{4}x\right)$ **b)** $f(x) = 2 - 2\cos\left(\frac{3}{2}x\right)$ **c)** $f(x) = -3\sin\left(\frac{2}{3}x\right)$

2 Gegeben ist die Funktion f mit $f(x) = \cos(2x) + 1$; $x \in [-2; 5]$.
Zeigen Sie, dass f in $x = \frac{\pi}{2}$ eine Nullstelle hat.
Bestimmen Sie die weiteren Nullstellen im Definitionsbereich.

3 Bestimmen Sie mithilfe der Periode die exakten Nullstellen von f bzw. g im gezeichneten Bereich. Geben Sie einen möglichen Funktionsterm an.

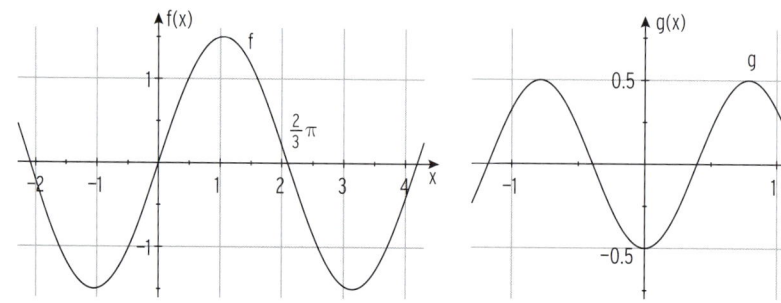

4 Eine trigonometrische Funktion f hat die Periode p = 6. Ihr Graph verläuft durch den Ursprung. Der Wertebereich ist das Intervall $[-5; 5]$.
Bestimmen Sie einen möglichen Funktionsterm und geben Sie zwei Nullstellen von f an.

5 Zu jedem der Schaubilder gehört eine der Funktionen f, g und h.
Treffen Sie eine Zuordnung und begründen Sie diese.
Bestimmen Sie a, b, c und d.

$f(x) = 1 - 1{,}5\sin(ax)$; $\qquad g(x) = b\sin(2x) + c$; $\qquad h(x) = 2\cos\left(\frac{2}{3}x\right) + d$

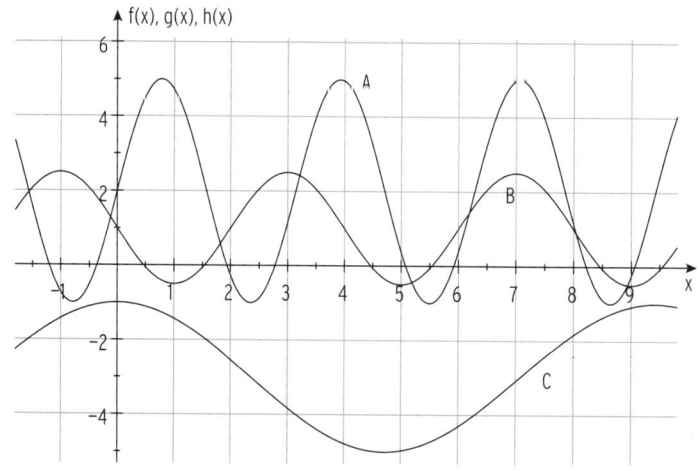

Was man wissen sollte – über trigonometrische Funktionen

Definition: Die Funktion f mit

f(x) = sin(x); $x \in \mathbb{R}$, heißt Sinusfunktion.

Beachten Sie:

$\sin(0) = 0$

$-1 \leq \sin(x) \leq 1$

Periode $p = 2\pi$

Nullstellen:

$\sin(x) = 0 \Leftrightarrow x = 0; \pm\pi; \pm 2\pi; \pm 3\pi; \ldots$

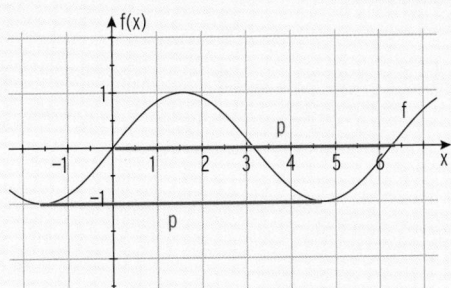

Definition: Die Funktion f mit

f(x) = cos(x); $x \in \mathbb{R}$, heißt Kosinusfunktion.

Beachten Sie:

$\cos(0) = 1$ $\qquad -1 \leq \cos(x) \leq 1$

Periode $p = 2\pi$

Nullstellen:

$\cos(x) = 0 \Leftrightarrow x = \pm\frac{1}{2}\pi; \pm\frac{3}{2}\pi; \pm\frac{5}{2}\pi; \ldots$

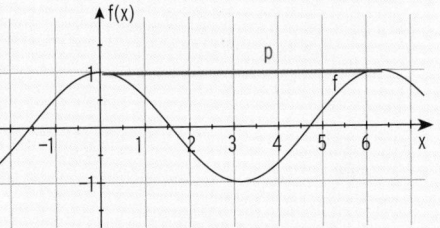

Das Schaubild einer Funktion f mit

f(x) = a sin(bx) + c bzw.

f(x) = a cos(bx) + c

hat die **Amplitude |a|** (positiver Wert)

und die **Periode** $p = \frac{2\pi}{b}$; $b > 0$

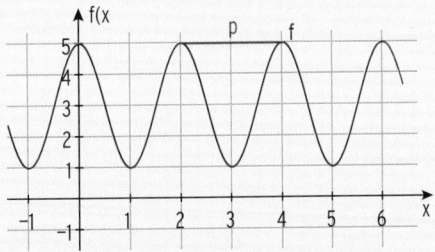

$a = 2$; $b = \pi$, $c = 3$: $f(x) = 2\cos(\pi x) + 3$

Es entsteht aus der Sinus- (Kosinus-) kurve durch: **Streckung in Ordinatenrichtung mit Faktor a (a > 0)**

(Für a < 0: zusätzlich eine Spiegelung an der Abszissenachse)

Streckung in Abszissenrichtung mit Faktor $\frac{1}{b}$

Verschiebung in Ordinatenrichtung um c

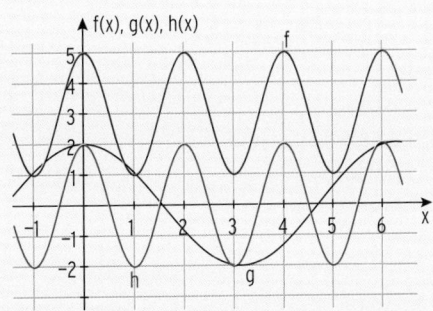

$g(x) = 2\cos(x)$; $h(x) = 2\cos(\pi x)$; $f(x) = 2\cos(\pi x) + 3$

Hinweis: Verschiebt man die Sinuskurve um d in Abszissenrichtung, so erhält man den Graphen von f mit $f(x) = \sin(x - d)$.

4 Anwendungsorientierte Aufgaben

Beispiel

⮕ Die Pegelstände der Argen in Wangen während des Hochwassers im Dezember 2017 können näherungsweise durch eine trigonometrische Funktion f beschrieben werden. Auf den Höchststand von 2,52 Meter am 24. 12. um 8:00 Uhr folgte der nächste Tiefststand von 1,84 Meter am 25. 12. um 14:00 Uhr. Weitere Regenfälle lassen die Argen auf den neuen Höchststand von 2,53 Meter am 26. 12. um 20.00 Uhr ansteigen.

Skizzieren Sie den Verlauf der Pegelstände im angegebenen Zeitraum.

Ermitteln Sie den Term einer geeigneten Funktion f.

Bestimmen Sie den Pegelstand der Argen in Wangen am 26. 12. um 12:00 Uhr.

Lösung

Wir setzen: t in Stunden

t = 0 entspricht 8:00 Uhr am 24. Mai

Ansatz: $f(t) = a \cos(kt) + b$

Der Zeitraum von 8:00 Uhr (Höchststand) bis 14:00 Uhr am nächsten Tag (Tiefststand), beträgt 30 Stunden. Weitere 30 Stunden später gibt es wieder einen etwa gleichen Höchststand. 30 Stunden entspricht einer halben Periode, also Periode p = 60 (Stunden).

Aus der Periode p folgt: $p = \frac{2\pi}{k} = 60 \Rightarrow k = \frac{\pi}{30}$

Amplitude: $a = 0,5 \, (y_{max} - y_{min})$

Einsetzen ergibt: $a = 0,5 \, (2,52 - 1,84) = 0,34$

Wegen $f(0) = 2,52$ und $\cos(0) = 1$ muss die Kurve mit $y = 0,34 \cos\left(\frac{\pi}{30} \cdot t\right)$ um 2,18 nach oben verschoben werden.

Funktionsterm: $f(t) = 0,34 \cos\left(\frac{\pi}{30} \cdot t\right) + 2,18$

Pegelstand am 26. Mai um 12:00 Uhr: $f(52) \approx 2,41$

Der Pegelstand am 26. Mai um 12:00 Uhr betrug 2,41 Meter.

Aufgaben

1 Im Verlauf eines Jahres ändert sich die Tageslänge,
d.h. die Zeitdauer, während der die Sonne über dem
Horizont steht. Für die Stadt Oslo kann sie näherungsweise durch eine Funktion f mit $f(t) = 12 - 6\cos(\frac{\pi}{6}t)$
beschrieben werden. Dabei ist t die Zeit in Monaten
seit Jahresbeginn und f(t) die Tageslänge in Stunden.

a) Bestimmen Sie die Tageslänge Ende Juli.

b) Ermitteln Sie die kleinste und der größte Tageslänge
und geben Sie jeweils den zugehörigen Zeitpunkt an.

c) Bestimmen Sie einen Zeitpunkt, in dem ein Tag 15 Stunden lang ist.

2 In Stockholm schwankt die Tageslänge zwischen 18,5 Stunden am 21. Juni und 5,5 Stunden sechs Monate später. Die Tageslänge soll durch eine Funktion T mit $T(t) = a + b\sin(\frac{\pi}{6}t)$
(t in Monaten ab dem 21. März) beschrieben werden. Bestimmen Sie a und b.

3 Ein Riesenrad mit Durchmesser d macht
in der Zeit t_1 eine ganze Umdrehung.
Die Abb. beschreibt den Zusammenhang
zwischen der Höhe der Gondel über Grund
in m und der Zeit t in s. Der Boden des
Riesenrades liegt ein Meter über Grund.
Bestimmen Sie d, t_1 und den zugehörigen
Funktionsterm. Wählen Sie den Ansatz:
$f(t) = a \cdot \cos(kt) + b$.

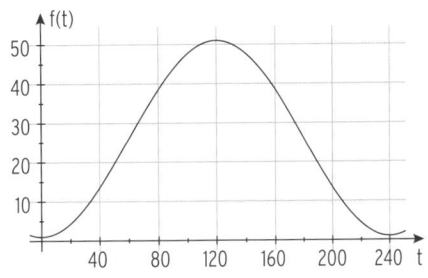

4 Die Abb. zeigt die monatlichen Verkaufs-
zahlen eines Produktes.
Nennen Sie besondere Punkte und Bereiche
des Schaubildes und ihre Bedeutung für das
Unternehmen.
Beschreiben Sie die Art des verkauften
Produkts.
Beurteilen Sie die weitere Entwicklung der
Verkaufszahlen.

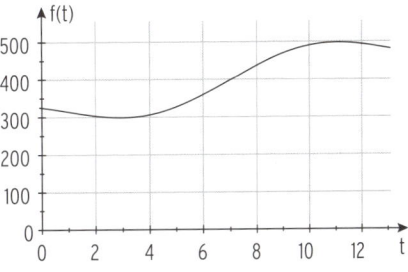

5 Ein Skihändler legt der Preisgestaltung für ein Paar Skier folgendes Modell zugrunde:
$f(t) = 50\cos\left(\frac{\pi}{180} \cdot t\right) + 200; \ 1 \le t \le 360$.
Dabei steht t für den einzelnen Tag im laufenden Jahr, t = 1 entspricht also dem 1. Januar.
f(t) gibt den Preis für ein Paar Skier in € an.
Es wird davon ausgegangen, dass jeder Monat 30 Tage hat.
Skizzieren Sie den Preisverlauf für ein Paar Skier während eines Jahres.
Berechnen Sie, wann der Preis am niedrigsten ist.
Ermitteln Sie die Schwankungsbreite der Preise.
Besimmen Sie die Monate, in welchen der Preis an allen Tagen unter 175 € liegt.

Test zur Überprüfung Ihrer Grundkenntnisse

1 x_1 ist eine Nullstelle der Funktion f. Geben Sie zwei weitere Nullstellen von f an.

a) $f(x) = 3\sin(2x)$; $x_1 = \frac{\pi}{2}$ **b)** $f(x) = \cos(x) - 1$; $x_1 = 0$ **c)** $f(x) = -4\cos(\pi x)$; $x_1 = 0{,}5$

2 Bestimmen Sie Amplitude, Periode und Wertebereich von f mit
$f(x) = -4\cos\left(\frac{2}{3}x\right) + 3$; $x \in \mathbb{R}$.
Beschreiben Sie, wie das Schaubild von f aus der Kosinuskurve entsteht.

3 Der Graph von g mit $g(x) = a\sin(bx) + c$ hat einen höchsten Punkt $A(1|5)$ und den nachfolgend tiefsten Punkt $B\left(3|-2\right)$. Bestimmen Sie a, b und c.

4 Die Abbildung zeigt das Schaubild einer trigonometrischen Funktion.
Bestimmen Sie den Funktionsterm.

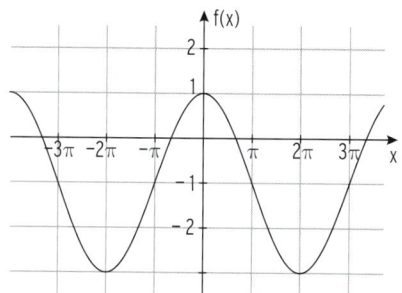

5 Gegeben ist die Funktion f mit $f(x) = -2\sin(3x)$; $x \in \mathbb{R}$.
Der Graph von f wird an der Abszissenachse gespiegelt, mit Faktor 4 in Ordinatenrichtung gestreckt und danach um 2 nach unten verschoben. Dadurch entsteht der Graph von g.
Bestimmen Sie den Funktionsterm und den Wertebereich von g.
Begründen Sie Ihre Antwort.

6 Das Diagramm zeigt den zeitlichen Verlauf des Luftvolumens in der Lunge.
Dabei ist x die Zeit in Sekunden, f(x) das Luftvolumen in Liter.

a) Bestimmen Sie die minimale Luftmenge in der Lunge.

b) Geben Sie die Dauer eines vollständigen Atemzugs an.

c) Bestimmen Sie einen Funktionsterm.

d) Bestimmen Sie drei Zeitpunkte, in denen die Lunge jeweils die Hälfte des maximalen Luftvolumens enthält.

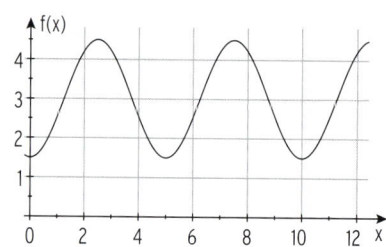

V Einführung in die Differenzialrechnung

Lernsituation

Die Fertigungsleitung der Anton Thomalla Motorenbau AG in Osnabrück stellt der Firmenleitung folgende Daten zur Herstellung von Kleinteilen, die in der Motorenfertigung benötigt werden, zur Verfügung.

Dabei werden 100 Stück zu einer Mengeneinheit (ME) und 100 € zu einer Geldeinheit (GE) zusammengefasst.

Die Fixkosten liegen bei 8 250 €. Werden 2 ME produziert, so führt bereits eine Produktionssteigerung um eine sehr geringe Stückzahl zu einer Gesamtkostensteigerung von 1 GE/ME. Kostenzuwächse für weitere Produktionsmengen sind in folgender Tabelle aufgeführt:

Produktionsmenge in ME	1	4
Grenzkosten in GE/ME	2,75	2

Der Erlöszuwachs liegt bei konstant 22,625 GE/ME.

Die Controllingabteilung stellt fest, dass sich die Gesamtkosten durch
$K(x) = 0,25 x^3 - 2 x^2 + 6 x + 82,5$ berechnen lassen.

Ein Großauftrag erfordert die Verdoppelung der derzeitigen Produktionsmenge von 5 ME.

Die Geschäftsleitung möchte wissen, ob die Berechnung von $K(x)$ stimmt. Untersuchen Sie den Verlauf der Grenzkosten und des Grenzgewinns.

Eine weitere Vorgabe der Geschäftleitung besagt, dass der Grenzgewinn größer als – 20 GE/ME sein soll.

Geben Sie der Geschäftsleitung eine begründete Empfehlungen über die Annahme oder Ablehnung des Großauftrages.

Diskutieren Sie Lösungsansätze in Ihrer Lerngruppe.

Dokumentieren Sie Ihre Ergebnisse unter Angabe folgender Funktionen und deren Ableitungsfunktionen: Gesamtkosten, Erlös, Gewinn. Verdeutlichen Sie Ihre Ergebnisse durch geeignete grafische Darstellungen.

Qualifikationen & Kompetenzen

- Mittlere und lokale Änderungsraten bestimmen
- Ableitung einer ganzrationalen Funktion bestimmen
- Ableitungsregeln anwenden
- Ableitungsfunktion grafisch darstellen
- Mittlerer Kostenzuwachs berechnen
- Grenzkosten, Grenzerlös, Grenzgewinn ermitteln

1 Ableitungen von Funktionen

1.1 Änderungsrate

mvurl.de/tdm8

Bei Wachstumsvorgängen ändert sich im Allgemeinen der Bestand in Abhängigkeit von der Zeit, z. B. die Bevölkerungszahl in Deutschland, der Durchmesser eines Baumes, die Gesamtkosten einer Produktion, die Geschwindigkeit eines Autos, der Zufluss in ein Gefäß usw.
Bei einem Wachstumsvorgang kommt es jedoch nicht nur auf den Bestand an, sondern auch darauf, wie schnell sich der Bestand ändert.
Diese „Schnelligkeit" versucht man mathematisch zu beschreiben.

Beispiel 1

mvurl.de/habn

⮕ Während eines Dauerregens wird die Wassermenge (Volumen in Liter) in einer Regentonne in Abhängigkeit von der Zeit (in Minuten) gemessen.

Zeit x in min	0	1	3	5
Volumen y in ℓ	25	29,2	37,6	58

Berechnen Sie die Volumenänderung pro Minute.
Übertragen Sie die Messdaten in ein Koordinatensystem.

Lösung

Volumenänderung pro Minute

auf dem Intervall [0; 1] : $\frac{\Delta y}{\Delta x} = \frac{29{,}2 - 25}{1 - 0} = 4{,}2$

auf dem Intervall [1; 3] : $\frac{\Delta y}{\Delta x} = \frac{37{,}6 - 29{,}2}{3 - 1} = \frac{8{,}4}{2} = 4{,}2$

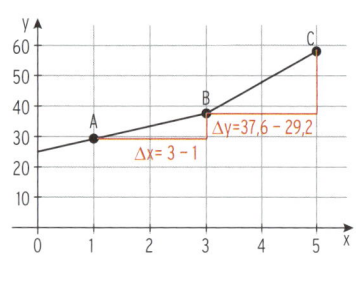

Zeitintervall	[0; 1]	[1; 3]	[3; 5]
Dauer in min (Δx)	1	2	2
Volumenänderung Δy in ℓ	4,2	8,4	20,4
Änderungsrate in $\frac{\ell}{\min}$	4,2	4,2	10,2

Das Volumen ändert sich pro Minute auf dem Intervall [0; 1]

bzw. [1; 3] um 4,2 ℓ, d.h.: $\frac{\Delta y}{\Delta x} = 4{,}2$.

$$\frac{\Delta y}{\Delta x} = \frac{y_2 - y_1}{x_2 - x_1}$$

Mit anderen Worten: $4{,}2\,\frac{\ell}{\min}$ ist die **mittlere Änderungsrate des Volumens.**

Auf dem Intervall [3; 5] ist die **mittlere Änderungsrate** des Volumens $10{,}2\,\frac{\ell}{\min}$.

Die mittlere Änderungsrate $\frac{\Delta y}{\Delta x}$ entspricht der Steigung der Strecke AB bzw. BC.

Festlegung

Die **(mittlere) Änderungsrate** einer Funktion im **Intervall [a; b]** ist der

Differenzenquotient $\frac{\Delta y}{\Delta x}$.

Mit dem Differenzenquotient kann z. B. beschrieben werden:

- die mittlere Steigung
- die mittlere Kostenzunahme
- die mittlere Wegänderung

Beispiel 2

➲ Bei der Produktion eines Artikels werden die Gesamtkosten in € pro Tag in Abhängigkeit von der Ausbringungsmenge x (in ME) festgelegt durch:
$K(x) = x^2 + 3x + 100; \; x \geq 0$.
Von $x = 5$ soll die Produktionsmenge um 10 ME erhöht werden.
Bestimmen Sie den mittleren Kostenzuwachs.
Bestimmen Sie den momentanen Kostenzuwachs für $x = 5$.

Lösung

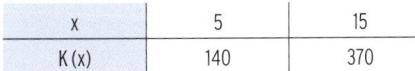

x	5	15
K(x)	140	370

Mittlere Änderungsrate von K auf $[5; 15]$

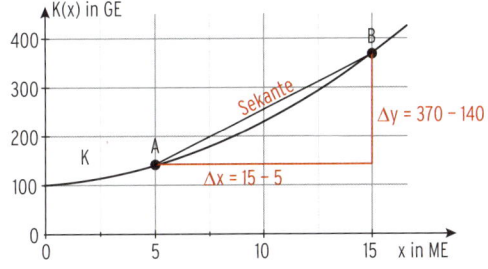

$$\frac{\Delta y}{\Delta x} = \frac{K(x_2) - K(x_1)}{x_2 - x_1}$$

$$\frac{\Delta y}{\Delta x} = \frac{K(15) - K(5)}{15 - 5} = \frac{370 - 140}{10}$$

$$\frac{\Delta y}{\Delta x} = 23$$

Erhöht man die Produktion von 5 ME auf 15 ME, so erhöhen sich die Kosten durchschnittlich um 23 €/ME.

Bedeutung der (mittleren) Änderungsrate

Die Änderungsrate ist die Steigung m der Sekante (AB), d.h. $m = \frac{\Delta y}{\Delta x}$.

Dies entspricht der mittleren Kostenzunahme.

Da sich die Kurve und die Strecke AB auf dem Intervall $[5; 15]$ unterscheiden, ist 23 nur ein Näherungswert und nicht die tatsächliche Kostenzunahme (**Grenzkosten**) bei der Produktion von 5 ME.

Diesen Näherungswert kann man verbessern, indem man die Abstände Δx verkleinert, d.h. den Punkt B näher an den Punkt A „wandern" lässt.

Welche momentane Kostenzunahme liegt nun tatsächlich nach 5 Stück vor?

Dazu berechnet man die Änderungsraten für $\Delta x \to 0$.

Intervall $[5; x_2]$	$[5; 10]$	$[5; 6]$	$[5; 5,1]$	$[5; 5,01]$	
$\Delta x = x_2 - 5$	$10 - 5 = 5$	$6 - 5 = 1$	$5,1 - 5 = 0,1$	$5,01 - 5 = 0,01$	$\to 0$
$\Delta y = K(x_2) - K(5)$	$230 - 140 = 90$	$154 - 140 = 14$	$141,31 - 140 = 1,31$	$140,1301 - 140 = 0,1301$	
$\frac{\Delta y}{\Delta x} = \frac{K(x_2) - K(5)}{x_2 - 5}$	$\frac{90}{5} = 18$	$\frac{14}{1} = 14$	$\frac{1,31}{0,1} = 13,1$	$\frac{0,1301}{0,01} = 13,01$	$\to 13$

Die **momentane Änderungsrate (Grenzkosten)** bei 5 ME beträgt $13 \frac{€}{ME}$.

Hinweis: Mittlere Änderungsrate von K im Intervall $[5; x_2]$: $\frac{\Delta y}{\Delta x} = \frac{K(x_2) - K(5)}{x_2 - 5}$

Für $\Delta x = x_2 - 5 \to 0$ erhält man die momentane Änderungsrate von K an der Stelle $x = 5$.

Beispiel 3

➲ Gegeben ist die Funktion f mit $f(x) = -\frac{1}{2}x^2 + 3x; \ x \in \mathbb{R}$.

a) Berechnen Sie die mittlere Änderungsrate im Intervall [1; 3].

b) Ermitteln Sie die momentane Änderungsrate an der Stelle x = 1 bzw. an der Stelle x = 4.

Lösung

a) Mittlere Änderungsrate auf [1; 3]: $\quad \frac{\Delta y}{\Delta x} = \frac{f(3) - f(1)}{3 - 1} = \frac{4,5 - 2,5}{2} = 1$

Die Steigung der Sekante durch (1|2,5) und (3|4,5) ist 1.

b) Mittlere Änderungsrate auf $[x_1; x_2]$: $\quad \frac{f(x_2) - f(x_1)}{x_2 - x_1}$

Für $x_1 = 1$: $\quad \frac{f(x_2) - f(1)}{x_2 - 1}$

Untersuchung für $\Delta x = x_2 - 1 \rightarrow 0$

Tabelle

Intervall [1; x_2]	[1; 1,1]	[1; 1,01]	[1; 1,001]	[1; 1,0001]
$\Delta x = x_2 - 1$	0,1	0,01	0,001	0,0001
$\frac{f(x_2) - f(1)}{x_2 - 1}$	1,95	1,995	1,9995	1,99995

Die mittlere Änderungsrate strebt gegen 2. Die momentane Änderungsrate in x = 1 ist 2.

Untersuchung für $x_1 = 4$: $\frac{f(x_2) - f(4)}{x_2 - 4}$ und $\Delta x = x_2 - 4 \rightarrow 0$

Tabelle

Intervall [4; x_2]	[4; 4,1]	[4; 4,01]	[4; 4,001]
$\Delta x = x_2 - 4$	0,1	0,01	0,001
$\frac{f(x_2) - f(4)}{x_2 - 4}$	$-1,05$	$-1,005$	$-1,0005$

Die mittlere Änderungsrate stebt gegen -1. Die momentane Änderungsrate in x = 4 ist -1.

Grafische Interpretation:

Die Tangente an der Stelle x = 1 hat die Steigung 2.

Die Tangente an der Stelle x = 4 hat die Steigung -1.

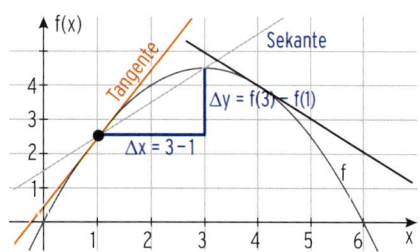

Hinweis: Die momentane Änderungsrate entspricht der Steigung der Tangente.

Beachten Sie

Die **mittlere Änderungsrate** von f auf $[x_1; x_2]$: $\frac{f(x_2) - f(x_1)}{x_2 - x_1}$ strebt für $x_2 \rightarrow x_1$ gegen die **momentane Änderungsrate von f** an der Stelle x_1.
(Grenzwert der mittleren Änderungsrate)

Aufgaben

1 Berechnen Sie die mittleren Änderungsraten von f mit $f(x) = x^2 - x + 1$ auf den Intervallen $[0; 3]$, $[1; 1,5]$ und $[-4; -2,5]$.

2 Gegeben ist die Erlösfunktion E mit $E(x) = -\frac{3}{4}x^2 + 3x$.

a) Berechnen Sie die mittlere Änderungsrate des Erlöses, wenn die verkaufte Menge von 0 ME auf 2 ME gesteigert wird.

b) Bestimmen Sie die Gleichung der Geraden durch $P(2 | E(2))$ und $Q(3 | E(3))$. Zeichnen Sie das Schaubild von E und die Gerade in ein Koordinatensystem.

c) Berechnen Sie die momentane Änderungsrate von E an der Stelle $x = 2$. Interpretieren Sie Ihr Ergebnis grafisch und ökonomisch.

3 Gegeben ist eine Kostenfunktion. Bestimmen Sie mithilfe der Abbildung:
- die Durchschnittskosten pro Einheit auf $[0; x_0]$.
- die Grenzkosten für die Produktionsmenge x_0.

a)

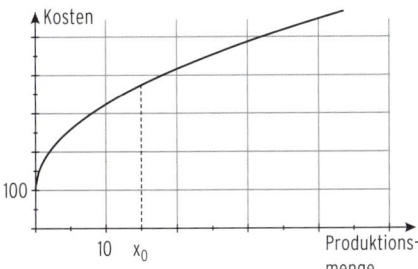

b)

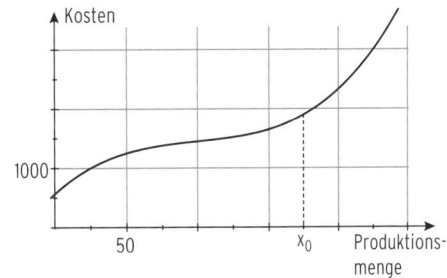

4 Eine Glasvase kühlt nach der Herstellung ab (siehe Abbildung).

a) Interpretieren Sie die Grafik.

b) Ermitteln Sie den Zeitpunkt der größten „Abkühlgeschwindigkeit". Begründen Sie Ihre Antwort.

c) Bestimmen Sie die durchschnittliche Temperaturänderung für die ersten 10 Minuten.

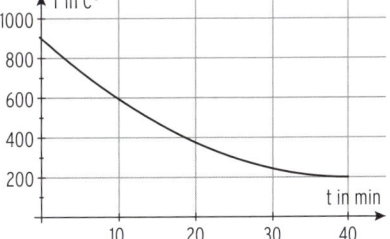

5 Die Abbildung zeigt das Schaubild einer Gewinnfunktion G auf $[0; 8]$. Bestimmen Sie mithilfe der Abbildung:

a) $G(2)$; $G(6)$; $\frac{G(6) - G(2)}{6 - 2}$

b) Die momentane Gewinnänderung in $x = 4$ bzw. in $x = 5$.

c) Die Ausbringungsmenge, für die $G(x)$ am größten ist.

d) Die Ausbringungsmenge, für die die momentane Gewinnänderung am größten ist.

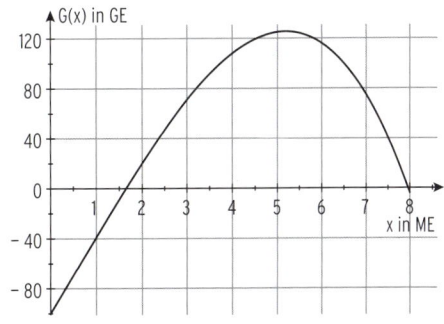

1.2 Definition der Ableitung

Die Berechnung der momentanen Änderungsrate kann mühsam sein. Deshalb leitet man Regeln her, die es gestatten, die momentane Änderungsrate anzugeben. Diese Regeln ersetzen eine allgemeine Methode zur Berechnung der momentanen Änderungsrate.

Berechnung der Tangentensteigung

Gegeben ist die Funktion f mit $f(x) = x^2$.

a) Zunächst wollen wir die Steigung der Tangente an die Normalparabel im Punkt $P(1|1)$ berechnen. Wie bei der Herleitung der momentanen Änderungsrate geht man von einer Sekante aus und lässt den Punkt Q auf den Punkt P zuwandern, sodass die **Tangente** als **Grenzlage der Sekanten** entsteht.

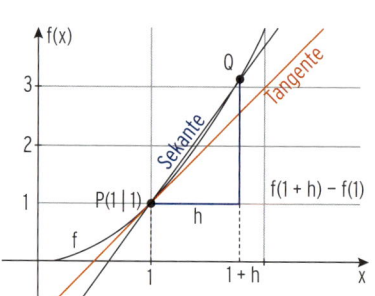

Berechnung der Sekantensteigung m_s

Es gilt:

$$m_s = \frac{f(x_2) - f(x_1)}{x_2 - x_1}$$

Mit $x_1 = 1$ und $x_2 = 1 + h$:

$$m_s = \frac{f(1+h) - f(1)}{1+h-1} = \frac{(1+h)^2 - 1}{h}$$

$$m_s = \frac{2h + h^2}{h} = \frac{h(2+h)}{h}$$

$$m_s = 2 + h$$

Für $h \to 0$ strebt $(2+h) \to 2$. Man erhält die Steigung m_t der Tangente: $m_t = 2$.
Man bezeichnet die momentane Änderungsrate bzw. die Steigung der Tangente an die Kurve im Punkt $P(1|1)$ als **Ableitung** von **f** an der Stelle 1.

Es gilt: $m_t = 2 = f'(1)$ Lesen Sie: f „Strich" von 1

Festlegung

Die Steigung m_t der Tangente an das Schaubild von f im Punkt P ist die **Steigung des Schaubildes** im Punkt P.
f'(1) ist die Steigung des Schaubildes von f im Kurvenpunkt $P(1|f(1))$.

Beachten Sie

Die Ableitung bzw. die momentane Änderungsrate kann verschiedene Bedeutungen haben, z. B.:
- Momentane Änderungsrate des Weges (Momentangeschwindigkeit)
- Momentane Zunahme der Wassermenge pro Zeiteinheit (Zuflussgeschwindigkeit)
- Grenzkosten einer Produktion
- Grenzerlös
- Abkühlgeschwindigkeit (einer Glasvase)
- Geburtenrate einer Bevölkerung

b) Berechnung der Steigung der Normalparabel im (beliebigen) Punkt $P\left(u\,|\,f\left(u\right)\right)$

Steigung m_S der **Sekante** (PQ): $m_S = \dfrac{f(x_2) - f(x_1)}{x_2 - x_1}$

Mit $x_1 = u$ und $x_2 = u + h$ erhält man:

$$m_S = \frac{f(u+h) - f(u)}{u + h - u} = \frac{f(u+h) - f(u)}{h}$$

$$= \frac{(u+h)^2 - u^2}{h} = \frac{2hu + h^2}{h} = \frac{h(2u + h)}{h} = 2u + h$$

Für $h \to 0$ strebt $(2u + h) \to 2u$.

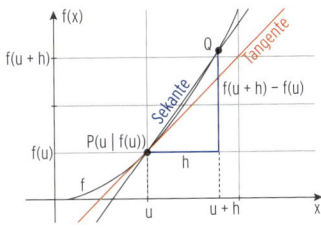

Die Steigung $f'(u)$ der Tangente an die Normalparabel
im Punkt $P\left(u\,|\,f\left(u\right)\right)$ ist $2u$: $f'(u) = 2u$

Ersetzt man den beliebigen u-Wert durch x, so gilt für alle $x \in \mathbb{R}$: $f(x) = x^2 \Rightarrow f'(x) = 2x$.

$f'(x)$ ist die Ableitung von f an der Stelle x.

In der folgenden Tabelle sind für einige x-Werte
die Steigungen $f'(x)$ im zugehörigen
Parabelpunkt $P\left(x\,|\,f\left(x\right)\right)$ berechnet. Mit $f(x) = x^2$
und $f'(x) = 2x$ erhält man folgende Tabelle:

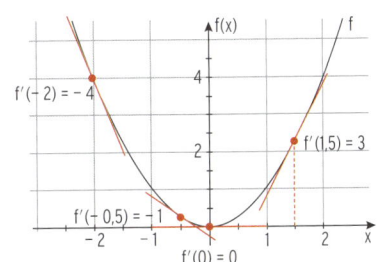

x	−2	−0,5	0	1,5
f′(x)	−4	−1	0	3

Beachten Sie

Der Quotient $\dfrac{\Delta y}{\Delta x} = \dfrac{f(x_2) - f(x_1)}{x_2 - x_1}$ heißt **Differenzenquotient.**

Mit $x_1 = x$ und $x_2 = x + h$ erhält man: $\dfrac{\Delta y}{\Delta x} = \dfrac{f(x + h) - f(x)}{h}$

Der Grenzwert des Differenzenquotienten heißt **Differenzialquotient.**

$\dfrac{\Delta y}{\Delta x}$ strebt für $\Delta x \to 0$ (bzw. $h \to 0$) gegen $\dfrac{dy}{dx} = f'(x)$ (**Ableitung** von f an der Stelle x).

Schreibweise: $f'(x) = \lim\limits_{h \to 0} \dfrac{f(x + h) - f(x)}{h} = \dfrac{dy}{dx}$

$f'(x)$ gibt für jede Stelle x die **Steigung des Graphen von f** an.

Hinweis: Eine Funktion f heißt differenzierbar, wenn an jeder Stelle aus dem Definitionsbereich der **Differenzialquotient** existiert. Differenzieren heißt Ableiten.

Aufgaben

1 Die Abbildung zeigt das Schaubild von f.
Bestimmen Sie $f'(0)$, $f'(2)$, $f'(3)$
mithilfe der Abbildung.

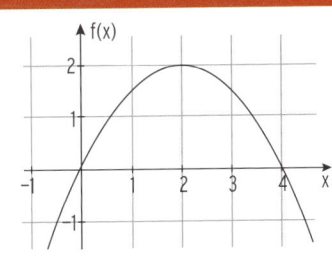

2 Berechnen Sie die Ableitung von f an der Stelle $x = 2$
mithilfe des Differenzenquotienten $\dfrac{f(2 + h) - f(2)}{h}$.

a) $f(x) = x^2 + 3$ **b)** $f(x) = x^2 + 4x$ **c)** $f(x) = 4x - 1$

1.3 Ableitungsregeln

Potenzregel

Beispiel

➲ Bestimmen Sie die Ableitung der Funktion f mit $f(x) = x^3$.

Lösung

Ableitung an der festen Stelle u:

Mittlere Änderungsrate (Steigung der Sekante): $\quad m_S = \dfrac{f(x_2) - f(x_1)}{x_2 - x_1}$

Mit $x_1 = u$ und $x_2 = u + h$ erhält man: $\quad m_S = \dfrac{f(u + h) - f(u)}{u + h - u} = \dfrac{f(u + h) - f(u)}{h}$

$$m_S = \frac{(u + h)^3 - u^3}{h} = \frac{h(3u^2 + 3uh + h^2)}{h}$$

$$m_S = 3u^2 + 3uh + h^2$$

Für $h \to 0$ strebt $(3u^2 + 3uh + h^2)$ gegen $3u^2$.

Die Ableitung von f an der festen Stelle u lautet $f'(u) = 3u^2$.

Die Ableitung von f mit $f(x) = x^3$ lautet $f'(x) = 3x^2$.

Beachten Sie

Die Ableitung von f mit $f(x) = x^3$ ist $f'(x) = 3x^2$.

Vorgehensweise beim Ableiten einer **Potenzfunktion:**

$f(x) = x \qquad \Rightarrow \quad f'(x) = 1 = 1 \cdot x^{1-1}$

$f(x) = x^2 \qquad \Rightarrow \quad f'(x) = 2x = 2 \cdot x^{2-1}$

$f(x) = x^3 \qquad \Rightarrow \quad f'(x) = 3x^2 = 3 \cdot x^{3-1}$

Merkregel

„Alte" Hochzahl als Faktor vor x setzen, „neue Hochzahl" = „alte" Hochzahl minus 1.

$f(x) = x^4 \qquad \Rightarrow \quad f'(x) = 4 \cdot x^{4-1} = 4x^3$

$f(x) = x^{-1} \qquad \to \quad f'(x) = 1 \cdot x^{-1-1} = -1 \cdot x^{-2} = -\dfrac{1}{x^2}$ $\qquad\boxed{\dfrac{1}{x} = x^{-1}}$

$f(x) = x^n \qquad \Rightarrow \quad f'(x) = nx^{n-1}$

Potenzregel der Ableitung

Die Ableitung von f mit $\mathbf{f(x) = x^n}$ ist $\mathbf{f'(x) = n \cdot x^{n-1}}$; $n \in \mathbb{Z}^*$.

Die Formel gilt auch für beliebige rationale Exponenten ($\neq 0$), z. B. $n = \dfrac{1}{2}$

$f(x) = x^{\frac{1}{2}} = \sqrt{x} \quad \Rightarrow \quad f'(x) = \dfrac{1}{2} \cdot x^{\frac{1}{2}-1} = \dfrac{1}{2} \cdot x^{-\frac{1}{2}} = \dfrac{1}{2\sqrt{x}}$ $\qquad\boxed{x^{\frac{1}{2}} = \sqrt{x}}$

Faktor- und Summenregel

Beispiel 1

➲ Ermitteln Sie die Ableitung der quadratischen Funktion f mit $f(x) = a x^2$; $a \neq 0$.

Lösung

Ableitung an der festen Stelle u:

$$m_S = \frac{f(x_2) - f(x_1)}{x_2 - x_1}$$

Mit $x_1 = u$ und $x_2 = u + h$ erhält man:

$$m_S = \frac{f(u + h) - f(u)}{h} = \frac{a(u + h)^2 - a u^2}{h}$$

$$m_S = \frac{a(u^2 + 2uh + h^2) - a u^2}{h} = \frac{ah(2u + h)}{h}$$

$$m_S = a(2u + h)$$

Für $h \to 0$ strebt $a(2u + h)$ gegen $2au$: $\qquad f'(u) = 2au$

Ergebnis: Die Ableitung von f mit $f(x) = a x^2$ lautet $f'(x) = 2ax$.

> **Beachten Sie**
>
> Die Ableitung von f mit $f(x) = a x^2$ ist $f'(x) = 2ax$.

Beispiele

$$f(x) = \tfrac{1}{3}x^2 \Rightarrow f'(x) = \tfrac{1}{3} \cdot 2x = \tfrac{2}{3}x \qquad\qquad f(x) = -4x^2 \Rightarrow f'(x) = -4 \cdot 2x = -8x$$

> **Faktorregel**
>
> **Konstante Faktoren bleiben beim Ableiten erhalten.**

$$f(x) = 7x^3 \quad\Rightarrow f'(x) = 7 \cdot 3x^2 = 21x^2 \qquad\qquad f(x) = 3x^2 \quad\Rightarrow f'(x) = 3 \cdot 2x = 6x$$

Beispiel 2

➲ Geben Sie die Ableitung der quadratischen Funktion f mit $f(x) = a x^2 + c$; $a \neq 0$ an.

Lösung

Verschiebt man eine Parabel in y-Richtung, so ändert sich die Form der Parabel nicht, damit kann sich auch die Steigung an einer festen Stelle u **nicht** ändern.

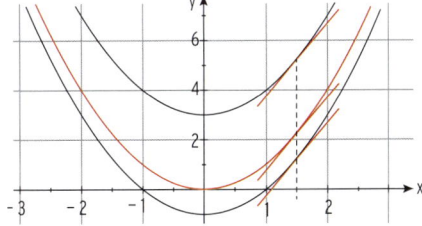

$g(x) = x^2$	$\uparrow 3$	$f(x) = x^2 + 3$	Ableitung $f'(x) = g'(x) = 2x$
$g(x) = 2x^2$	$\downarrow 1$	$f(x) = 2x^2 - 1$	Ableitung $f'(x) = g'(x) = 4x$
$g(x) = ax^2$	$\uparrow c$	$f(x) = ax^2 + c$	Ableitung $f'(x) = g'(x) = 2ax$

> **Beachten Sie**
>
> Die Ableitung von f mit $f(x) = a x^2 + c$ ist $f'(x) = 2ax$.

Hinweis: Beim Ableiten wird ein **konstanter Summand** zu null.

Beispiele

$f(x) = 3x^2 + 4 \Rightarrow f'(x) = 6x$

$f(x) = -x^2 + 2x + c \Rightarrow f'(x) = -2x + 2$

$f(x) = -5x^3 - 12x + 2 \Rightarrow f'(x) = -15x^2 - 12$

$f(x) = 7 \Rightarrow f'(x) = 0$

Summenregel

Die **Ableitung einer Summe** ist die **Summe der Ableitungen** der Summanden.

mvurl.de/ix5s

Beispiele

$f(x) = x^2 - 4x + 3$ $\Rightarrow f'(x) = 2x - 4$

$f(x) = -\frac{3}{2}x^2 + \frac{3}{4}x$ $\Rightarrow f'(x) = -3x + \frac{3}{4}$

$f(x) = x^3 - 5x^2 + 3x + 1$ $\Rightarrow f'(x) = 3x^2 - 10x + 3$

$f(x) = x + \frac{7}{x} + 2 = x + 7x^{-1} + 2$ $\Rightarrow f'(x) = 1 - 7x^{-2} = 1 - \frac{7}{x^2}$

$f(x) = x^5 - 3\sqrt{x} + 1 = x^5 - 3x^{\frac{1}{2}} + 1$ $\Rightarrow f'(x) = 5x^4 - \frac{3}{2}x^{-\frac{1}{2}} = 5x^4 - \frac{3}{2\sqrt{x}}$

$f(x) = -\frac{1}{8}(x^2 - 4x)$ $\Rightarrow f'(x) = -\frac{1}{8}(2x - 4) = -\frac{1}{4}x + \frac{1}{2}$

$f(x) = ax^3 + bx^2 + cx + d$ $\Rightarrow f'(x) = 3ax^2 + 2bx + c$

$f_t(x) = tx^3 + 2tx^2 + (t+1)x - t^2$ $\Rightarrow f_t'(x) = 3tx^2 + 4tx + t + 1$

Ableitungsregeln

Faktorregel: **Konstante Faktoren** bleiben beim Ableiten erhalten.

$f(x) = a \cdot g(x) \Rightarrow f'(x) = a \cdot g'(x)$

Summenregel: Die **Ableitung einer Summe** ist die **Summe der Ableitungen** der Summanden.

$f(x) = g(x) + h(x) \Rightarrow f'(x) = g'(x) + h'(x)$

Potenzregel: $f(x) = x^n \Rightarrow f'(x) = n \cdot x^{n-1}; \; n \in \mathbb{Q}^*$

Aufgaben

1 Leiten Sie ab.

a) $f(x) = -2x^4 + 3x^2 - 4x + 2$

b) $f(x) = 0{,}5x^4 - x^3 + 2{,}5\sqrt{x}$

c) $f(x) = \frac{1}{4}x^4 + \frac{3}{8}x^3 - \frac{4}{5}x^2$

d) $f(x) = \frac{1}{32}x^3 + \frac{3}{7}x - \frac{4}{x}$

e) $f(x) = -x^4 - 6x^2 - 2{,}25$

f) $f(x) = -\frac{5}{6}x^2 + \frac{2}{3}x + \frac{5}{2}$

g) $f(x) = -x^3 + 6x^2 - 2x + 20$

h) $f(x) = 0{,}5x^2 - 2x - \frac{8}{x}$

i) $f(x) = -\frac{x^3}{4} + \frac{x^2}{3} - \frac{2}{x}$

j) $f(x) = -2 + 3x - 2x^3$

k) $f(x) = \frac{1}{16}(x^5 + x^3 - 1)$

l) $f(x) = x(x^2 - 1{,}5x - 4)$

m) $f(x) = 0{,}125x^4 - 1{,}5x^2 - 3$

n) $f(x) = \frac{1}{8}(x^3 - 12x^2 + 16)$

2 Bestimmen Sie die erste Ableitung.

a) $f(x) = ax^2 + bx + c + \frac{d}{x}$

b) $K(x) = ax^3 + bx^2 + cx + d$

c) $f_t(x) = \frac{1}{3}tx^2 + 5t^2x$

d) $f_t(x) = t(x^3 + 4x^2)$

e) $K_a(x) = \frac{3}{55}x^3 + ax^2 + 50x + 880$

f) $G_p(x) = -0{,}1x^3 + 27x^2 + (p - 243)x - 1108$

Funktionen und deren Ableitungen in der Betriebswirtschaft

Beispiel

Gesamtkostenfunktion K $K(x) = x^3 - 28x^2 + 300x + 500$

Grenzkostenfunktion K' $K'(x) = 3x^2 - 56x + 300$

(Differentialkostenfunktion)

Variable Grenzkostenfunktion K'_v $K'_v(x) = 3x^2 - 56x + 300$

$$\boxed{K'(x) = K'_v(x)}$$

Stückkostenfunktion k $k(x) = x^2 - 28x + 300 + \dfrac{500}{x}$

Grenzstückkostenfunktion k' $k'(x) = 2x - 28 - \dfrac{500}{x^2}$

Erlösfunktion E $E(x) = -10x^2 + 400x$ oder $E(x) = 25x$

Grenzerlösfunktion E' $E'(x) = -20x + 400$ $E'(x) = 25$

Höhere Ableitungen

Beispiel

➲ Leiten Sie die Funktion f mit $f(x) = -\dfrac{1}{8}x^3 - \dfrac{3}{4}x^2 + 5$; $x \in \mathbb{R}$ dreimal ab.

Lösung

Ableitung von f:	$f'(x) = -\dfrac{3}{8}x^2 - \dfrac{3}{2}x$	1. Ableitung von f
Ableitung von f':	$(f'(x))' = f''(x) = -\dfrac{3}{4}x - \dfrac{3}{2}$	2. Ableitung von f
Ableitung von f'':	$(f''(x))' = f'''(x) = -\dfrac{3}{4}$	3. Ableitung von f

Bemerkung: f'' (2. Ableitung von f) ist die **Ableitungsfunktion** von f'.

Einsetzen der x-Werte in $f''(x)$ liefert die Steigungswerte des Graphen von f'.

Aufgaben

1 Leiten Sie die Funktion zweimal ab.

a) $f(x) = -x^3 - 2x^2 + 5x$ **b)** $f(x) = 2x^4 - x^3 + 3x^2 - 4x - 8$

c) $E(x) = \dfrac{1}{2}x^2 - \dfrac{1}{16}x^3$ **d)** $f(x) = -1{,}5x^4 + 5x^2$

e) $f(x) = \dfrac{3}{8}x^3 - x^2 + \dfrac{3}{x}$ **f)** $K(x) = \dfrac{1}{50}(x^3 - 30x^2 + 1800x + 1000)$

2 Gegeben ist die Gesamtkostenfunktion K mit $K(x) = x^3 - 6x^2 + 14x + 18$ und die Erlösfunktion E mit $E(x) = 13{,}2x$.

a) Bestimmen Sie die Grenzkostenfunktion, die Grenzstückkostenfunktion, die Funktion der variablen Grenzstückkosten, die Grenzerlösfunktion und die Grenzgewinnfunktion.

b) Zeigen Sie: $K''(2) = 0$

3 Die Stückkosten für die Herstellung eines Produktes lassen sich beschreiben durch $k(x) = 0{,}5x^2 - 3x + 8 + \dfrac{8}{x}$ für $x > 0$.
Berechnen Sie $k'(4)$ und $k''(4)$. Zeigen Sie: $k''(x) > 0$ für $x > 0$.

Ableitung von Trigonometrischen Funktionen

Graph von f mit **f (x) = sin (x)**　　　　bzw.　　　　Graph von g mit **g (x) = cos (x)**

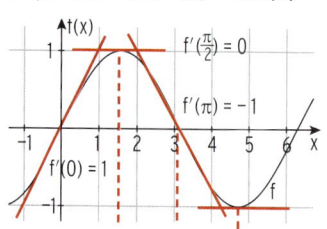
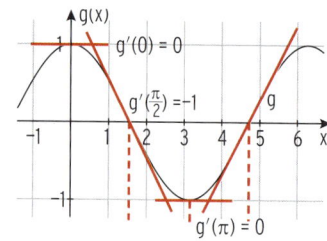

Graph
von f, g

Man überträgt einige Steigungswerte der Graphen von f bzw. von g.

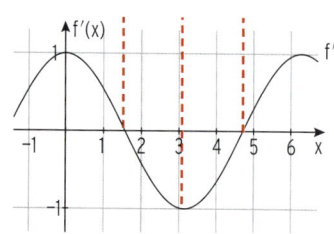
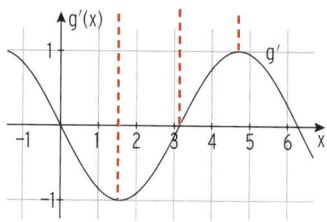

Graph
von f', g'

Graph von f' mit **f′(x) = cos (x)**　　　　　　Graph von g' mit **g′(x) = − sin (x)**

Beachten Sie

$f(x) = \sin(x) \Rightarrow f'(x) = \cos(x)$　　　$g(x) = \cos(x) \Rightarrow g'(x) = -\sin(x)$

Aufgaben

1　Die Abbildung zeigt den Graph einer
Funktion f.
Bestimmen Sie nach Augenmaß:
$f'(0)$ und $f'(\frac{\pi}{2})$.
Folgende Aussagen sind wahr oder falsch:
$f'(2) > f'(3)$;
$f'(4) < 0$;
$f'(x) > 0$ für $2 \leq x \leq 4$.
Entscheiden Sie.

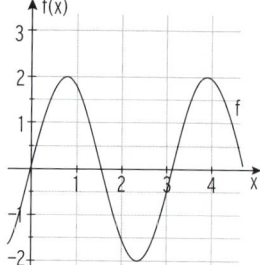

2　Leiten Sie die Funktion zweimal ab.

a)　$f(x) = 3\sin(x) - 2$

b)　$f(x) = -\frac{1}{2}\cos(x) - 4x - 8$

c)　$f(x) = -\frac{1}{16}(\cos(x) - 4\sin(x))$

d)　$f(x) = 1 - 1{,}5x + 0{,}5\cos(x)$

e)　$f(t) = 23{,}2\sin(t) + \cos(t)$

f)　$f_t(x) = \frac{1}{50}(tx - \frac{1}{t}\cos(x))$

1.4 Ableitung und Steigung

Beispiel 1

➲ Gegeben ist die Funktion f mit $f(x) = x^3 - 3x^2$; $x \in \mathbb{R}$.

a) Bestimmen Sie für $x \in \{-1; 0; 2; 3\}$ die Ordinaten der zugehörigen Kurvenpunkte.
Bestimmen Sie die Steigungen im jeweiligen Kurvenpunkt.

b) Erläutern Sie die Bedeutung von $f'(-1)$ und $f'(2)$ für das Schaubild von f.
Vergleichen Sie $f(-1)$ mit $f'(-1)$.

Lösung

a) Funktionsterm: $f(x) = x^3 - 3x^2$

Ableitung: $f'(x) = 3x^2 - 6x$

x	−1	0	2	3
f(x)	−4	0	−4	0
f'(x)	9	0	0	9

Mit CAS:

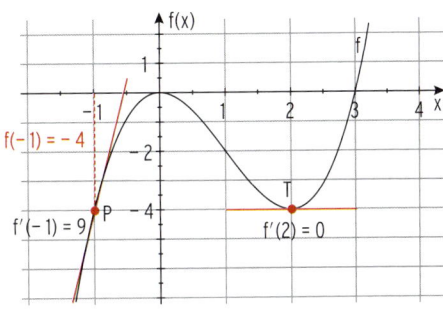

x	f(x):= ▾	g(x):= ▾
	x^3-3*x^..	d(f(x),x)
-1.	-4.	9.
0.	0.	0.
1.	-2.	-3.
2.	-4.	0.

b) **f'(−1) = 9** bedeutet: Der **Graph von f** hat an der Stelle $x = -1$ die **Steigung** 9.

f'(2) = 0 bedeutet: Der **Graph von f** hat an der Stelle $x = 2$ die Steigung 0,
die Tangente an den **Graphen von f** in $x = 2$ verläuft **waagrecht**
(parallel zur Abszissenachse).

f(−1) = − 4 ist die Ordinate **des Kurvenpunktes** $P(-1|-4)$.

f'(−1) = 9 ist die Steigung der **Tangente** an den **Graphen von f** im Punkt $P(-1|f(-1))$.

Beachten Sie

Einsetzen des x-Wertes **in f(x)** ergibt den **Funktionswert**, d.h. die Ordinate des zugehörigen Kurvenpunktes.

$P(-1|f(-1))$ bedeutet: Der Punkt P liegt auf dem Graphen der Funktion f.

Einsetzen des x-Wertes **in f'(x)** ergibt die **Steigung** des Graphen von f (der Tangente) im zugehörigen Kurvenpunkt.

Bemerkung: Gilt für eine Stelle u die Bedingung $f(u) > 0$, so bedeutet dies:
Der zugehörige Kurvenpunkt liegt **oberhalb** der Abszissenachse.
Gilt für eine Stelle u die Bedingung $f'(u) > 0$, so bedeutet dies:
Das Schaubild von f ist an der Stelle u **steigend**.

Beispiel 2

⮕ Gegeben ist das Schaubild der Gewinnfunktion G.

a) Beschreiben Sie den Graphen von G.

b) Bestimmen Sie G′(4) nach Augenmaß.
Erläutern Sie die Bedeutung dieses Wertes.

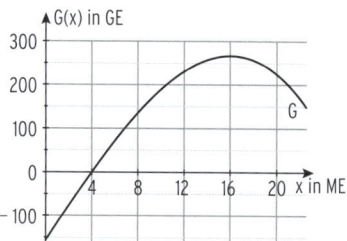

Lösung

a) Wir lesen ab: G(16) ≈ 265; G′(16) = 0:
In H(16|265) hat der Graph eine **waagrechte Tangente.**
Für x < 16 gilt: G′(x) > 0, d.h., der Gewinn ist zunehmend (**steigende** Kurve).
Für x > 16 gilt: G′(x) < 0, d.h., der Graph ist abnehmend (**fallende** Kurve).

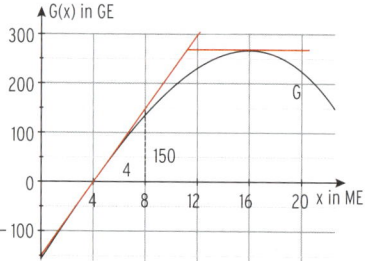

b) Tangente in x = 4 einzeichnen und die Steigung der Tangente ablesen: G′(4) = $\frac{150}{4}$ = 37,5.
Der Grenzgewinn in der Gewinnschwelle beträgt 37,5 GE/ME, d.h. bei Produktionssteigerung um eine kleine Einheit nimmt der Gewinn um 37,5 GE/ME zu.

Beachten Sie

Besitzt der Graph von f im Kurvenpunkt P(u|f(u)) eine **waagrechte Tangente**, so ist die Steigung in P **null** und es gilt: f′(u) = 0.

Aufgaben

1 Die Abbildung zeigt den Graph einer Funktion f.
Bestimmen Sie nach Augenmaß: f′(0) und f′(3).
Folgende Aussagen sind wahr oder falsch:
f′(1) > f′(2); f′(4) < 0; f′(x) > 0 für 1 ≤ x ≤ 6.
Entscheiden Sie.

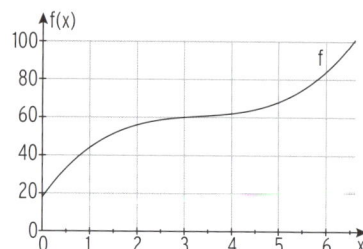

2 Die Funktion f ist gegeben durch f(x) = 3x³ − 5x².
Bestimmen Sie die Steigung des Graphen von f an der Stelle x = −1 und in den Schnittpunkten des Graphen mit der Abszissenachse.
Ermitteln Sie die Punkte auf dem Graphen von f mit waagrechter Tangente.

3 Gegeben ist die Funktion f mit f(x) = x³ − 12x; x ∈ ℝ.
Berechnen Sie: f′(−2); f′(0) und f′(3).
Interpretieren Sie Ihre Ergebnisse geometrisch.

Tangente

Beispiel

⮊ Die Gesamtkosten eines Unternehmens werden beschrieben durch die Funktion K mit
$K(x) = x^3 - 7x^2 + 20x + 40$; $0 \leq x \leq 10$.
Der Marktpreis für eine ME beträgt 25 GE.

a) Bestimmen Sie die Gleichung der Tangente an die Gesamtkostenkurve im Punkt
$P(1|\ldots)$ und im Punkt $Q(4|\ldots)$. Vergleichen Sie.

b) Untersuchen Sie, ob die Gerade mit der Gleichung $y = 25x - 35$ Tangente an die
Gesamtkostenkurve ist.

c) Entscheiden Sie, ob es eine Tangente an die Gesamtkostenkurve mit der
Steigung 2 gibt.
Interpretieren Sie Ihre Ergebnisse aus a), b) und c) ökonomisch.

Lösung

a) Ableitung: $K'(x) = 3x^2 - 14x + 20$

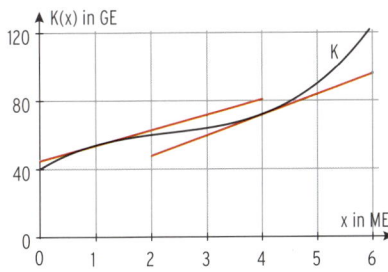

Die Ableitung der Gesamtkostenfunktion ist die
Grenzkostenfunktion.

Tangente in $P(1|\ldots)$:

In $P(1|\ldots)$ berühren sich Tangente und Kurve.

Steigung in $x = 1$: $\qquad\qquad\qquad K'(1) = 9$

Koordinaten von P und Steigung in die Hauptform $y = mx + b$ einsetzen ergibt mit
$x = 1$; $m = K'(1) = 9$; $y = K(1) = 54$: $\quad 54 = 9 + b$

$$b = 45$$

Tangentengleichung: $\qquad\qquad\qquad y = 9x + 45$

Tangente in $x = 4$:

Mit CAS:

Tangentengleichung: $y = 12x + 24$

Ökonomische Bedeutung:

Produziert man 1 ME und erhöht die Produktion um eine kleine Einheit, so erhöhen
sich die Gesamtkosten um 9 GE/ME. Produziert man 4 ME und erhöht die Produktion
um eine kleine Einheit, so erhöhen sich die Gesamtkosten um 12 GE/ME.
Die Gesamtkosten steigen für $x = 4$ **stärker** als für $x = 1$: $K'(4) > K'(1)$

Beachten Sie

Die Tangente an den Graphen von f ist eine Gerade durch den Kurvenpunkt $P(u|f(u))$ mit
der Steigung $f'(u)$.
Einsetzen in die Hauptform $y = mx + b$ liefert die Tangentengleichung.

b) Ableitung: $K'(x) = 3x^2 - 14x + 20$

Bedingung für die Berührstelle: $K'(x) = 25 \Leftrightarrow 3x^2 - 14x + 20 = 25$

Hinweis: Gegeben ist ein **Steigungswert**, gesucht wird ein **x-Wert**.

Lösung der Gleichung ergibt: $x_1 = 5;\ x_2 = -\frac{1}{3}$

$x_1 = 5$ ist einzige positive Lösung.

In $x_1 = 5$ hat K eine Stelle mit Steigung 25.
Ist die Gerade (g) eine **Tangente**, so berührt sie den Graphen von K in $x = 5$.
$B(5 \mid K(5)) = B(5 \mid 90)$ ist der mögliche Berührpunkt.
Entscheidung durch **Punktprobe.**

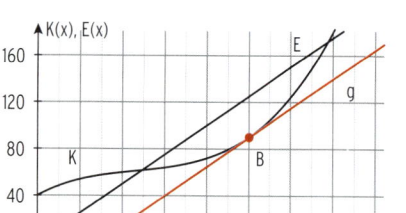

Einsetzen von $B(5 \mid 90)$ in die
Geradengleichung $y = 25x - 35$ ergibt: $90 = 25 \cdot 5 - 35$ wahre Aussage.
Die Gerade ist Tangente an den Graphen von K.

Interpretation: Die Tangente verläuft parallel zur Erlösgeraden mit $y = 25x$. Der Abstand der beiden Geraden in Ordinatenrichtung ist der **maximal mögliche Gewinn.**

c) **Bedingung** für die Berührstelle: $K'(x) = 2$ $3x^2 - 14x + 20 = 2$

```
1.1 ▶                    *TI_Gleic..._01        RAD 🔋 ✕

nSolve(3·x²−14·x+20=2,x)
                              "Keine Lösung gefunden"
```

Die quadratische Gleichung hat keine Lösung.
(wegen $D = -\frac{5}{9} < 0$ aus der Nullform $x^2 - \frac{14}{3}x + 6 = 0$)
Es gibt also **keine Tangente** an den Graphen von K mit Steigung 2.
Interpretation: Die Gesamtkostenkurve hat auf $D_{\text{ök}}$ eine Steigung größer als 2.
Die **Grenzkosten** sind stets größer als 2 GE/ME.

Beachten Sie

Eine **Tangente** an den Graphen einer **ertragsgesetzlichen Kostenfunktion K** hat eine **positive Steigung.**
Für die Grenzkosten (Differenzialkosten) K' gilt: $K'(x) \geq 0$. Unter den **Grenzkosten an der Stelle x** versteht man die **Kostenänderung** bei einer Änderung der Ausbringungsmenge um eine beliebig kleine Einheit.

Aufgaben

1 Gegeben ist die Funktion f mit $f(x) = -\frac{1}{4}x^3 + \frac{3}{2}x^2;\ x \in \mathbb{R}$.
Bestimmen Sie die Gleichungen der Tangenten in den Kurvenpunkten $A(0 \mid f(0))$, $B(1 \mid f(1))$ und $C(-1 \mid f(-1))$.

2 Die Funktion f ist gegeben durch $f(x) = \frac{1}{2}x^2 - 2x - 1;\ x \in \mathbb{R}$.

a) Die Gerade von g mit $g(x) = -0,5x - 2$ ist Tangente an den Graphen von f.
Entscheiden Sie, ob die Aussage wahr oder falsch ist.

b) Geben Sie den Bereich an, auf dem die Tangenten an den Graphen von f einen Anstieg
größer als 10 haben.

c) Eine Gerade hat die Gleichung $y = a;\ a \in \mathbb{R}$.
Ermitteln Sie die Werte von a so, dass diese Gerade keinen, einen bzw. zwei gemeinsame
Punkte mit dem Graphen von f hat.

3 Die Abbildung zeigt den Graphen einer Gesamtkostenfunktion K.

a) Bestimmen Sie den Bereich, auf dem die Tangenten an den Graphen von K einen Anstieg größer
als 10 haben. Begründen Sie Ihr Ergebnis.

b) Bestimmen Sie nach Augenmaß $K'(0)$ und $K'(3)$.
Interpretieren Sie ökonomisch.

c) Folgende Aussagen sind wahr oder falsch.
Entscheiden Sie.

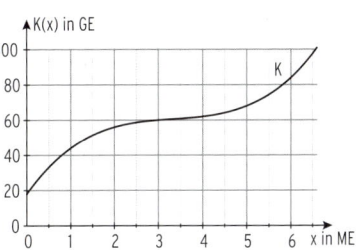

• $K'(1) > K'(2)$ • $K'(4) < 0$
• $K'(x) > 0$ für alle $x > 0$

4 Die Wertetabelle gehört zu einer Gewinnfunktion 3. Grades.

x	0	1	2	3	4	5	6
G(x)	− 5	− 1,3	2,3	4	1,7	− 6,7	− 23
G'(x)	3	4	3	0	− 5	− 12	− 21

Bestimmen Sie mithilfe der Wertetabelle.

a) die Gewinnzone näherungsweise

b) die gewinnmaximale Produktionsmenge und den maximalen Gewinn

c) die Gleichung der Tangente an die Gewinnkurve in x = 0

d) die Gleichung der Tangente an die Gewinnkurve in x = 6

5 Die Gesamtkosten der Rade AG werden beschrieben durch die Funktion K mit
$K(x) = 0,02x^3 - 1,9x^2 + 62x + 250;\ 0 \leq x \leq 90$. Der Marktpreis für eine ME beträgt 49,5 GE.
Erläutern Sie die wirtschaftliche Bedeutung Ihrer Ergebnisse der folgenden Teilaufgaben.

a) Derzeit werden 50 ME produziert. Bestimmen Sie die zugehörigen Grenzkosten.

b) Bestimmen Sie die Gleichung der Tangente an die Gesamtkostenkurve für x = 50.

c) Zeigen Sie: Die Grenzkosten sind stets positiv.

d) Es gibt eine Tangente an die Gesamtkostenkurve mit Steigung 1. Entscheiden Sie, ob diese
Behauptung wahr oder falsch ist. Begründen Sie Ihre Entscheidung.

e) Interpretieren Sie die Lösungen der Gleichung $K'(x) = E'(x)$ geometrisch.

6 Die Stückkosten für die Herstellung eines Produktes lassen sich beschreiben
durch $k(x) = x^2 - 6x + 16 + \frac{16}{x}$ für $x > 0$.
Ermitteln Sie die Stelle, an der der Graph der Stückkostenfunktion eine waagrechte
Tangente hat. Interpretieren Sie Ihr Ergebnis.

Normale

Beispiel 1

⟶ Gegeben ist die Funktion f mit $f(x) = -2x^2 + 6x$; $x \in \mathbb{R}$.
Die Tangente an den Graphen von f in $P(2|f(2))$ hat die Gleichung $y = -2x + 8$.
Eine Gerade schneidet die Tangente in P senkrecht. Bestimmen Sie deren Gleichung.

Lösung

Senkrechte Gerade

Steigung der Tangente:	$m_t = -2$
Steigung der Senkrechten m_n mit $m_n = -\frac{1}{m_t}$:	$m_n = -\frac{1}{-2} = \frac{1}{2}$
Hauptform:	$y = \frac{1}{2}x + b$
$f(2) = 4$; Punktprobe mit $P(2|4)$:	$4 = \frac{1}{2} \cdot 2 + b \Rightarrow b = 3$
Gleichung der Senkrechten:	$y = \frac{1}{2}x + 3$

Hinweis: Diese zur Tangente in P senkrechte Gerade ist die **Normale** an den Graphen von f in P.

Beachten Sie

Die **Normale** an den Graphen von f im Kurvenpunkt P ist eine Gerade, die **senkrecht** (orthogonal) zur Tangente an den Graphen von f in P steht. Die Normalensteigung m_n ist der negative Kehrwert der Tangentensteigung m_t: $m_n = \frac{-1}{m_t}$; $m_t \neq 0$

Erläuterung:

Die Geraden stehen **senkrecht aufeinander.**

Wir lesen ab: $m_g = 2$; $m_h = -\frac{1}{2}$

Zusammenhang von $m_g = 2$ und $m_h = -\frac{1}{2}$: $2 = -\frac{1}{-\frac{1}{2}}$

Für die Steigungen gilt: $m_g = -\frac{1}{m_h}$

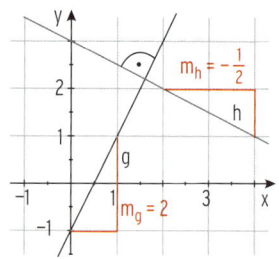

Beachten Sie

Zwei Geraden haben die Steigungen m_1 und m_2 ($\neq 0$).
Ist m_1 der **negative Kehrwert von m_2**, so stehen die Geraden **senkrecht** aufeinander.
Es gilt: $m_1 = -\frac{1}{m_2}$ oder $m_1 \cdot m_2 = -1$. Die Geraden sind **zueinander orthogonal.**

Steigung von g	h senkrecht zu g	Steigung von h
$m_g = -4$		$m_h = -\frac{1}{-4} = \frac{1}{4}$
$m_g = \frac{3}{5}$	$m_g = -\frac{1}{m_h}$	$m_h = -\frac{1}{\frac{3}{5}} = -\frac{5}{3}$
$m_g = 0,4$	negativer Kehrwert	$m_h = -\frac{1}{0,4} = -2,5$

Beispiel 2

➲ Gegeben ist die Nachfragefunktion p_N mit $p_N(x) = 0{,}0125\,x^2 - 0{,}5\,x + 5$; $x \geq 0$.
Bestimmen Sie die Normale an den Graphen von p_N in $x = 10$.
Der Graph einer linearen Angebotsfunktion verläuft parallel zu dieser Normalen. Geben Sie eine mögliche Gleichung an.

Lösung

1. Ableitung von p_N: $\quad p_N{'}(x) = 0{,}025x - 0{,}5$

Normale in $x = 10$ (ohne Hilfsmittel):

Steigung der Tangente: $m_t = p_N{'}(10) = -0{,}25$

Steigung der Normalen: $m_n = -\dfrac{1}{-0{,}25} = 4$

Hauptform: $\qquad\qquad y = 4x + b$

$p_N(10) = 1{,}25$; Punktprobe mit $P(10\,|\,1{,}25)$: $\qquad 1{,}25 = 4 \cdot 10 + b$

$\qquad\qquad\qquad\qquad\qquad\qquad\qquad\qquad\qquad\qquad b = -38{,}75$

Gleichung der Normalen: $\qquad\qquad\qquad y = 4x - 38{,}75$

Angebotsfunktion, deren Graph parallel zur Normalen verläuft:

Bedingungen: $\qquad\qquad\qquad\qquad\qquad m = 4$ und $0 \leq p_A(0) < 5$

Zum Beispiel: $\qquad\qquad\qquad\qquad\qquad p_A(x) = 4x + 1$

Aufgaben

1 Die Gerade von h steht senkrecht auf der Geraden von g. Bestimmen Sie m_h.

a) $m_g = 4$ **b)** $m_g = -3$ **c)** $m_g = \dfrac{2}{5}$ **d)** $m_g = -\dfrac{1}{7}$

e) $m_g = -\dfrac{7}{3}$ **f)** $m_g = 0{,}5\,\pi$ **g)** $m_g = \sqrt{2}$ **h)** $m_g = -\dfrac{2}{t}$; $t \neq 0$

2 Untersuchen Sie, wie die Geraden von g und von h zueinander liegen.

a) g mit $g(x) = 0{,}75\,x - 3$; h mit $h(x) = -\dfrac{4}{3}x - 3$

b) g mit $g(x) = -\dfrac{9}{20}x + 4$; h mit $h(x) = -0{,}45\,x - 1$

3 Bestimmen Sie die Gleichung der Normalen an den Graphen von f
mit $f(x) = x^3 - 4x^2 + 1$; $x \in \mathbb{R}$ in $x = 2$.

4 Gegeben ist die Nachfragefunktion p_N mit $p_N(x) = 0{,}1x^2 - 3{,}5x + 30$; $x \in D_{\ddot{o}k}$.
Ermitteln Sie den ökonomisch sinnvollen Definitionsbereich von p_N auf eine Dezimale
gerundet. Bestimmen Sie die Normale an den Graphen von p_N in $P(5\,|\,p_N(5))$.
Der Graph einer linearen Angebotsfunktion verläuft parallel zu dieser Normalen.
Geben Sie eine mögliche Gleichung an.

Test zur Überprüfung Ihrer Grundkenntnisse

1 Leiten Sie ab.

a) $f(x) = 5x^3 - \frac{3}{2}x^2 + 2x + 1$

b) $f(x) = \frac{1}{8}(x^3 - 3x^2)$

c) $f(x) = ax^3 + bx^2 + c$

d) $f(x) = \frac{x}{4} + \frac{5}{x}$

2 Gegeben ist die Funktion f mit $f(x) = x^3 - 2x^2$; $x \in \mathbb{R}$.

a) Berechnen Sie $f'(-1)$.

b) Ermitteln Sie die x-Werte, für die gilt: $f'(x) = -1$.

c) Bestimmen Sie die Gleichung der Tangente an das Schaubild von f im Punkt $P\left(2 \mid f(2)\right)$.

d) Eine Parallele zur Abszissenachse berührt das Schaubild von f.
Geben Sie die Gleichung dieser Parallelen an.

e) Überprüfen Sie die Behauptung: Die Gerade mit der Gleichung $y = -0{,}25x + 0{,}5$ ist
Normale an den Graphen von f.

3 Gegeben ist die Gesamtkostenfunktion K durch $K(x) = 0{,}25x^3 - 0{,}5x^2 + 2x + 9$.

a) Bestimmen Sie $K'(x)$, $K_v'(x)$, $k'(x)$, $k_v'(x)$.

b) Zeigen Sie: Die Grenzkosten sind stets positiv.

c) Geben Sie die Gleichung der Tangente an den Graphen von K in $x_1 = 3$ an.
Interpretieren Sie ökonomisch.

d) Zeigen Sie: Die Gerade mit der Gleichung $y = 3x + 7$ ist Tangente an den Graphen von K.
Berechnen Sie den Berührpunkt.

4 Der Gewinn der Firma Hirter für ein Produkt lässt sich berechnen durch
$G(x) = -0{,}5x^3 - 0{,}5x^2 + 17x - 16$; $x \geq 0$.

a) Bestimmen Sie die mittlere Gewinnänderung auf dem Bereich von 1 ME bis 3 ME.
Entscheiden Sie, ob es eine Produktionsmenge gibt, für die die momentane
Gewinnänderung mit dieser mittleren Gewinnänderung übereinstimmt.
Wenn ja, ermitteln Sie diese Produktionsmenge.

b) Bestimmen Sie die Gleichung der waagrechten Tangente an den Graphen von G.

5 Zeigen Sie: Für jede Gesamtkostenfunktion K gilt $K'(x) = K_v'(x)$.

6 Die Gesamtkosten in GE für ein Produkt der Lanz KG werden durch die
Funktion K mit $K(x) = 2x^3 - 20x^2 + 74x + 204$, $x \in [0; 11]$; x in ME, bestimmt.

a) Ermitteln Sie den konstanten Verkaufspreis p so, dass die Gewinnschwelle bei 3 ME liegt.

b) Der Verkaufspreis beträgt nun 100 GE/ME.
Bestimmen Sie die Ausbringungsmenge, für die gilt: $K'(x) = E'(x)$.
Interpretieren Sie Ihr Ergebnis mit Hilfe einer Skizze.

2 Untersuchung von Graphen mithilfe der Differenzialrechnung

Lernsituation

Die Anton Thomalla Motorenbau AG stellt Kleinmotoren her. Die wirtschaftliche Situation wird durch die Funktion K mit $K(x) = 0,25\,x^3 - 2,5\,x^2 + 22\,x + 24$ und E mit $E(x) = 30x$ beschrieben. Die Kapazitätsgrenze liegt bei 14 ME.

a) Untersuchen Sie die Gesamtkostenfunktion auf Monotonie und den zugehörigen Graphen auf Krümmung.
Bestimmen Sie die Nullstellen der Gewinnfunktion G sowie die Extrempunkte der Gewinnkurve.
Übernehmen Sie die Abbildung der Gewinnfunktion G und skizzieren Sie den Graphen der Ableitungsfunktion G' in das Koordinatensystem.

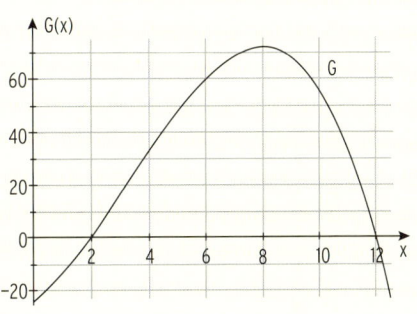

b) Füllen Sie die Lücken des nachfolgenden Textes mit den angegebenen Begriffen sinnvoll aus. Verwenden Sie Ihre Ergebnisse aus a).
degressiv / $D_{ök}(K)$ / Erlös / Fixkosten / geringer / geringsten / Gewinn / Gewinngrenze / Gewinnschwelle / Gewinnzone / Gesamtkosten / Grenzkosten / maximale / ökonomisch sinnvollen / progressiv / wachsen / wachsend / Gewinnmaximum / zu / zu.

Der Graph der Gesamtkostenfunktion K mit $K(x) = 0,25\,x^3 - 2,5\,x^2 + 22\,x + 24$ verläuft im

_ _ _ _ _ _ _ _ _ _ _ _ _ _ _ Definitionsbereich _ _ _= [0; _ _] _ _ _ _ _ _ _ _ _ _ _ _ _ _ , d. h.

mit zunehmender Produktion _ _ _ _ _ _ _ _ _ die Gesamtkosten.

Der Graph von K beginnt bei $(0 \mid$ _ _ $)$. Hier entstehen nur die _ _ _ _ _ _ _ _ _ in Höhe

von _ _ GE. Bis zu einer Produktionsmenge von $\frac{10}{3}$ ME steigt der Graph _ _ _ _ _ _ _ _ _ an.

Auf diesem Bereich nehmen die Gesamtkosten _ _, aber diese Zunahme pro ME

wird _ _ _ _ _ _ _ _ _.

Bei einer Produktion von $\frac{10}{3}$ ME sind die _ _ _ _ _ _ _ _ _ am _ _ _ _ _ _ _ _.

Ab einer Produktion von _ _ ME steigt der Graph _ _ _ _ _ _ _ _ _ _, d. h. die Steigung nimmt

mit zunehmender Produktion _ _.

Bei Produktion und Verkauf von ca. 8 ME wird der _ _ _ _ _ _ _ _ _ _ _ _ _ _ _ _ erzielt,

das _ _ _ _ _ _ _ _ _ _ beträgt 72 GE. Bei Produktion und Verkauf von 12 ME stimmen

_ _ _ _ _ _ _ und _ _ _ _ _ _ _ _ _ überein.

Die _ _ _ _ _ _ _ _ erstreckt sich von der

_ _ _ _ _ _ _ x_{GS} = 2 bis zur _ _ _ _ _ _ _ _

x_{GG} = 12.

Qualifikationen & Kompetenzen

- Fachbegriffe kennen und zuordnen
- Monotonie, Extrempunkte
- Krümmungsverhalten und Wendepunkte
- Gewinnmaximum
- Degressiver/progressiver Kostenverlauf

2.1 Monotonie

Bemerkung: Ergeben sich für **wachsende x-Werte** auch **wachsende** oder gleich bleibende **Funktionswerte,** so heißt die Funktion f **monoton wachsend.**

Beispiel a)

f mit $f(x) = 2x - 3$

f ist (streng) monoton wachsend auf $\mathbb{R}$.

Hinweis: f ist **streng** monoton wachsend, wenn sich
für wachsende x-Werte auch wachsende
Funktionswerte ergeben.

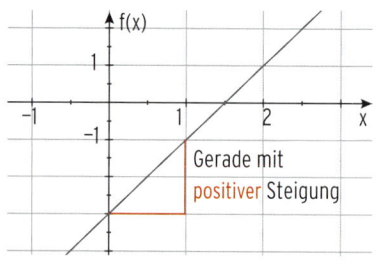

Gerade mit positiver Steigung

Bemerkung: Ergeben sich für **wachsende x-Werte fallende** oder gleich bleibende **Funktionswerte,** so heißt die Funktion f **monoton fallend.**

Beispiel b)

f mit $f(x) = -0{,}5x + 1$

f ist (streng) monoton fallend auf $\mathbb{R}$.

Hinweis: f ist **streng** monoton fallend, wenn
sich für wachsende x-Werte fallende
Funktionswerte ergeben.

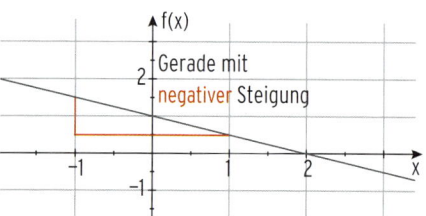

Gerade mit negativer Steigung

Bei nichtlinearen Funktionen können Bereiche festgelegt werden, in denen die Funktion f
für alle x-Werte aus diesem Bereich wachsend bzw. fallend ist.

Beispiel c)

f mit $f(x) = -\frac{1}{2}x^2 + 2x$

Ableitung: $f'(x) = -x + 2$

Stellen mit Steigung 0: $f'(x) = 0$
$$-x + 2 = 0$$
$$x = 2$$

x-Wert des Scheitelpunkts: $x_S = 2$

	Für $x < 2$	Für $x = 2$	Für $x > 2$
	$f'(x) > 0$	$f'(2) = 0$	$f'(x) < 0$
	positive Steigung		negative Steigung
f ist (streng) **monoton**	**wachsend**		**fallend**

Beachten Sie

Gilt auf einem Bereich I (Intervall I)

$\left.\begin{array}{l} f'(x) \geq 0 \\ f'(x) \leq 0 \end{array}\right\}$ für alle $x \in I$, so heißt die Funktion f monoton $\left\{\begin{array}{l} \textbf{wachsend} \\ \textbf{fallend} \end{array}\right\}$ auf I.

Monotonieuntersuchung

Graph von f

Funktionswert f(x) ist die Ordinate **des zugehörigen Kurvenpunktes auf dem Graphen von f.**

f′(x) ist der **Steigungswert** des Graphen von f an der Stelle x.

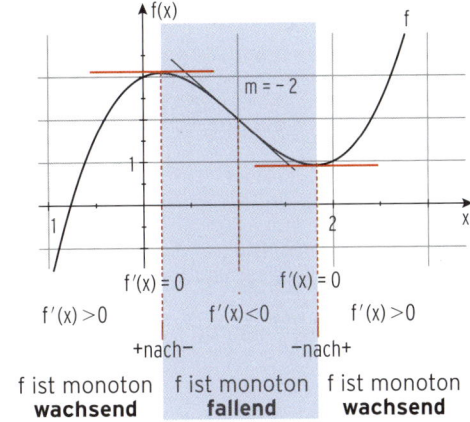

Steigungswert = 0

VZW von f′(x) von

| f′(x) = 0 | f′(x) = 0 |
| f′(x) > 0 | f′(x) < 0 | f′(x) > 0 |

+nach−   −nach+

| f ist monoton **wachsend** | f ist monoton **fallend** | f ist monoton **wachsend** |

Beispiel 1

⟳ Eine Nachfragefunktion ist monoton fallend auf einem ökonomisch sinnvollen Bereich.

a) Geben Sie den maximalen ökonomisch sinnvollen Definitionsbereich an.

b) Zeigen Sie: p_N mit $p_N(x) = -0,2 x^2 - 0,5 x + 25$ ist eine Nachfragefunktion.

Lösung

a) Nullstellen von p_N: $p_N(x) = 0$

$-0,2 x^2 - 0,5 x + 25 = 0 \Rightarrow x = 10$

($x = -12,5 < 0$ ökonomisch nicht relevant);

$x_{Sätt} = 10$ ist die **Sättigungsmenge.**

Maximaler ökonomisch sinnvoller Definitionsbereich wegen

$x \geq 0$ und $x \leq 10$ gilt:

$D_{ök} = [0; 10]$

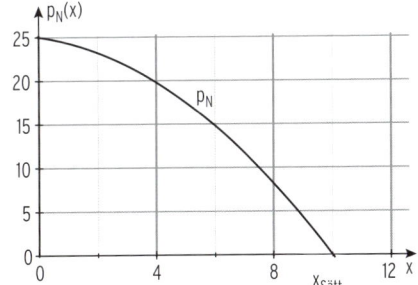

b) Ableitung: $p'_N(x) = -0,4 x - 0,5$

Bedingung für monoton fallend: $p'_N(x) \leq 0$

$-0,4 x - 0,5 \leq 0 \Leftrightarrow x \geq -1,25$

p_N ist **monoton fallend** für $x \geq -1,25$,

also für $x \geq 0$.

Beachten Sie

Auf $D_{ök}$ gilt für eine **Nachfragefunktion** p_N: $p_N(x) \geq 0 \land p'_N(x) \leq 0$,

für eine **Angebotsfunktion** p_A: $p_A(x) \geq 0 \land p'_A(x) \geq 0$.

Beispiel 2

⮕ Die Abbildung zeigt den Graphen einer Funktion f.
Geben Sie die Intervalle an, in denen die Steigung des
Graphen von f positiv oder negativ ist. Skizzieren Sie
das Schaubild der Ableitungsfunktion von f.

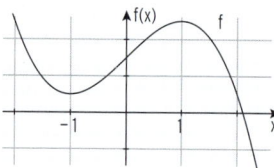

Lösung

Schaubild von f:

Die Steigung ist **positiv** auf $(-1; 1)$

(f ist monoton **wachsend,** $f'(x) \geq 0$).

Die Steigung ist **null** für $x = -1$ oder $x = 1$.

Sie ist negativ für $x < -1$ oder $x > 1$ (f ist monoton

fallend).

Der Graph von f′ schneidet die x-Achse in

$x = -1$ oder $x = 1$. (Stellen mit $f'(x) = 0$).

In $x = -1$ **VZW** von $f'(x)$ von − nach +,

In $x = 1$ **VZW** von $f'(x)$ von + nach −,

in $x = 0$ hat der Graph von f die **größte** Steigung.

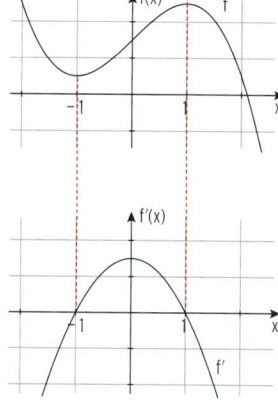

Bemerkungen zum grafischen Differenzieren:

Gegeben ist das Schaubild einer Funktion f in einer Abbildung. Die Aufgabenstellung
„Skizzieren Sie das Schaubild der Ableitungsfunktion" verlangt **grafisches Differenzieren**.
Dabei ist zu beachten:

Hat der Graph von f eine **waagrechte Tangente,** so hat **f′** eine **Nullstelle.**

Der Wechsel von **wachsend** zu **fallend** bei f bedeutet, $f'(x)$ wechselt das Vorzeichen
von + nach −.

Der Wechsel von **fallend** zu **wachsend** bei f bedeutet, $f'(x)$ wechselt das Vorzeichen
von − nach +.

Aufgaben

1   Bestimmen Sie aus der Abbildung die Bereiche, in denen das Schaubild der Funktion f
monoton wächst bzw. fällt.

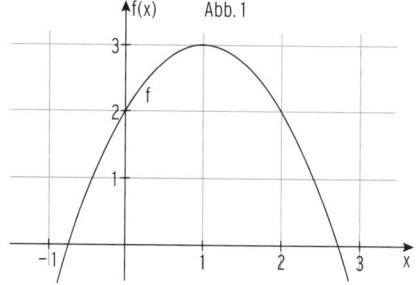

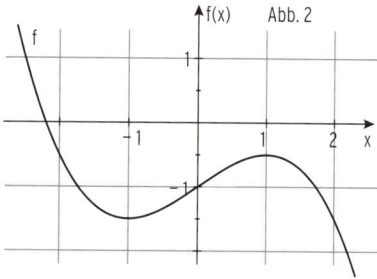

2 Die Abbildung zeigt den Graphen einer Gewinnfunktion G.
Bestimmen Sie das Schaubild von G′ durch grafisches Ableiten.
Übernehmen Sie die Abbildung in Ihr Heft.

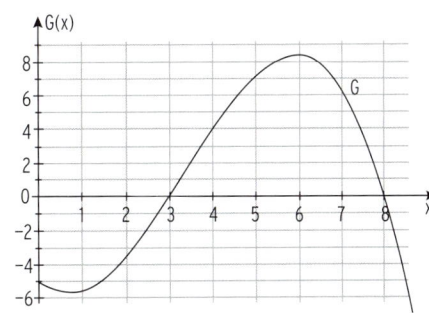

3 Die Abbildung zeigt den Graphen der Ableitungsfunktion E′ einer Erlösfunktion E eines Monopolisten.
Bestimmen Sie den Graphen einer möglichen Funktion E. Geben Sie drei Eigenschaften des Graphen von E an.

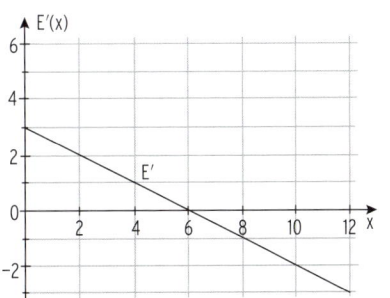

4 Die Abb. 1 zeigt eine Gesamtkostenkurve. Entscheiden Sie, welche Kurve aus Abb. 2 das Schaubild der Grenzkostenfunktion ist. Begründen Sie Ihre Wahl.

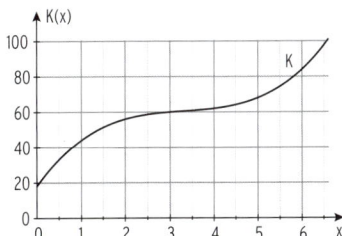

Abb. 1

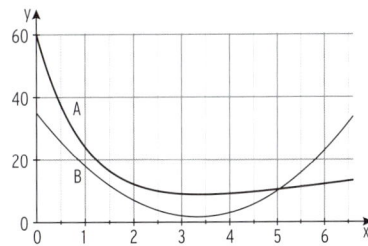

Abb. 2

5 Nach Einführung des neuen Gerätes wird der Markt durch die Funktionen p_1 und p_2 mit
$p_1(x) = 0{,}05\,x^2 - 2\,x + 20$ mit $x \in D_{ök}$ und $p_2(x) = -0{,}05\,x^2 + 1{,}5\,x + 8{,}75$ mit $x \in D_{ök}$
beschrieben. Als ökonomische Kernaussage gilt auf einem Markt: Je höher der Preis, desto größer die angebotene Menge und je höher der Preis, desto geringer die nachgefragte Menge. Entscheiden Sie, welche der beiden gegebenen Funktionsgleichungen die Angebots- bzw. die Nachfragefunktion darstellt. Begründen Sie Ihre Zuordnung mithilfe der Monotoniekriterien. Bestimmen Sie den maximalen ökonomisch sinnvollen Definitionsbereich für beide Funktionen und die Gleichgewichtsmenge. Zeichnen Sie beide Graphen in ein Koordinatensystem ein und beschriften Sie die Abbildung.

6 Zeigen Sie: K mit $K(x) = \frac{1}{12}x^3 - \frac{3}{8}x^2 + \frac{3}{2}x + 10$ ist für $x > 0$ monoton wachsend.
Bestimmen Sie die Produktionsmenge, bei der die Steigung der Gesamtkostenkurve am kleinsten ist. Bestimmen Sie die zugehörige Steigung.

7 Ein Betrieb arbeitet mit der Gewinnfunktion G mit $G(x) = -0{,}5x^3 + 4x^2 - 0{,}5x - 20$.
Bestimmen Sie die Produktionsmengen so, dass der Gewinn zunimmt.

2.2 Extrempunkte

Beispiel 1

➲ Die Funktion f mit $f(x) = \frac{1}{12}x^3 - \frac{7}{4}x^2 + 10x + \frac{17}{3}$ beschreibt näherungsweise die wöchentlichen Verkaufszahlen von Rasenmähern. Dabei ist x die Zeit in Wochen nach Wiedereröffnung der Geschäftsräume. Untersuchen Sie die Entwicklung der Verkaufszahlen.

Lösung

Das Schaubild von f wird gezeichnet. Die Verkaufszahlen nehmen zu bis zur Woche 4 mit 23 Stück, danach nehmen sie ab bis zur Woche 10 mit 14 verkauften Rasenmähern, um danach wieder zuzunehmen.

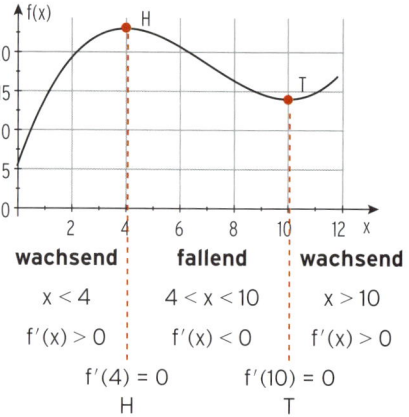

Erläuterungen

Man liest ab:

	f ist monoton	**wachsend**	**fallend**	**wachsend**
	für	$x < 4$	$4 < x < 10$	$x > 10$
		$f'(x) > 0$	$f'(x) < 0$	$f'(x) > 0$
		$f'(4) = 0$	$f'(10) = 0$	
		H	T	

Im Übergang
von **wachsend zu fallend** liegt ein **Hochpunkt,**
von **fallend zu wachsend** liegt ein **Tiefpunkt.**

Beachten Sie

Ein Kurvenpunkt $P(x_1 | f(x_1))$ heißt $\begin{Bmatrix} \textbf{Hochpunkt} \\ \textbf{Tiefpunkt} \end{Bmatrix}$, wenn $f(x_1)$ der $\begin{Bmatrix} \textbf{größte} \\ \textbf{kleinste} \end{Bmatrix}$

Funktionswert für alle x aus einer Umgebung von x_1 ist.

Dieser $\begin{Bmatrix} \textbf{größte} \\ \textbf{kleinste} \end{Bmatrix}$ Funktionswert $f(x_1)$ heißt **relatives (lokales)** $\begin{Bmatrix} \textbf{Maximum} \\ \textbf{Minimum} \end{Bmatrix}$.

Notwendige Bedingung für (lokale) Extremstellen: $f'(x_1) = 0$.
Dabei liegt x_1 im Innern des Definitionsbereichs.

Hochpunkte bzw. Tiefpunkte nennt man **Extrempunkte** des Schaubildes von f.
Der x-Wert des Extrempunktes heißt Extremstelle.

Nachweis für Extrempunkte (1. Möglichkeit):
Nachweis mit **Vorzeichenwechsel** (VZW von f'(x)):

Hinweis: $f'(x) = \frac{1}{4}x^2 - \frac{7}{2}x + 10$
$f'(3) = 1,75 > 0;\ f'(4) = 0;\ f'(5) = -1,25 < 0$

VZW von f'(x) an der Stelle	**x = 4**	**x = 10**
	von	von
	+ nach −	**− nach +**
	führt auf einen	
	Hochpunkt	**Tiefpunkt**
	mit $f(4) = 23$ und $f(10) = 14$	
	H (4 | 23)	**T (10 | 14)**

Nachweis mithilfe der zweiten Ableitung von f (2. Möglichkeit):

Schaubild von f

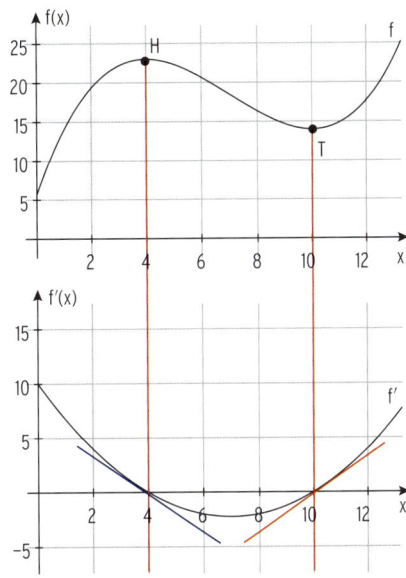

Schaubild von f′

$f''(x)$ ist die **Steigung** des Schaubildes von f′ an der Stelle x.

Die **Steigung** des Graphen von f′ an der Stelle	x = 4	x = 10
	ist **negativ**	ist **positiv**
Das bedeutet:	$f''(4) < 0$	$f''(10) > 0$
Das Schaubild von f hat dort einen	**Hochpunkt**	**Tiefpunkt**

Hinweis: x = 4 ist **Maximalstelle**, x = 10 ist **Minimalstelle.**

Berechnung von f″(4) und f″(10)

Zweite Ableitung von f: $f''(x) = \frac{1}{2}x - \frac{7}{2}$

Einsetzen der x-Werte in $f''(x)$: $\qquad f''(4) = -\frac{3}{2} < 0 \quad f''(10) = \frac{3}{2} > 0$

Bestimmung von Extrempunkten

- **Notwendige Bedingung: f′(x) = 0** liefert die Stellen $x_1, x_2, \ldots$ mit waagrechter Tangente.

- **Nachweis für Hochpunkt bzw. Tiefpunkt** durch **Einsetzen von x_1** in $f''(x)$

  Ist $\begin{cases} f''(x_1) < 0 \\ f''(x_1) > 0 \end{cases}$, so hat der Graph von f einen $\begin{cases} \text{Hochpunkt } H\left(x_1 \mid f(x_1)\right) \\ \text{Tiefpunkt } T\left(x_1 \mid f(x_1)\right) \end{cases}$.

Beispiel 2

⮑ Gegeben ist die Funktion f mit $f(x) = -\frac{1}{3}x^3 + 2x^2 - 3x$; $x \in \mathbb{R}$.

Berechnen Sie die Koordinaten der Hoch- und Tiefpunkte des Graphen von f.

Lösung

Ableitungen: $f'(x) = -x^2 + 4x - 3$; $f''(x) = -2x + 4$

Hinreichende Bedingung für Extremstellen: f'(x) = 0 $\wedge$ f''(x) $\neq$ 0

Notwendige Bedingung: f'(x) = 0 $-x^2 + 4x - 3 = 0$

Stellen mit waagrechter Tangente: $x_1 = 1$; $x_2 = 3$

Nachweis durch Einsetzen der x-Werte in **f''(x)**

$f''(1) = 2 > 0$:   f hat in x = 1 ein (relatives) Minimum,

Der Graph von f hat einen Tiefpunkt an
der Stelle $x_1 = 1$.

$f''(3) = -2 < 0$:   f hat in x = 3 ein (relatives) Maximum,

Der Graph von f hat einen Hochpunkt an der
Stelle $x_2 = 3$.

Mit $f(1) = -\frac{4}{3}$ und $f(3) = 0$ erhält man:

Tiefpunkt $T\left(1 \mid -\frac{4}{3}\right)$; **Hochpunkt** H(3|0)

Schaubild von f:

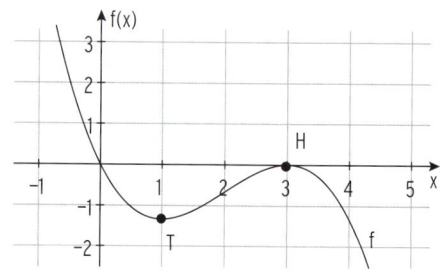

Aufgaben

1 Untersuchen Sie das Schaubild von f auf Hoch- und Tiefpunkte.

Bestimmen Sie die Schnittpunkte des Graphen von f mit der Abszissenachse.

Skizzieren Sie den Graphen von f in ein Achsenkreuz.

a) $f(x) = \frac{1}{2}x^3 - x^2 - \frac{5}{2}x + 3$ **b)** $f(x) = -x^3 + 3x - 2$ **c)** $f(x) = \frac{3}{8}x^3 - \frac{3}{4}x^2$

2 Berechnen Sie die Koordinaten der Hoch- und Tiefpunkte des Graphen von f.

a) $f(x) = -\frac{1}{4}x^2 + x - 2$ **b)** $f(x) = \frac{1}{6}(x^3 - 9x)$ **c)** $f(x) = x^3 - \frac{3}{2}x^2 + 5$

3 Die Abbildung zeigt den Graphen einer
Funktion f mit $f(x) = ax^3 - \frac{1}{2}x^2 - \frac{5}{4}x + \frac{3}{2}$.
Bestimmen Sie a mithilfe der Zeichnung.
Ermitteln Sie Hoch- und Tiefpunkt des
Graphen von f.

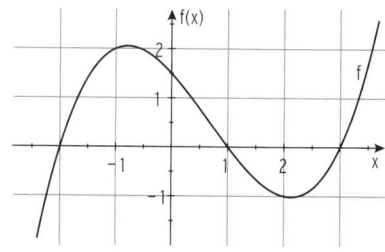

Hoch- und Tiefpunkte in Anwendungen

Beispiel 1

⮑ Die Gewinnsituation eines Unternehmens lässt sich beschreiben durch eine ganzrationale Funktion 3. Grades mit $G(x) = -0,2x^3 + 2,6x^2 - 5,2x - 8$; $x \in [0; 11]$.

a) Zeichnen Sie den Graphen von G in ein geeignetes Koordinatensystem ein.

b) Bestimmen Sie den Hochpunkt H der Gewinnkurve mithilfe der Ableitung.
Interpretieren Sie die Koordinaten von H ökonomisch.

Lösung

a) Schaubild

   Hinweis: Gewinnzone (4; 10)

b) **Hochpunkt H der Gewinnkurve**

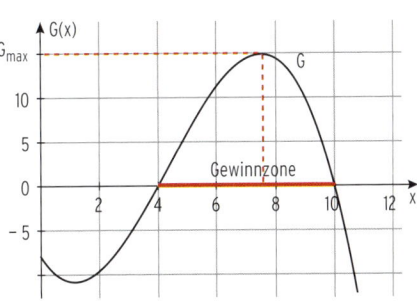

   Ableitungen: $G'(x) = -0,6x^2 + 5,2x - 5,2$

   $G''(x) = -1,2x + 5,2$

   Hinweis: G' heißt **Grenzgewinnfunktion.**

   Bedingung: $G'(x) = 0 \wedge G''(x) < 0$

   Notwendige Bedingung: $G'(x) = 0$

   $-0,6x^2 + 5,2x - 5,2 = 0$

   Die quadratische Gleichung hat die Lösungen $x_1 \approx 1,15$; $x_2 \approx 7,5$

   Mit $G''(x_1) > 0$ folgt: $x_1 \approx 1,15$ ist keine Maximalstelle

   Mit $G''(x_2) < 0$ folgt: $x_2 \approx 7,5$ ist Maximalstelle der Gewinnfunktion

   Mit $G(7,5) = 14,9$ erhält man den **Hochpunkt** $H(7,5 | 14,9)$.

   $G(x_2) = 14,9$ ist das Gewinnmaximum.

   Interpretation

   Der Gewinn wird **am größten**, wenn die Gewinnfunktion ihren maximalen Wert annimmt. $G(x)$ wird maximal für einen Wert **innerhalb** der Gewinnzone, da $G(x)$ am Rand der Gewinnzone jeweils null ist.

   Der **maximale Gewinn** liegt bei $x_{max} = 7,5$ und beträgt etwa 14,9 GE.

   Hinweis: Für $0 < x < 4$ und $x > 10$ macht das Unternehmen einen **Verlust.**

                $x_1 = 1,15$ liegt **nicht** in der Gewinnzone, ist also irrelevant.

                $x_2 = 7,5$ liegt in der Gewinnzone, ist also Maximalstelle einer Gewinnfunktion.

Beachten Sie

Die Gewinnfunktion G dritten Grades nimmt für x_{max} ein **Maximum** an, wenn gilt:

$$G'(x_{max}) = 0 \wedge G''(x_{max}) < 0$$

An der Stelle x_{max} liegt das **Gewinnmaximum.**

$G(x_{max})$ ist der **maximale Gewinn in Geldeinheiten** (GE).

Alternative Bedingung für G_{max}: $E'(x) = K'(x)$ **Grenzerlös = Grenzkosten**

Hinweis: Der Nachweis mit $G''(x_{max}) < 0$ kann entfallen, wenn bekannt ist, dass x_{max} in der Gewinnzone liegt ($x_{max} \in (x_{GS}; x_{GG})$).

Beispiel 2

➲ Die Gesamtkostenfunktion K ist gegeben durch
$K(x) = x^3 - x^2 + 2x + 4$; x in ME, K(x) in GE.

a) Zeigen Sie, dass der Graph von K keinen Extrempunkt besitzt. Interpretieren Sie Ihr Ergebnis im wirtschaftlichen Sinn.

b) Bestimmen Sie die Kostenänderung bei einer Produktion von 2 ME. Interpretieren Sie Ihr Ergebnis.

Lösung

a) Ableitungen: $K'(x) = 3x^2 - 2x + 2$; $K''(x) = 6x - 2$

Bedingung für Extremstellen: $K'(x) = 0 \land K''(x) \neq 0$

Notwendige Bedingung für Extremstellen: $K'(x) = 0$

$$3x^2 - 2x + 2 = 0$$
$$x^2 - \frac{2}{3}x + \frac{2}{3} = 0$$

Diese Gleichung hat wegen $D = -\frac{5}{9} < 0$ keine Lösung, K hat also keine Extremstellen.

Mit wachsenden Produktionszahlen wachsen auch die Kosten. Eine Kostenfunktion ist (streng) **monoton wachsend.**
Die **Steigungen der Kostenkurve** sind stets **positiv**: $K'(x) > 0$
K' hat eine Minimalstelle.

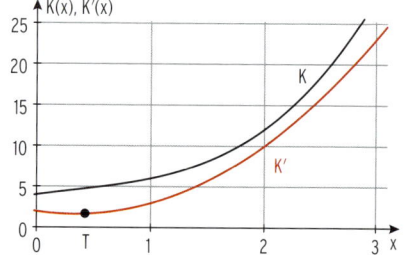

Beachten Sie

Für die Ableitungsfunktion K' der ertragsgesetzlichen Gesamtkostenfunktion K gilt:
- $K'(x) > 0$
- der Graph von K' hat einen Tiefpunkt

b) $K'(2) = 10$

Erhöht man bei einer Ausbringungsmenge von 2 ME die Ausbringungsmenge um eine beliebig kleine Einheit, so beträgt die Kostenänderung 10 GE/ME.

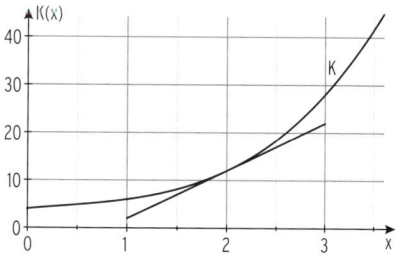

Beispiel 3

➲ Die Preis-Absatz-Funktion p_N eines Industrieunternehmens für ein neues Produkt ist durch $p_N(x) = \frac{1}{32}x^2 - \frac{5}{8}x + 3$; x in ME, $p_N(x)$ in GE/ME, gegeben.

a) Bestimmen Sie für die Erlösfunktion E den maximalen ökonomisch sinnvollen Definitionsbereich.

b) Berechnen Sie die erlösmaximale Ausbringungsmenge und den maximalen Erlös.

c) Ermitteln Sie den zugehörigen Marktpreis.

Lösung

Erlösfunktion E mit $E(x) = p_N(x) \cdot x = \frac{1}{32}x^3 - \frac{5}{8}x^2 + 3x$

a) **Maximal ökonomisch sinnvoller Definitionsbereich**

Bedingung: $p_N(x) = 0$ $\frac{1}{32}x^2 - \frac{5}{8}x + 3 = 0$

Lösungen: $x_1 = 8$; $x_2 = 12$

Mit $p_N(0) = 3$ gilt: p_N ist fallend für $0 \leq x \leq 8$.

Für $x > 8$ (und $x < 12$) gilt $p_N(x) < 0$, also ökonomisch nicht sinnvoll.

Sättigungsmenge $x_{Sätt} = 8$, damit $D_{ök} = [0; 8]$

b) Ableitungen: $E'(x) = \frac{3}{32}x^2 - \frac{5}{4}x + 3$; $E''(x) = \frac{3}{16}x - \frac{5}{4}$

Hinweis: E′ heißt **Grenzerlösfunktion**.

Bedingung für Erlösmaximum: $E'(x) = 0 \wedge E''(x) < 0$

Notwendige Bedingung: $E'(x) = 0$ $\frac{3}{32}x^2 - \frac{5}{4}x + 3 = 0$

Die quadratische Gleichung hat die Lösungen $x_1 \approx 3{,}14$; $x_2 \approx 10{,}19$

Mit $E''(3{,}14) < 0$ ergibt sich die Maximalstelle $x_1 \approx 3{,}14$

$x_2 \approx 10{,}19$ liegt nicht im ökonomisch sinnvollen Definitionsbereich $D_{ök}$.

Mit $E(3{,}14) = 4{,}23$ erhält man den **Hochpunkt** $H(3{,}14 \,|\, 4{,}23)$.

Erlösmaximale Ausbringungsmenge: $3{,}14$ ME

Maximaler Erlös: $4{,}23$ GE

Hinweis: Da $x_2 \approx 10{,}19 \notin D_{ök}$ kommt nur die Produktionsmenge $x_1 \approx 3{,}14$ als erlösmaximale Produktionsmenge in Frage.

Der Nachweis mit $E''(x)$ kann entfallen.

c) Aus $p_N(3{,}14) = 1{,}35$

erhält man den **zugehörigen Marktpreis**

in Höhe von $1{,}35$ GE/ME.

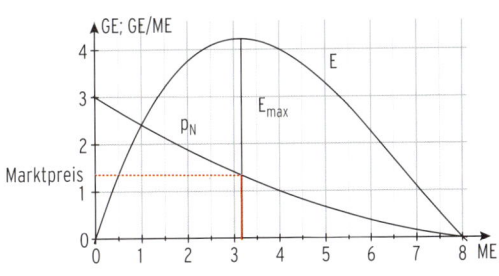

Aufgaben

1 Die Gewinnsituation der Motorensparte des Unternehmens Thomalla wird beschrieben durch die Gewinnfunktion G mit $G(x) = -x^3 + 10x^2 - 15x - 18$.

a) Bestimmen Sie die gewinnmaximale Ausbringungsmenge in ME sowie die maximale Gewinnhöhe in GE.

b) Erläutern Sie die Bedeutung der positiven Schnittstellen des Graphen von G mit der Abszissenachse.

c) Der Erlös je ME beträgt 20 GE. Untersuchen Sie, ob die Gesamtkosten für $x = 4$ größer als 60 GE sind. Erläutern Sie Ihre Vorgehensweise.

2 Gegeben ist die Gesamtkostenfunktion K durch $K(x) = \frac{1}{2}x^3 - 3x^2 + 8x + 8$. Die Kapazitätsgrenze liegt bei 6 Mengeneinheiten (ME).

a) Zeigen Sie, dass K keinen Extrempunkt besitzt. Interpretieren Sie Ihr Ergebnis im wirtschaftlichen Sinn.

b) Berechnen Sie für einen Verkaufspreis von 8 GE pro ME den maximalen Gewinn.

c) Dem Betrieb gelingt es, die Fixkosten um 2 GE zu senken. Beschreiben Sie die Auswirkungen auf das Gewinnmaximum.

d) Berechnen Sie die Grenzkosten für 5 ME. Interpretieren Sie Ihr Ergebnis.

3 Die Gesamtkosten K einer Mineralwasserfirma werden beschrieben durch $K(x) = \frac{1}{12}x^3 - \frac{3}{8}x^2 + \frac{3}{2}x + 10$; $x \geq 0$, x in ME, K(x) in GE.

a) Die Grenzkosten betragen mindestens 0,9375 GE/ME. Überprüfen Sie diese Behauptung.

b) Wählt die Betriebsleitung einen Verkaufspreis von 8 GE/ME, sind maximal 25 GE Gewinn möglich. Überprüfen Sie diese Behauptung.

4 Für den anstehenden Abschluss wollen die Schüler T-Shirts drucken lassen und zum Verkauf anbieten. Dafür haben sie die folgende Preis-Absatz-Funktion p_N ermittelt: $p_N(x) = \frac{1}{250}x^2 - \frac{2}{5}x + 10$.

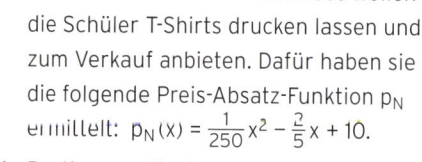
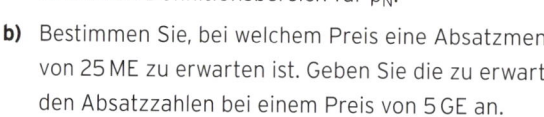

a) Bestimmen Sie den maximalen ökonomisch sinnvollen Definitionsbereich für p_N.

b) Bestimmen Sie, bei welchem Preis eine Absatzmenge von 25 ME zu erwarten ist. Geben Sie die zu erwartenden Absatzzahlen bei einem Preis von 5 GE an. Ermitteln Sie den Höchstpreis und die maximal absetzbare Menge.

c) Berechnen Sie die erlösmaximale Ausbringungsmenge, den maximalen Erlös und den zugehörigen Preis.

2.3 Wendepunkte

Der Amazonas fließt zunächst in einer **Rechtskurve** und danach in einer **Linkskurve** (vgl. Abbildung).

mvurl.de/l5e1

Im Übergang von **Rechtskurve** zu **Linkskurve** **oder** von **Linkskurve** zu **Rechtskurve** liegt ein **Wendepunkt.** Die Kurve wechselt ihre **Krümmung.**

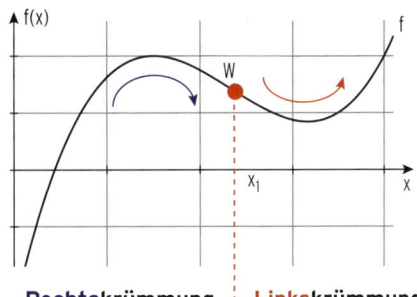

Rechtskrümmung	**Links**krümmung
Steigung nimmt ab	Steigung nimmt zu

Ist x_1 **Wendestelle** von f, so ist x_1 die Stelle mit **kleinster Steigung,** also Extremstelle von f'.

Daraus folgt:
Notwendige Bedingung für die Wendstelle x_1:
Steigung des Graphen von f' in x_1 ist null, also:
$(f')'(x_1) = 0$

$f''(x_1) = 0$

Nachweis für die Wendestelle x_1:
f''(x) hat einen Vorzeichenwechsel
von − nach +
oder
$f'''(x_1) > 0$

Hinweis: $f'''(x_1)$ ist die Steigung des Schaubildes von f'' an der Stelle x_1.

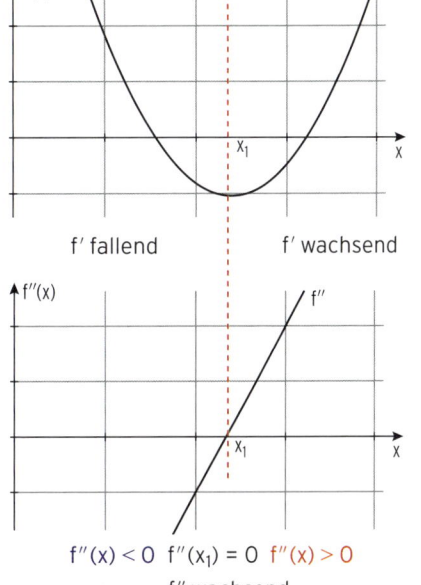

f' fallend ⋮ f' wachsend

$f''(x) < 0$ $f''(x_1) = 0$ $f''(x) > 0$
f'' wachsend
$f'''(x_1) > 0$

Bestimmung von Wendepunkten

- **Notwendige Bedingung: $f''(x) = 0$ liefert die Stellen $x_1, x_2, \dots$**
- **Nachweis** durch Einsetzen von x_1 in $f'''(x)$

  Ist $f'''(x_1) \neq 0$, so hat der Graph von f den Wendepunkt $W(x_1 \mid f(x_1))$

Beachten Sie

In der Wendestelle x_1 ändert sich die **Krümmung** des Graphen von f.

$f''(x_1) > 0$ bedeutet: Der Graph von f ist in x_1 linksgekrümmt.

$f''(x_1) < 0$ bedeutet: Der Graph von f ist in x_1 rechtsgekrümmt.

Beispiel

⮞ Gegeben ist die Funktion f mit $f(x) = \frac{1}{2}x^3 - 3x^2 + \frac{9}{2}x;\ x \in \mathbb{R}$.

a) Bestimmen Sie den Wendepunkt des Graphen von f.

b) Untersuchen Sie das Krümmungsverhalten des Graphen von f.

c) Geben Sie die Gleichung der Tangente an den Graphen von f in W an.

Lösung

a) Ableitungen: $f'(x) = \frac{3}{2}x^2 - 6x + \frac{9}{2};\ f''(x) = 3x - 6;\ f'''(x) = 3$

Bedingung für Wendestellen: $f''(x) = 0 \land f'''(x) \neq 0$

Notw. Bedingung für Wendestellen: $f''(x) = 0$	$3x - 6 = 0 \Leftrightarrow x = 2$
Nachweis durch Einsetzen des x-Wertes in $f'''(x)$:	$f'''(2) = 3 \neq 0$
Wendestelle:	$x = 2$
Mit $f(2) = 1$ ergibt sich der **Wendepunkt**	$W(2\,|\,1)$.

b) Im Wendepunkt ändert sich das Krümmungsverhalten des Graphen von f.

Wendestelle: $x = 2$

$f''(x)$ ändert in $x = 2$ das Vorzeichen von $-$ nach $+$.

Mit $f''(x) < 0$ für $x < 2$ gilt: Der Graph von f ist **rechtsgekrümmt** für $x < 2$.

Mit $f''(x) > 0$ für $x > 2$ gilt: Der Graph von f ist **linksgekrümmt** für $x > 2$.

c) Tangente in $W(2\,|\,1)$:

Ohne Hilfsmittel:

Hauptform: $y = mx + b$

Steigung in W: $f'(2) = -\frac{3}{2}$

Einsetzen von $m = -\frac{3}{2}$ und $W(2\,|\,1)$ ergibt:

$1 = -\frac{3}{2} \cdot 2 + b \Leftrightarrow b = 4$

Gleichung der Wendetangente: $y = -\frac{3}{2}x + 4$

Mit Hilfsmittel:

$y = -1{,}5x + 4$

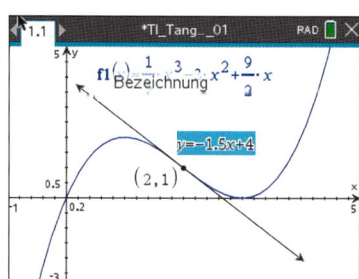

Bemerkung: Die Tangente an den Graphen von f im Wendepunkt heißt **Wendetangente**. Im Wendepunkt hat der Graph von f die **größte bzw. die kleinste Steigung** (größte bzw. kleinste momentane Änderungsrate von f').

Beispiele mit Anwendungsbezug

Beispiel 1

➡ Die Gesamtkosten eines Unternehmens lassen sich beschreiben durch die ganzrationale Kostenfunktion K mit $K(x) = x^3 - 9x^2 + 28x + 25$; $x \geq 0$, x in ME, $K(x)$ in GE.
Die Kapazitätsgrenze liegt bei 7 ME. Skizzieren Sie die zugehörige Kostenkurve.
Berechnen Sie den Wendepunkt und die Steigung der Wendetangente.
Interpretieren Sie Ihr Ergebnis im Sachzusammenhang.

Lösung

Ableitungen: $K'(x) = 3x^2 - 18x + 28$

$K''(x) = 6x - 18$; $K'''(x) = 6 \neq 0$

Bed. für Wendepunkt: $K''(x) = 0 \wedge K'''(x) \neq 0$

$K''(x) = 0 \qquad 0 = 6x - 18 \Leftrightarrow x = 3$

Mit $K'''(x) = 6 \neq 0$ und $K(3) = 55$ ergibt sich
der Wendepunkt $W(3 \mid 55)$.

Steigung der Wendetangente: $K'(3) = 1$

Im **Wendepunkt hat der Graph von K die kleinste Steigung** $K'(3) = 1$

In $x = 3$ ist der **Kostenzuwachs** am geringsten.

Die **minimale Kostenänderung** beträgt 1 GE/ME.

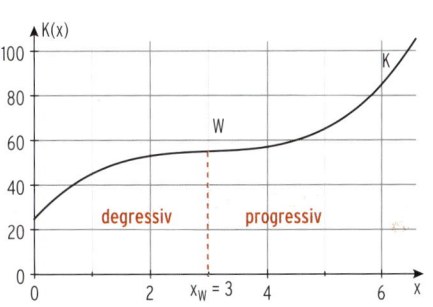

Erläuterung:

Bis zur Wendestelle x_W wachsen die Kosten **degressiv.**
Der Graph von K ist **rechtsgekrümmt;** $K''(x) < 0$.
Für $x > x_W$ wachsen die Kosten **progressiv.** Der Graph von K ist **linksgekrümmt;** $K''(x) > 0$.

Progressives Wachstum

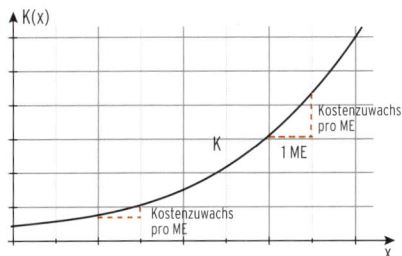

Die Steigungen nehmen zu.
Der Graph von K ist linksgekrümmt.
$K''(x) > 0$

Degressives Wachstum

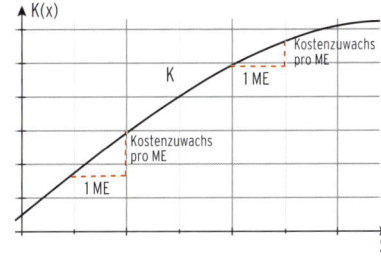

Die Steigungen nehmen ab.
Der Graph von K ist rechtsgekrümmt.
$K''(x) < 0$

Beachten Sie

Der Graph von K ist **progressiv** steigend ⇔ Der Graph von K ist monoton steigend und linksgekrümmt.

Der Graph von K ist **degressiv** steigend ⇔ Der Graph von K ist monoton steigend und rechtsgekrümmt.

Beispiel 2

➲ Weisen Sie nach, dass die Angebotsfunktion p_A mit $p_A(x) = \frac{1}{12}x^2 + x + 2$; $x \geq 0$, monoton wachsend ist und ihr Graph linksgekrümmt verläuft.

Lösung

Ableitungen: $p_A'(x) = \frac{1}{6}x + 1$; $p_A''(x) = \frac{1}{6}$

p_A ist **monoton wachsend,** wenn $p_A'(x) \geq 0$:

$\frac{1}{6}x + 1 \geq 0 \Leftrightarrow x \geq -6$, also auch für $x \geq 0$.

Der Graph von p_A ist **linksgekrümmt,** da $p_A''(x) = \frac{1}{6} > 0$

Die Angebotsfunktion p_A ist für $x \geq 0$ monoton wachsend und ihr Graph verläuft linksgekrümmt.

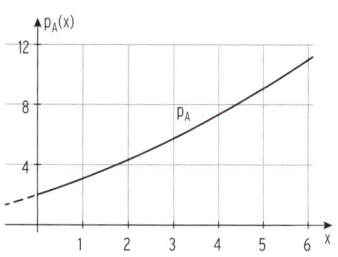

Aufgaben

1 Untersuchen Sie das Schaubild von f auf Wendepunkte.

a) $f(x) = -2x^3 + 3x^2 + 15x + 3$ **b)** $f(x) = \frac{1}{4}x^3 - \frac{1}{2}x^2 + x + 5$ **c)** $f(x) = \frac{2}{3}x^3 - 2x + 3$

2 Machen Sie eine Aussage über das Krümmungsverhalten des Graphen von f. Geben Sie die Gleichung der Wendetangente an.

a) $f(x) = \frac{3}{2}x - \frac{3}{8}x^3$ **b)** $f(x) = x^3 - 3x^2 - x + 3$

3 Abb. 1 zeigt das Schaubild der 1. Ableitungsfunktion einer Funktion f.
Begründen Sie mithilfe der Zeichnung, dass das Schaubild von f einen Hoch-, einen Tief- und einen Wendepunkt mit positiver Steigung besitzt.

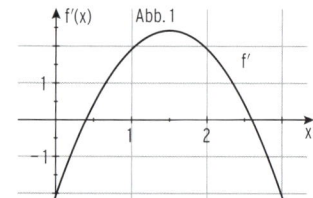

4 Abb. 2 zeigt den Graph der Gesamtkostenfunktion K der Waldner AG.
Bestimmen Sie den Bereich degressiven Wachstums aus der Abbildung.

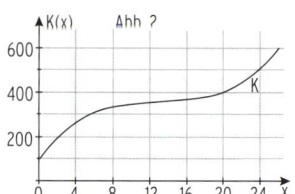

5 Gegeben ist die Gesamtkostenfunktion K durch $K(x) = \frac{1}{5}x^3 - 8x^2 + 110x + 180$.
Bestimmen Sie den Wendepunkt des Graphen von K und die Steigung der Wendetangente.
Interpretieren Sie Ihre Ergebnisse im Sachzusammenhang.

6 Die Gesamtkosten eines Betriebes in GE für x ME lassen sich durch eine Funktion K mit $K(x) = x^3 - 6x^2 + 14x + 18$; $0 \leq x \leq 6$ berechnen.
Untersuchen Sie die Gesamtkostenkurve auf Krümmung.

7 Der Hersteller eines neuen Stoffes gibt eine Marktuntersuchung in Auftrag.

Es wurde festgestellt, dass die Nutzer dieses Stoffes Preisvorstellungen entsprechend der Nachfragefunktion p_N mit $p_N(x) = -0{,}1x^2 - x + 12$ haben. Er bietet sein Produkt entsprechend der Angebotsfunktion p_A mit $p_A(x) = \frac{1}{10}x^2 + 2x$ an.

Bestimmen Sie den maximalen, ökonomisch sinnvollen Definitionsbereich dieser Marktsituation und begründen Sie Ihre Antwort. Berechnen Sie das Marktgleichgewicht. Weisen Sie nach, dass die Nachfragefunktion monoton fallend und ihr Graph rechtsgekrümmt verläuft.

8 Die Abbildung zeigt das Schaubild einer Gewinnfunktion G.

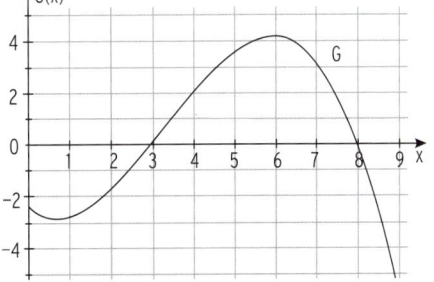

Begründen Sie, ob folgende Aussagen wahr oder falsch sind.

(1) G hat zwei Wendestellen.

(2) G ist degressiv wachsend auf [2; 6].

(3) $G'(2) > G'(8)$

(4) Der maximale Grenzgewinn liegt bei 8 ME.

(5) G' hat zwei Nullstellen.

9 Bei der Herstellung eines Produktes entstehen Gesamtkosten.

Entscheiden Sie, welche Diagramme die Entwicklung der Gesamtkosten in Abhängigkeit von der Produktionsmenge beschreiben.

Erläutern Sie, indem Sie den Gesamtkostenverlauf jeweils beschreiben.

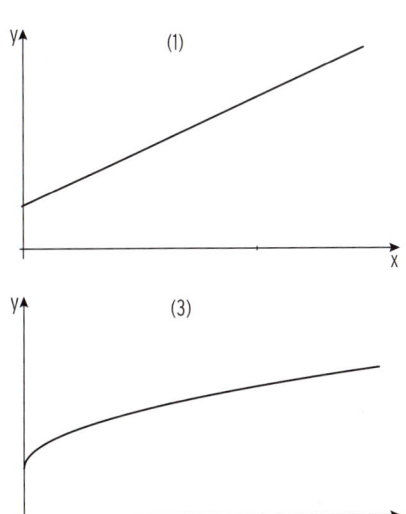

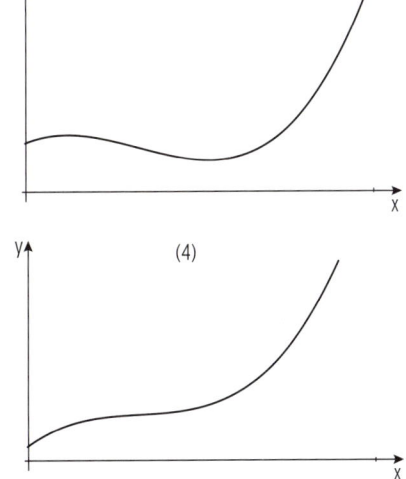

10 Der Graph einer Angebotsfunktion ist monoton steigend und linksgekrümmt.

Untersuchen Sie, ob die Funktion p_A mit $p_A(x) = \frac{1}{30}x^3 + \frac{3}{20}x^2 + \frac{1}{5}x + 1$; $x \geq 0$.

diese Bedingungen erfüllt.

Was man wissen sollte ... über eine Kurvenuntersuchung

Gemeinsame Punkte des Graphen von f mit den Koordinatenachsen

a) Mit der Abszissenachse: $f(x) = 0$ liefert die Schnittstellen bzw. die Berührstellen.

   Hinweis: x_0 ist **doppelte** Nullstelle von f $\Rightarrow$ x_0 ist Extremstelle von f.
   Der Graph von f berührt die Abszissenachse in x_0, der Extrempunkt liegt auf
   der Abszissenachse.
   x_0 ist **dreifache** Nullstelle von f $\Rightarrow$ x_0 ist Wendestelle von f.
   Der Graph von f hat einen Sattelpunkt auf der Abszissenachse.

b) Mit der Ordinatenachse: $x = 0$ in $f(x)$ einsetzen liefert die Ordinate des Schnittpunkts.

Extrempunkte

Bedingung für Extremstellen: $f'(x_0) = 0 \wedge f''(x_0) \neq 0$

Einsetzen von x_0 in $f''(x)$:

$f''(x_0) < 0$: f besitzt in x_0 ein relatives (lokales) Maximum; $H\left(x_0 \mid f(x_0)\right)$

$f''(x_0) > 0$:   f besitzt in x_0 ein relatives (lokales) Minimum; $T\left(x_0 \mid f(x_0)\right)$

Wendepunkte

Bedingung für Wendestellen: $f''(x_1) = 0 \wedge f'''(x_1) \neq 0$

Einsetzen von x_1 in $f'''(x)$:

Ist $f'''(x_1) \neq 0$, so hat der Graph von f den Wendepunkt $W\left(x_1 \mid f(x_1)\right)$.

Hinweis: Bedeutung der folgenden Bedingungen für das Schaubild von f.

- **f(x) = 0**   liefert die Schnittstellen bzw. die Berührstellen mit der
  Abszissenachse **(Nullstellen von f).**
- **f'(x) = 0** liefert die **Stellen mit waagrechter Tangente.**
- **f''(x) = 0** liefert die möglichen **Wendestellen.**
- **f(x) > 0:** Das Schaubild von f verläuft oberhalb der Abszissenachse.
  f(x) < 0: Das Schaubild von f verläuft unterhalb der Abszissenachse.
- **f'(x) > 0:** Das Schaubild von f ist (streng) monoton wachsend.
  f'(x) < 0: Das Schaubild von f ist (streng) monoton fallend.
- **f''(x) > 0:** Das Schaubild von f ist eine Linkskurve.
  f''(x) < 0: Das Schaubild von f ist eine Rechtskurve.

Bemerkung: Einen gegebenen x-Wert setzt man ein

- in $f(x)$ zur Bestimmung des **Funktionswertes** (Ordinate),
- in $f'(x)$ zur Bestimmung der **Steigung,**
- in $f''(x)$ zur Bestimmung der **Krümmung.**

Test zur Überprüfung Ihrer Grundkenntnisse

1 Untersuchen Sie das Schaubild der Funktion f auf Hoch- und Tiefpunkte.

a) $f(x) = x^3 - \frac{9}{2}x^2 + 6x + 3$

b) $f(x) = x - 3 + x^2$

c) $f(x) = x^3 + 3x^2 + x$

d) $f(x) = -\frac{1}{4}(x^3 - 12x^2)$

2 Gegeben ist die Funktion f mit $f(x) = x^3 - 2x^2 + x$; $x \in \mathbb{R}$.
Ermitteln Sie die Monotoniebereiche von f.

3 Gegeben ist die Funktion f mit $f(x) = -x^3 + 3x^2 - 1$; $x \in \mathbb{R}$.
Bestimmen Sie die Gleichung der Wendetangente des Graphen von f.

4 Machen Sie eine Aussage über das Krümmungsverhalten des Graphen von f.
Skizzieren Sie den Graph von f.

a) $f(x) = \frac{3}{2}x - \frac{3}{8}x^3$

b) $f(x) = x^3 + x^2 - 2x + 2$

5 Die Abbildung zeigt den Graphen einer
Funktion f.
Begründen Sie, ob folgende Aussagen wahr
oder falsch sind.
(1) Der Graph von f hat zwei Wendepunkte.
(2) f' ist wachsend auf [4; 8].
(3) $f''(2) < f''(8)$
(4) Die maximale momentane Änderungsrate von f liegt bei 8.

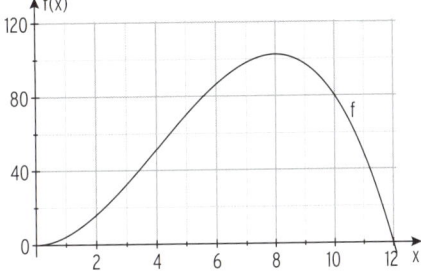

6 Gegeben sind die Gesamtkostenfunktion K durch $K(x) = \frac{1}{3}x^3 - \frac{3}{2}x^2 + 6x + 4$; $x \geq 0$
und die Erlösfunktion E mit $E(x) = 10x$; $x \geq 0$.

a) Zeigen Sie: K ist monoton wachsend.

b) Bestimmen Sie den Bereich progressiven Wachstums.

c) Bestimmen Sie den maximalen Gewinn.

7 Eine ganzrationale Funktion h hat folgende Eigenschaften:
(1) $h(0) = 2$ (2) $h'(x) = 0$ für $x = -4$ und für $x = 2$
(3) $h'(x) \leq 0$ für $x \geq 2$ (4) $h''(x) > 0$ für $-5 < x < -3$
Erläutern Sie die Bedeutung jeder einzelnen Eigenschaft für das Schaubild von h.
Skizzieren Sie ein mögliches Schaubild von h.

3 Weitere Anwendungen der Differenzialrechnung

3.1 Wirtschaftliche Anwendungen

Kosten, Erlös und Gewinn bei vollständiger Konkurrenz

Beispiel

➲ Die Fertigungsabteilung der Firma Waldner berechnet die Gesamtkosten mithilfe einer ganzrationalen Funktion K mit $K(x) = 1{,}25\,x^3 - 7{,}5\,x^2 + 20\,x + 16$.
Die Kapazitätsgrenze liegt bei 6 ME. Der Verkaufspreis liegt bei 20 GE je ME.

a) Zeichnen Sie den Graphen von K und die Erlösgerade in ein Achsenkreuz ein.

b) Überprüfen Sie: Die Gewinnzone beginnt bei etwa 1,7 ME und endet bei etwa 5,6 ME.

c) Entnehmen Sie aus der Zeichnung einen Näherungswert für den maximalen Gewinn.

d) Berechnen Sie den maximale Gewinn.
Bestimmen Sie den zugehörigen Bruttogewinn (Deckungsbeitrag).

e) Dem Betrieb gelingt es, die Fixkosten um 2 GE zu senken. Erläutern Sie die Auswirkungen auf das Gewinnmaximum.

Lösung

a) Verkaufspreis 20 GE je ME bedeutet:
Erlösfunktion E mit $E(x) = 20\,x$.

b) $G(x) = E(x) - K(x)$
$G(x) = -1{,}25\,x^3 + 7{,}5\,x^2 - 16$
$G(1{,}7) = -0{,}47;\ G(1{,}8) = 1{,}01$
In etwa 1,7 wechselt G(x) das Vorzeichen
$x_1 = 1{,}7 = x_{GS}$;
$G(5{,}5) = 2{,}91;\ G(5{,}6) = -0{,}32$
In etwa 5,6 wechselt G(x) das Vorzeichen: $x_2 = 5{,}6 = x_{GG}$
Fertigt und verkauft der Betrieb zwischen ca. 1,8 und ca. 5,5 ME, wird Gewinn erzielt.

c) Wir legen eine **Parallele zur Erlösgeraden** an die Gesamtkostenkurve.
Die **Berührstelle von Parallele und dem Graph von K** ist die Stelle mit maximaler Differenz der Funktionswerte. **Aus der Zeichnung entnehmen** wir die Differenz von E(x) und K(x) in der **Berührstelle** $x_{max} \approx 4$:
Der maximale Gewinn G_{max} beträgt etwa 25 GE.
Hinweis: In x_{max} stimmen die Grenzkosten und der Grenzerlös überein.
Es gilt: $K'(x_{max}) = E'(x_{max})$

d) Aus $G(x) = E(x) - K(x)$ folgt: $G(x) = 20\,x - (1{,}25\,x^3 - 7{,}5\,x^2 + 20\,x + 16)$
Gewinnfunktion G mit: $G(x) = -1{,}25\,x^3 + 7{,}5\,x^2 - 16$
Ableitungen: $G'(x) = -3{,}75\,x^2 + 15x;\ G''(x) = -7{,}5x + 15$
Relatives Maximum
Bedingung für **relatives Maximum** $G'(x) = 0 \wedge G''(x) < 0$
Notw. Bed.: $G'(x) = 0$ $-3{,}75\,x^2 + 15x = 0$

Lösung durch Ausklammern: $x(-3{,}75\,x + 15) = 0$

Satz vom Nullprodukt: $x_1 = 0;\ x_2 = 4$

Mit $G''(4) < 0$ erhält man eine Maximalstelle in $x = 4$.

Mit $G(4) = 24$ gilt: Der maximale Gewinn liegt bei $x_{max} = 4$ und beträgt $24\,GE$.

Hinweis: Der Nachweis mit $G''(x)$
erübrigt sich, da $x_2 = 4$ die einzige
Lösung in der Gewinnzone ist.
x_{max} ist die **gewinnmaximale
Ausbringungsmenge.**

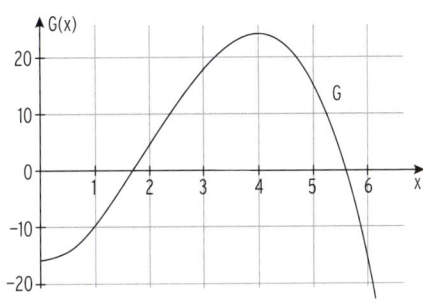

Der **Bruttogewinn (Deckungsbeitrag)** ist der Betrag, der sich nach Abzug der variablen Kosten vom Erlös ergibt, also der Betrag, den das Produkt zur Deckung der Fixkosten leistet.

Für den **Deckungsbeitrag D** gilt: $D(x) = E(x) - K_v(x) = G(x) + K_{fix}$

$D(4) = G(4) + 16 = 40$

Der maximale Deckungsbeitrag beträgt $40\,GE$.

Hinweis: $D(x_{GS}) = D(x_{GG}) = K_{fix} = 16$

e) Die Verringerung der Fixkosten um $2\,GE$ hat eine Verschiebung der Gesamtkostenkurve um 2 in Ordinatenrichtung nach unten zur Folge.

Da die Erlösgerade unverändert bleibt, wird die Differenz $E(x) - K(x)$ um 2 größer.

Das heißt, das **Gewinnmaximum erhöht sich** um $2\,GE$.

Beachten Sie

Zeichnerische Bestimmung des maximalen Gewinns

Die **Parallele zur Erlösgeraden** berührt den Graphen der Gesamtkostenfunktion K an der Stelle x_{max}.

Die Differenz von Erlös und Gesamtkosten an der Stelle x_{max}: $E(x_{max}) - K(x_{max})$ gibt den **maximalen Gewinn** an.

In der **Gewinnzone** gilt:

Übersteigt der Erlöszuwachs den Kostenzuwachs, so wächst der Gewinn.

Die Steigung der Erlösgeraden (Stückerlös p) ist größer als die Steigung der Gesamtkostenkurve (Kostenzuwachs K').

Stimmen Kostenzuwachs und Stückerlös überein (die Gesamtkostenkurve verläuft „parallel" zur Erlösgerade), so wird der **maximale Gewinn erzielt.**

Kosten, Erlös und Gewinn bei Angebotsmonopol

Beispiel 1

⮊ Für die Preis-Absatz-Funktion p_N eines Monopolisten gilt: $p_N(x) = -3x + 90$.

K mit $K(x) = \frac{1}{60}(x^3 - 30x^2 + 1860x + 1400)$ beschreibt für $x \geq 0$ die Gesamtkosten.

a) Bestimmen Sie den maximalen ökonomisch sinnvollen Definitionsbereich.

b) Bestimmen Sie die gewinnmaximale Absatzmenge und den zugehörigen Marktpreis.

Lösung

a) **Ökonomisch sinnvoller Definitionsbereich:**

Aus $p_N(x) = -3x + 90 = 0 \Leftrightarrow x = 30$ folgt $D_{ök} = [0; 30]$.

b) Aus $p_N(x) = -3x + 90$ und $E(x) = p_N(x) \cdot x$

erhält man die **Erlösfunktion E** mit: $E(x) = -3x^2 + 90x$

Gewinnfunktion G mit $G(x) = E(x) - K(x)$: $G(x) = -\frac{1}{60}(x^3 + 150x^2 - 3540x + 1400)$

Gewinnmaximale Ausbringungsmenge

Bedingung: $G'(x) = 0 \wedge G''(x) < 0$

$G'(x) = 0$ $-\frac{1}{60}(3x^2 + 300x - 3540) = 0 \Leftrightarrow x^2 + 100x - 1180 = 0$

Lösung mit pq-Formel oder mit CAS: $x_1 \approx 10,66; x_2 \approx -110,66 < 0$

$x_1 \approx 10,66$ ist die einzige sinnvolle Lösung.

Maximaler Gewinn: $G_{max} = G(10,66) = 301,32$

Gewinnmaximaler Preis

Der maximale Gewinn wird in $x_{max} = 10,66$ erwirtschaftet.

Angebotspreis bei maximalem Gewinn:

Einsetzen von x_{max} in $p_N(x) = -3x + 90$

ergibt: $p_c = p_N(10,66) = 58,02$

Gewinnmaximaler Preis: 58,02 GE/ME

Dieser Preis wird auch **Cournot'scher Preis** genannt. Der Punkt $C(10,66 \mid 58,02)$ heißt **Cournot'scher Punkt.** Legt der Monopolist seinen Verkaufspreis auf 58,02 GE pro ME fest, so erzielt er den größten Gewinn. (Vergleichen Sie auch Seite 76.)

Beachten Sie

Die Gerade mit der Gleichung $x = x_{max}$ schneidet das Schaubild der **Preis-Absatz-Funktion** im **Cournot'schen Punkt** $C(x_c \mid p_c)$.

Die x-Koordinate des Cournot'schen Punktes bezeichnet die Absatzmenge, bei der der **maximale Gesamtgewinn** erzielt wird, die y-Koordinate von C ist der zugehörige Stückpreis.

Gewinnmaximale Absatzmenge: $x_{max} = x_c$

Gewinnmaximaler Preis: $p_c = p_N(x_c) = \frac{E(x_c)}{x_c}$.

Beispiel 2

➲ Für die Gesamtkostenfunktion K eines Monopolisten gilt: $K(x) = x^3 - 12x^2 + 60x + 96$.
Er produziert mit der Preis-Absatzfunktion $p_N(x) = -10x + 120$.
Ein Monopolist will den Preis so festsetzen, dass Gewinn erzielt wird.
Bestimmen Sie das Preisintervall.

Lösung

Erlösfunktion E: $E(x) = p_N(x) \cdot x = -10x^2 + 120x$

Gewinnfunktion: $G(x) = E(x) - K(x) = -10x^2 + 120x - (x^3 - 12x^2 + 60x + 96)$

$G(x) = 0$ führt auf die Lösungen: $(x_1 \approx -7,58 < 0)$; $x_2 \approx 1,58$; $x_3 = 8$

Gewinnschwelle: $x_{GS} = 1,58$

Gewinngrenze: $x_{GG} = 8$

Preisfestlegung: $p_N(1,58) = 104,2$;

$p_N(8) = 40$

Der Preis muss zwischen 40 GE/ME und 104,2 GE/ME liegen.

Preisintervall: (40; 104,2)

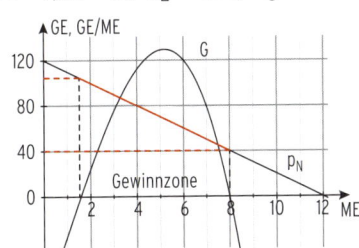

Gesamtkosten, Erlös und Gewinn

bei vollständiger Konkurrenz

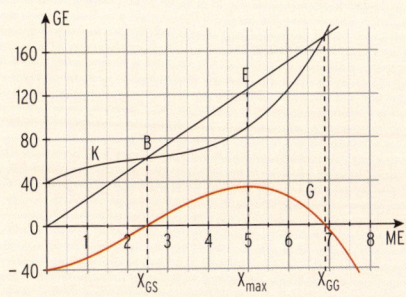

bei Angebotsmonopol

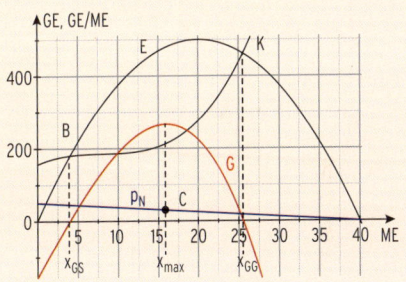

Kostenfunktion: $K(x) > 0$; K ist monoton wachsend.

Konstanter Stückpreis p	Preis-Absatzfunktion: $p_N(x) = ax + b$

Erlösfunktion: $E(x) = p \cdot x$ — **Erlösgerade**

Erlösfunktion: $E(x) = p_N(x) \cdot x$ — **Erlösparabel**

Gewinnfunktion: $G(x) = E(x) - K(x)$

Gewinnzone: $G(x) = 0$ führt auf die Gewinnschwelle x_{GS} und die Gewinngrenze x_{GG}.

Break-Even-Punkt $B(x_{GS} | K(x_{GS}))$

Gewinnmaximum in x_{max}

Gewinnmaximaler Preis: $p_N(x_{max})$

Cournot'scher Punkt $C(x_{max} | p_N(x_{max}))$

Aufgaben

1 Die Gesamtkosten eines Polypolisten in Abhängigkeit von der Ausbringungsmenge x in Mengeneinheiten (ME) werden beschrieben durch die Funktion K mit
$K(x) = \frac{1}{4}x^3 - 6x^2 + 50x + 280$; $K(x)$ in Geldeinheiten (GE).
Die Kapazitätsgrenze liegt bei 24 ME.
Die produzierte Ware wird für 44 GE pro ME verkauft.

a) Zeichnen Sie das Schaubild von K und der Erlösfunktion E in ein Koordinatensystem.

b) Die Gewinnschwelle liegt zwischen 9 ME und 10 ME. Bestimmen Sie die Gewinnschwelle auf eine Dezimale gerundet.

c) Ermitteln Sie die Menge, die das Unternehmen produzieren muss, um maximalen Gewinn zu erzielen. Geben Sie den maximalen Gewinn an.

d) Berechnen Sie die durchschnittliche Zunahme der Gesamtkosten je Stück, wenn die Produktion von 10 auf 15 Stück erhöht wird.

e) Bestimmen Sie die Ausbringungsmenge mit dem geringsten Kostenzuwachs und geben Sie diesen an. Interpretieren Sie Ihr Ergebnis.

2 Gesamtkostenfunktion und Erlösfunktion eines Monopolisten sind durch
$K(x) = x^3 - 12x^2 + 60x + 98$ und $E(x) = -10x^2 + 120x$ gegeben.
Die Kapazitätsgrenze wird bei einer Produktion von 12 ME erreicht.

a) Die Gewinnzone endet etwa bei 8 ME. Überprüfen Sie.

b) Bei 4 ME beträgt der Gewinn 110 GE. Ermitteln Sie die Produktionsmenge, bei der der Gewinn ebenfalls 110 GE beträgt.

c) Bestimmen Sie das Gewinnmaximum.

d) Geben Sie den Preis an, damit der maximale Gewinn erwirtschaftet wird.
Bestimmen Sie die Koordinaten des Cournot'schen Punktes.

3 Die Firma Anton Thomalle in Soest baut Motoren. Die Gesamtkosten des Motors ES1A in €
betragen $K(x) = 0{,}1x^3 - 7x^2 + 220x + 800$; der Erlös pro Stück liegt bei 250 €.
Die Kapazitätsgrenze liegt bei 80 Stück.

a) An der Kapazitätsgrenze wird ein Gewinn erzielt. Überprüfen Sie diese Behauptung.

b) Ermitteln Sie den maximalen Gewinn.

c) Prüfen Sie, ob die Unternehmung bei Produktion und Verkauf von 8 ME einen positiven Deckungsbeitrag erzielt. Geben Sie diesen gegebenenfalls an.

4 Die Jäger GmbH beschreibt ihre Kosten mit folgender Funktion:
$K(x) = \frac{1}{8}x^3 - \frac{7}{4}x^2 + 15x + 36$; dabei ist x in ME und $K(x)$ in GE angegeben.

Das Produkt wird zum Preis von 15 GE/ME am Markt verkauft.

Das Unternehmen will seinen maximalen Gewinn steigern, ist sich aber unschlüssig, welche Strategie es verfolgen soll.

Es stehen zwei alternative Varianten zur Auswahl:

Variante A: Die Fixkosten werden um 10 % gesenkt.

Variante B: Die variablen Kosten werden um 5 % gesenkt.

Begründen Sie durch Rechnung, welche Variante für das Unternehmen günstiger ist.

Betriebsminimum und kurzfristige Preisuntergrenze

Beispiel

➲ Die Gesamtkostenfunktion K eines Unternehmens ist

$K(x) = x^3 - 75x^2 + 2100x + 8000$.

Das Unternehmen muss aus Konkurrenzgründen seinen Verkaufspreis senken und ist bereit, die fixen Kosten als Verlust in Kauf zu nehmen. Beurteilen Sie diese Situation.

Lösung

Der Verkaufspreis muss so gestaltet sein, dass die minimalen variablen Stückkosten gedeckt sind. In diesem Fall macht das Unternehmen einen Verlust in Höhe der Fixkosten.

Für die variablen Stückkosten (Kosten pro ME) gilt: $k_v(x) = \frac{K_v(x)}{x}$

Aus $\qquad\qquad\qquad\qquad\qquad K(x) = x^3 - 75x^2 + 2100x + 8000$

folgt mit $K_{fix} = 8000 \qquad\qquad K_v(x) = x^3 - 75x^2 + 2100x$

und daraus die **variablen Stückkosten** k_v: $\qquad k_v(x) = x^2 - 75x + 2100$

Relatives Minimum von k_v: $k'_v(x) = 0 \qquad 2x - 75 = 0 \Leftrightarrow x = 37,5$

Hinweis: Die k_v-Parabel ist nach oben geöffnet und nimmt in x_S ein Minimum an.

Minimum: $\qquad\qquad\qquad\qquad\qquad\qquad k_v(37,5) = 693,75$

Für $x = 37,5$ nimmt $k_v(x)$ ein **(relatives und absolutes) Minimum** an.

Betriebsminimum $x_{BM} = 37,5$. Das **Minimum der variablen Stückkosten** beträgt 693,75 GE/ME. **Kurzfristige Preisuntergrenze (KPU):** KPU = 693,75 GE/ME

Ergebnis: 693,75 GE pro ME ist der **kleinstmögliche** Preis, zu dem das Unternehmen seine Ware verkaufen kann, wenn die fixen Kosten als Verlust in Kauf genommen werden.

Hinweis: Ein absolutes Minimum (Maximum) wird auch als globales Minimum (Maximum) bezeichnet.

Beachten Sie

Das **Betriebsminimum x_{BM}** ist die Ausbringung (x-Wert), bei der die **variablen Stückkosten minimal** sind.

Bedingung für x_{BM}: $k'_v(x_{BM}) = 0$

(Der Nachweis $k''_v(x_{BM}) > 0$ ist für K ertragsgesetzlich stets erfüllt.)

Das Minimum der variablen Stückkosten $k_v(x_{BM})$ stellt die **kurzfristige Preisuntergrenze (KPU)** dar, denn kurzfristig lässt sich der Verkaufspreis bis auf diese variablen Stückkosten senken, wenn das Unternehmen die fixen Kosten als Verlust in Kauf nimmt.

Die **Grenzkostenkurve** schneidet die **Kurve der variablen Stückkosten k_v** in deren Tiefpunkt (in x_{BM}) (falls dieser existiert).

In x_{BM} sind **folgende Bedingungen erfüllt:**

$k'_v(x) = 0$ (waagrechte Tangente an die k_v-Kurve)

$K'(x) = k_v(x)$

(Schnittpunkt von K'-Kurve und k_v-Kurve)

am Beispiel: $K(x) = 0,1x^3 - 1,2x^2 + 4,9x + 4$

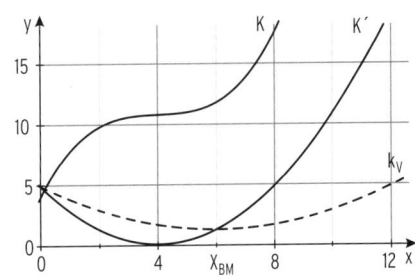

Betriebsoptimum und langfristige Preisuntergrenze

Beispiel

⊃ Die Gesamtkosten für ein Produkt eines Unternehmens werden bestimmt durch die
Funktion K mit $K(x) = x^3 - 75x^2 + 2100x + 8000$, $x \in [0; 60]$.
Das Unternehmen muss aus Konkurrenzgründen seinen Verkaufspreis senken.
Bestimmen Sie den kleinsten Verkaufspreis für eine verlustfreie Produktion.

Lösung

Um langfristig bestehen zu können, muss der Verkaufspreis mindestens so hoch sein wie
die Stückkosten. Bei diesem Preis wird kein Gewinn und kein Verlust gemacht.

Für die **Stückkosten** (Gesamtkosten pro ME) gilt: $k(x) = \dfrac{K(x)}{x}$

$$k(x) = x^2 - 75x + 2100 + \frac{8000}{x}$$

Bedingung für Minimum: $k'(x) = 0$ und $k''(x) > 0$

Ableitungen mit der **Potenzregel:**

$$\frac{1}{x} = x^{-1}$$
$$\left(\frac{1}{x}\right)' = -\frac{1}{x^2} \qquad \left(\frac{1}{x^2}\right)' = -\frac{2}{x^3}$$

$k'(x) = 2x - 75 - \dfrac{8000}{x^2}; \quad k''(x) = 2 + \dfrac{16000}{x^3}$

Notwendige Bedingung: $k'(x) = 0$ $2x - 75 - \dfrac{8000}{x^2} = 0$

Mit CAS: $x = 40$

Mit $k''(40) > 0$: **für $x = 40$ nimmt $k(x)$ ein (relatives und absolutes) Minimum an.**
Einsetzen in $k(x)$ ergibt: $k(40) = 900$
Ergebnis: Für $x = 40$ nimmt $k(x)$ das Minimum $k(40) = 900$ an.
Für 40 ME betragen die Stückkosten 900 GE pro ME.

Schaubild der **Stückkostenfunktion k:**
Da die Stückkosten für kleine und für sehr
große Produktionsmengen gegen unendlich
streben, ist das **relative Minimum** von k stets
auch das **absolute Minimum von k.**
Ergebnis: Das Produkt muss mindestens für
900 GE/ME verkauft werden, um langfristig am
Markt bestehen zukönnen.

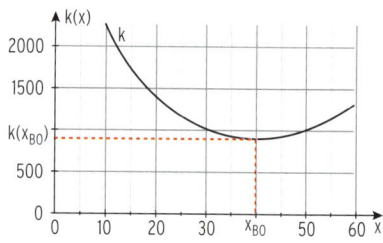

Erläuterungen:

Die Ausbringungsmenge, bei der die **Stückkosten minimal** sind, nennt man **Betriebsoptimum** $x_{BO} = 40$. Setzt man $x_{BO} = 40$ in $k(x)$ ein, so erhält man das **Minimum der Stückkosten:** $k(40) = 900$ (GE). Diesen Geldwert bezeichnet man als **langfristige Preisuntergrenze (LPU),** denn 900 GE pro ME ist der **kleinstmögliche Verkaufspreis,** zu dem das
Unternehmen seine Ware verkaufen kann, bei einer verlustfreien Produktion. Bei Produktion und Verkauf von 40 ME sind bei einem Stückerlös von 900 GE **alle Kosten gedeckt,**
das Unternehmen macht keinen Verlust und keinen Gewinn.

Beachten Sie

Das Betriebsoptimum x_{BO} ist die **Ausbringungsmenge (x-Wert),** bei der die **Stückkosten minimal** sind.
Bedingung für x_{BO}: $k'(x_{BO}) = 0$ und $k''(x_{BO}) > 0$.
Das Minimum der Stückkosten $k(x_{BO})$ gilt als **langfristige Preisuntergrenze LPU.**
Senkt das Unternehmen den Verkaufspreis (je ME) bis auf die minimalen Stückkosten, so sind bei der Produktion fixe und variable Kosten gerade noch gedeckt.

Vergleich von Betriebsoptimum und Betriebsminimum

am Beispiel K mit $K(x) = x^3 - 75x^2 + 2100x + 8000$ und $E(x) = 1500x$:

Das **Betriebsminimum** liegt bei $x = x_{BM} = 37,5$.
Bei einem Stückerlös von $k_v(x_{BM}) = 693,75\,GE$ **(kurzfristige Preisuntergrenze)** werden nur die (minimalen) variablen Kosten gedeckt.
Das **Betriebsoptimum** liegt bei $x = x_{BO} = 40$.
Bei einem Stückerlös von $k(x_{BO}) = 900\,GE$ **(langfristige Preisuntergrenze)** werden die (minimalen) Kosten gedeckt.
Bei einem **Verkaufspreis** von mehr als 900 GE je ME übersteigt der Erlös die Kosten in der Gewinnzone.

kurzfristige Preisuntergrenze 693 GE (je ME)	<	langfristige Preisuntergrenze 900 GE (je ME)	<	Stückerlös Verkaufspreis je ME 1500 GE

Betriebsminimum x_{BM}

Bedingung: $k_v'(x) = 0$

Kurzfristige Preisuntergrenze:

$$k_v(x_{BM})$$

Betriebsoptimum x_{BO}

Bedingung: $k'(x) = 0$

Langfristige Preisuntergrenze:

$$k(x_{BO})$$

Der Graph der **Funktion der variablen Stückkosten k_v** und der Graph der **Funktion der Stückkosten k** unterscheiden sich für **große x-Werte** kaum: $k_v(x) \approx k(x)$

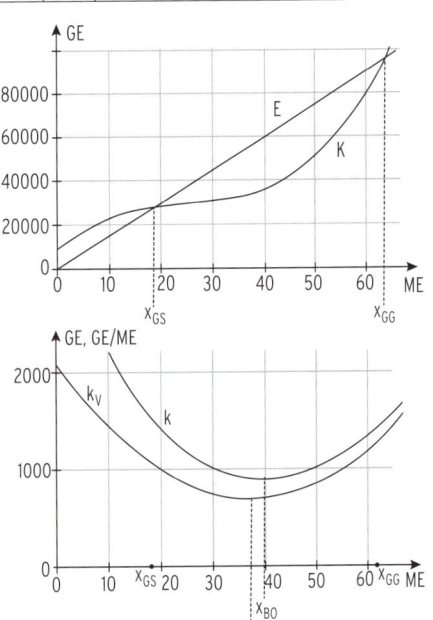

Grafische Interpretation des Betriebsminimums

Beispiel

⮕ Die Gesamtkosten K eines Betriebs in GE für die Produktion von x ME werden beschrieben durch $K(x) = 0.2x^3 - 3x^2 + 20x + 54$; $0 \leq x \leq 13$.
Bestimmen Sie die Gleichung der Tangente an die Kostenkurve durch den Punkt P(0|54). Interpretieren Sie aus ökonomischer Sicht.

Lösung

Für die **Tangente** in einem beliebigen Kurvenpunkt
$B(u|K(u))$ durch den Punkt P (Die **Berührstelle**
x = u ist nicht bekannt.) gilt:

$K'(u) = \frac{K(u) - y_p}{u - x_p}$

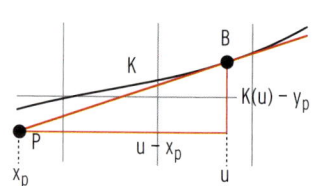

Mit $y_p = 54$ und $x_p = 0$ gilt: $K'(u) = \frac{K(u) - 54}{u - 0}$

$K(u) = 0.2u^3 - 3u^2 + 20u + 54$; $K'(u) = 0.6u^2 - 6u + 20$

> **Steigungsdreieck** mit den Eckpunkten P(0 | 54) und B (Berührpunkt).

Einsetzen ergibt: $0.6u^2 - 6u + 20 = \frac{0.2u^3 - 3u^2 + 20u + 54 - 54}{u}$

Vereinfachen ergibt: $0.6u^2 - 6u + 20 = 0.2u^2 - 3u + 20$

Gleichung in Nullform: $0.4u^2 - 3u = 0$

Auflösen ergibt die **Berührstellen**: $u_1 = 0$; $u_2 = 7.5$

Gleichung der Tangente im Berührpunkt
$B_2(7.5 | 119.625)$ mit Steigung $K'(5) = 8.75$
Gleichung der Tangente in B_2: $y = 8.75x + 54$

Interpretation:
Die Steigung der Tangente an den Graphen von
K in $u_2 = 7.5$ entspricht den **minimalen variablen Stückkosten:**

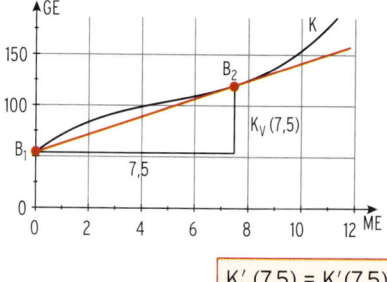

$m = K'(7.5) = \frac{K_v(7.5)}{7.5} = 8.75$

> $K_v'(7.5) = K'(7.5)$

Der **Preis** von 8,75 GE/ME deckt nur die **minimalen variablen Stückkosten**. Die Berührstelle ist das **Betriebsminimum x_{BM}.**
Die **variablen Stückkosten** sind in 7,5 ME minimal und betragen 8,75 GE/ME.

Beachten Sie

Für die Berührstelle $u \neq 0$ einer Tangente durch den **Punkt (0|K(0))** an die
Gesamtkostenkurve gilt: $K_v'(u) = \frac{K_v(u)}{u}$

Die Berührstelle u entspricht dem **Betriebsminimum x_{BM}.**
Im **Betriebsminimum** sind die **variablen Stückkosten am geringsten.**

Hinweis: Gleichung der Tangente in B_1: $y = 20x + 54$
Die **Grenzkosten** in $B_1(0 | 54)$ betragen $K'(0) = 20$.

Grafische Interpretation des Betriebsoptimums

Beispiel 1

➲ Die Gesamtkosten K eines Betriebs in GE für die Produktion von x ME werden beschrieben durch $K(x) = 0,2x^3 - 3x^2 + 20x + 48,6$; $0 \leq x \leq 12$.

a) Zeigen Sie: Das Betriebsoptimum liegt bei 9 ME. Bestimmen Sie die langfristige Preisuntergrenze

b) Die Tangente an die Kostenkurve in x = 9 verläuft durch den Ursprung. Überprüfen Sie.

c) Interpretieren Sie Ihre Ergebnisse aus ökonomischer Sicht.

Lösung

a) Stückkosten:

$$k(x) = 0,2x^2 - 3x + 20 + \frac{48,6}{x}$$

Ableitung:

$$k'(x) = 0,4x - 3 - \frac{48,6}{x^2}$$

Probe mit x = 9:

$$k'(9) = 0,4 \cdot 9 - 3 - \frac{48,6}{9^2}$$

$$k'(9) = 0$$

Mit $k''(x) = 0,4 + \frac{2 \cdot 48,6}{x^3} > 0$ gilt: $k''(9) > 0$

In x = 9 nimmt k ihren kleinsten Wert an: $x = x_{BO} = 9$

langfristige Preisuntergrenze: $k(9) = 14,6$

b) Tangente an die Gesamtkostenkurve in x = 9

$K'(9) = 14,6$; $K(9) = 131,4$

einsetzen in die Hauptform $y = mx + b$:

$131,4 = 14,6 \cdot 9 + b$

$b = 0$

Gleichung der Tangente: $y = 14,6x$

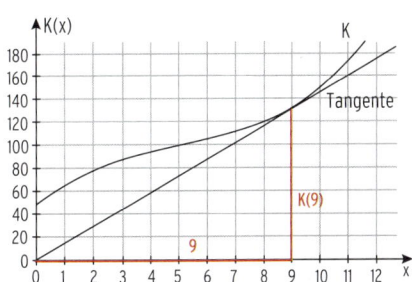

c) Interpretation:

Für die Berührstelle x = 9 gilt: $K'(9) = \frac{K(9)}{9} = 14,6$

Die Steigung der Tangente entspricht den **minimalen Stückkosten:** $m = K'(u) = \frac{K(u)}{u}$.

Der **Mindestpreis** für eine verlustfreie Produktion liegt bei 14,6 GE/ME.

Die Berührstelle ist das **Betriebsoptimum x_{BO}.**

Die **Stückkosten** sind in x = 9 minimal und betragen 14,6 GE/ME.

Beachten Sie

Für die Berührstelle $u \neq 0$ einer Tangente durch den **Ursprung** an die Gesamtkostenkurve gilt: $K'(u) = \frac{K(u)}{u}$

Die Berührstelle u entspricht dem **Betriebsoptimum x_{BO}.**

Im **Betriebsoptimum** sind die **Stückkosten am geringsten.**

Beispiel 2

⮕ Die Gesamtkosten K eines Unternehmens lassen sich darstellen durch
$K(x) = x^3 - 14x^2 + 66x + 40; \ 0 \le x \le 11$.
Bestimmen Sie zeichnerisch einen Näherungswert für das Betriebsoptimum.

Lösung

Die **Tangente vom Ursprung aus berührt
die Gesamtkostenkurve** von K im **optimalen
Kostenpunkt** (OKP) mit Abszisse x_{BO}.
Wir lesen aus der Zeichnung ab:
$x_{BO} = 7,3$.
Die **Steigung** m der Tangente ist $k(x_{BO})$.

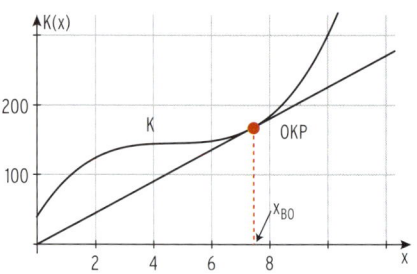

Erläuterung der grafischen Bestimmung des Betriebsoptimums

Stückkostentabelle

x	2	4	7,3	8
$K(x)$	124	144	164,8	184
$k(x) = \dfrac{K(x)}{x}$	62	36	22,6	23

Wir lesen ab:

Für $x = 7,3 = x_{BO}$ ergeben sich die **kleinsten
Stückkosten.**

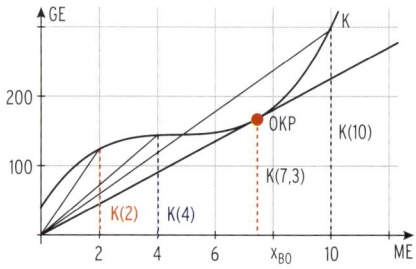

Zusammenfassung

x_{BO} ist die **Ausbringungsmenge,** bei der das **Verhältnis von Gesamtkosten** und

Ausbringungsmenge am günstigsten ist: $\dfrac{K(x_{BO})}{x_{BO}} = k(x_{BO})$ ist minimal.

**Die Stückkosten sind an der Stelle x_{BO} minimal, wenn die Ursprungsgerade Tangente
an den Graph von K in x_{BO} ist.**

Bedingungen für x_{BO}: $\mathbf{k'(x) = 0}$

(In x_{BO} gilt: die Stückkosten sind minimal.)

Oder: $\mathbf{K'(x) = k(x) = \dfrac{K(x)}{x}}$

(In x_{BO} gilt: Steigung der Tangente $k(x_{BO})$ = Steigung der Gesamtkostenkurve $K'(x_{BO})$.)

Vorgehensweise zur grafischen Bestimmung von x_{BO}

Vom Ursprung O(0|0) aus wird die **Tangente an die Gesamtkostenkurve** gelegt.
Der Berührpunkt heißt **optimaler Kostenpunkt (OKP).**
Die Abszisse (x-Koordinate) ist das **Betriebsoptimum** x_{BO}.

Aufgaben

1 Die Gesamtkosten eines Polypolisten in Abhängigkeit von der Ausbringungsmenge x in
Mengeneinheiten (ME) werden beschrieben durch die Funktion K mit
$K(x) = \frac{1}{4}x^3 - 6x^2 + 50x + 280$; K(x) in GE. Die Kapazitätsgrenze liegt bei 24 ME.
Die produzierte Ware wird für 44 GE pro ME verkauft.

a) Zeigen Sie: Das Betriebsoptimum liegt bei etwa 14,6 ME. Bestimmen Sie die langfristige
Preisuntergrenze.

b) Ermitteln Sie die kurzfristige Preisuntergrenze.

2 Die Gesamtkosten für ein Produkt der HOW AG werden bestimmt durch die
Funktion K mit $K(x) = 0,01x^3 - 6x^2 + 1500x + 100\,000$, $x \in [0; 700]$.

a) Ein Verkaufspreis von 1500 GE pro ME sichert eine verlustfreie Produktion. Nehmen Sie
Stellung zu dieser Behauptung. Nennen Sie eine mögliche Produktionsmenge.

b) Die Geschäftsleitung behauptet, dass der Verkaufspreis für eine verlustfreie Produktion
bis auf 910 GE/ME gesenkt werden kann. Überprüfen Sie diese Behauptung.
Berechnen Sie die Produktionsmenge, die dann produziert und verkauft wird.

3 Firma Esram ist Monopolist für Spezialleuchtmittel.
Die Gesamtkosten der Herstellung der Sparlampe XXL
lassen sich beschreiben durch
$K(x) = 0,2x^3 - 0,8x^2 + 1,6x + 2$; x in ME, K(x) in GE.
Die Preis-Absatz-Funktion p_N wird durch $p_N(x) = \frac{11}{3} - \frac{2}{3}x$ gegeben.

a) Berechnen Sie die Gewinnzone und den maximalen Gewinn des Unternehmens.

b) Ermitteln Sie das Betriebsminimum. Erläutern Sie seine Bedeutung für die Planung
der Produktionsmengen und des Verkaufspreises.

4 Die Unternehmung Anton Thomalle in Soest baut Motoren. Die Gesamtkosten des Motors
ES1A in € betragen $K(x) = 0,1x^3 - 7x^2 + 220x + 800$; der Erlös pro Stück liegt bei 250 €.
Die Kapazitätsgrenze liegt bei 80 Stück.

a) Bestimmen Sie den kleinstmöglichen Preis, wenn die Unternehmung die fixen Kosten als
Verlust in Kauf nimmt.

b) Eine Lösung der Gleichung k'(x) = 0 liegt zwischen 37 und 38 ME. Bestimmen Sie die
Lösung auf eine Dezimale gerundet. Ermitteln Sie den Verkaufspreis für eine verlustfreie
Produktion.

5 Der Computerladen AIKO hat für das Notebook die Gesamtkosten K mit
$K(x) = 0,02x^3 - 5,8x^2 + 591x + 12450$ angegeben (x in ME; K(x) in GE) .
Das Unternehmen kann aufgrund des Maschinenparks maximal 300 ME produzieren.

a) Bestimmen Sie die Funktionsgleichung der variablen Gesamtkostenfunktion K_v.
Ermitteln Sie die Stelle, an welcher der Graph der Grenzkostenfunktion ein
Minimum besitzt. Interpretieren Sie diese Stelle aus ökonomischer Sicht.

b) Zeigen Sie: $x_{BO} = 157,5$. Bestimmen Sie den Mindestpreis, damit der Hersteller langfristig
keinen Verlust erleidet.

c) Berechnen Sie für einen Preis von p = 599 den maximalen Deckungsbeitrag.

6 Das Unternehmen Tigema produziert Trikots.
Die Gesamtkosten in GE sind gegeben durch
$K(x) = x^3 - 30x^2 + 1860x + 1400$; x in ME.
Die Kapazitätsgrenze für die Produktion liegt
bei 30 ME. Dem Unternehmen liegt ein Auftrag
über 15 ME vor.

a) Bestimmen Sie die Gesamtkosten, die variablen Kosten und die variablen Stückkosten für
den Auftrag. Die Gesamtkostenfunktion K hat
keine Nullstelle. Erklären Sie dies
aus ökonomischer Sicht.

b) Die Berechnung des Betriebsoptimums führt
auf die Gleichung $x^3 - 15x^2 - 700 = 0$. Eine
Lösung liegt bei etwa 17,3. Überprüfen Sie
beide Behauptungen. Beschreiben Sie die ökonomische Bedeutung dieser Stelle.

7 Die Kostensituation des Industrieunternehmens Besler und Sohn soll untersucht werden.
Die Grenzkosten werden beschrieben durch die Funktion K′ mit $K'(x) = 2x^2 - 16x + 40$.
Die Fixkosten belaufen sich auf 28 GE. Die Kapazitätsgrenze liegt bei 12 ME.

a) Zeigen Sie, dass für die Gesamtkostenfunktion K gilt: $K(x) = \frac{2}{3}x^3 - 8x^2 + 40x + 28$

b) Bestimmen Sie die Funktion der
variablen Gesamtkosten, der
variablen Stückkosten und der
gesamten Stückkosten.
Ordnen Sie diese 3 Funktionen und
die Gesamtkostenfunktion K den
verschiedenen Graphen in der Abbildung zu.

c) Beschreiben Sie den Verlauf der
Gesamtkosten. Verwenden Sie die
Begriffe degressiv und progressiv.
Geben Sie den Punkt an, in dem sich das Verhalten ändert.

d) Zeigen Sie: $x_{BO} = 6{,}5$.

e) Der Konkurrenzdruck hat sich erhöht. Das Unternehmen stellt Überlegungen an, wie weit
der Preis für einen bestimmten Zeitraum gesenkt werden kann.
Formulieren Sie einen geeigneten Vorschlag.

8 Die Gesamtkosten K eines Unternehmens in GE für die Produktion von x ME werden
beschrieben durch $K(x) = 0{,}2x^3 - 11x^2 + 220x + 3675$ für $0 \le x \le 50$.
Die Gerade mit $y = 185x$ ist Tangente an den Graphen von K.
Bestimmen Sie die Berührstelle.
Interpretieren Sie Ihre Ergebnisse aus ökonomischer Sicht.

Test zur Überprüfung Ihrer Grundkenntnisse

1 Die Kosten K (in GE) eines Unternehmens für die Herstellung von Holzspielzeug hängt von der Ausbringungsmenge x (in ME) wie folgt ab: $K(x) = x^3 - 14x^2 + 100x + 600$.

a) Zeigen Sie, das Betriebsoptimum liegt bei 10 ME. Berechnen Sie die langfristige Preisuntergrenze.

b) Ermitteln Sie den maximalen Gewinn, wenn der Marktpreis konstant bei 125 GE/ME liegt.

2 Ein Monopolist produziert laktosefreie Milch.
Das Agrarinstitut stellte die Preis-Absatz-Funktion
p_N mit $p_N(x) = -1,5x + 16,8$ fest.
Die Mengen x sind in ME, Preise in GE angegeben.
Die Gesamtkosten sind gegeben durch
$K(x) = 0,4x^3 - 2,4x^2 + 4,8x + 16,8$; $K(x)$ in GE.

a) Bestimmen Sie die Erlösfunktion E und das Erlösmaximum.
Geben Sie den maximalen, ökonomisch sinnvollen Definitionsbereich an.

b) Weisen Sie nach, dass mit $G(x) = -0,4x^3 + 0,9x^2 + 12x - 16,8$ die Gewinnfunktion G gegeben ist.

c) Die Gewinnschwelle liegt zwischen 1 ME und 2 ME. Bestimmen Sie die Gewinnschwelle auf eine Dezimalstelle genau.

d) Berechnen Sie das Gewinnmaximum. Ermitteln Sie den Cournot'schen Punkt und erläutern Sie seine ökonomische Bedeutung.

3 Die Firma TAROBALD Motorentechnik GmbH besitzt seit einigen Jahren das Patent auf einen speziellen Ölfilter.
Es gilt die Gesamtkostenfunktion K mit
$K(x) = \frac{1}{30}x^3 - \frac{9}{2}x^2 + 270x + 6000$; $x \geq 0$; $K(x)$ in GE.
Die Kapazitätsgrenze liegt bei 150 ME.

a) Bestimmen Sie die Funktionsterme der fixen Stückkosten, der variablen Stückkosten, der Stückkosten und der Grenzstückkosten. Berechnen Sie den ökonomisch sinnvollen Definitionsbereich dieser vier Funktionen.

b) Berechnen Sie das Betriebsminimum und die kurzfristige Preisuntergrenze. Interpretieren Sie Ihre Ergebnisse aus ökonomischer Sicht.

4 Berechnen Sie die Produktionsmenge mit minimalen Grenzkosten und die Produktionsmenge, bei der die variablen Stückkosten minimal sind für die Gesamtkostenfunktion K mit $K(x) = 1,5x^3 - 13x^2 + 40x + 15$.
Berechnen Sie das Verhältnis der beiden Produktionsmengen.

3.2 Extremwertaufgaben

Beispiel 1

mvurl.de/ndy5

➲ Aus einem Werkstück soll ein Dreieck heraus-
gefräst werden. Die Berandung des Werkstücks
wird beschrieben durch die Funktion f mit
$f(x) = -0,5x^2 + 2$; $-2 \leq x \leq 2$ (siehe Abbildung).
Das Dreieck mit der Spitze $O(0|0)$ hat seine
beiden Ecken auf dem Schaubild von f.
Bestimmen Sie das Dreieck mit dem größtmöglichen Flächeninhalt.

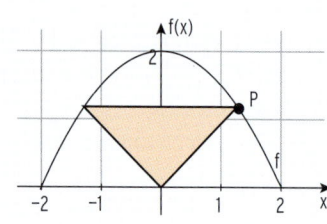

Lösung

Wir wählen den Eckpunkt $P(a | -0,5a^2 + 2)$ auf dem Graphen von f für $0 \leq a \leq 2$.
Für jede Wahl von a erhält man ein Dreieck mit dem Flächeninhalt $A(a)$.
Jedem $a \in [0; 2]$ wird durch die Funktion $A: a \mapsto A(a)$ ein Flächeninhalt zugeordnet.

Zielfunktion:
$$A(a) = \frac{1}{2} \cdot 2a \cdot f(a) = a \cdot (-0,5a^2 + 2)$$
$$A(a) = -0,5a^3 + 2a; \quad D = [0; 2]$$

Untersuchung von A auf ein Maximum
Ableitungen: $A'(a) = -1,5a^2 + 2$; $A''(a) = = -1,5a$

Notwendige Bedingung: $A'(a) = 0$ $\qquad -1,5a^2 + 2 = 0$
Mit $a > 0$: $\qquad\qquad\qquad\qquad\qquad a = 1,15$

Nachweis: $\qquad\qquad\qquad\qquad\qquad A''(1,15) < 0$
A hat ein relatives Maximum für $a = 1,15$. $\qquad$ Schaubild der Zielfunktion
Relatives Maximum: $A_{max} = A(1,15) = 1,54$

Randwerte
Für die Randstellen $a = 0$ und $a = 2$ gilt:
$A(0) = A(2) = 0 < A(1,15)$

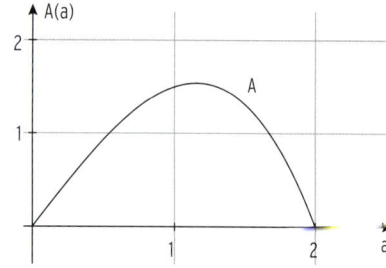

Ergebnis: Das Dreieck mit den Punkten
$P(1,15|1,34)$, $Q(-1,15|1,34)$ und $O(0|0)$
hat den größten Flächeninhalt.

**Hinweis zum relativen und absoluten
Extremum auf [a; b]:**
$f(a)$ ist ein **absolutes Maximum**.
$f(x_1)$ ist ein **relatives Minimum**.
$f(x_2)$ ist ein **relatives Maximum**.
$f(b)$ ist ein **absolutes Minimum**.

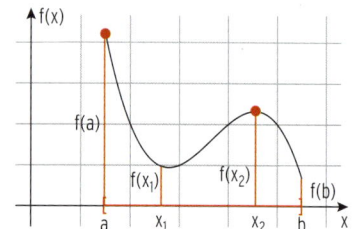

Beispiel 2

➲ Jan ist Auszubildender bei der Firma Stefan Osann, Bürobedarf in Soest.
Er soll aus einem DIN-A4-Karton eine nach oben offene Schachtel für Werbegeschenke mit maximalem Volumen entwickeln.
Zeigen Sie, dass das Volumen der Schachtel durch die Funktion V mit
$V(x) = 4x^3 - 102x^2 + 630x$ gegeben ist.

Lösung

Ein DIN A4 Karton ist 210 mm breit und
297 mm lang, für die Rechnung wählt er
21 cm und 30 cm.

Die Schachtel hat die Form eines Quaders.

Volumen der Schachtel:

V = Länge · Breite · Höhe

Länge: $30 - 2x$

Breite: $21 - 2x$

Höhe: x mit $0 \leq x \leq 10{,}5$

Funktion V, die jeder Höhe x das Volumen zuordnet:

Zielfunktion

V mit $V(x) = (30 - 2x)(21 - 2x)x$; $x \in [0; 10{,}5]$

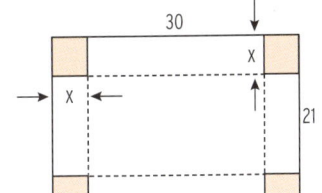

Untersuchung auf ein Maximum

Ausmultiplizieren zum Ableiten:

$V(x) = (30 - 2x)(21 - 2x)x = 4x^3 - 102x^2 + 630x$

Ableitungen: $V'(x) = 12x^2 - 204x + 630$;

$V''(x) = 24x - 204$

Bedingung für lokales Maximum: $V'(x) = 0$

$12x^2 - 204x + 630 = 0$

Lösung ergibt: $x_1 \approx 4{,}1$; $x_2 \approx 12{,}9$

Mit $12{,}9 > 10{,}5$ und $V''(4{,}1) < 0$ erhält er: $x_1 \approx 4{,}1$ ist lokale Maximalstelle.

Das zugehörige Volumen in cm³ beträgt $V(4{,}1) = 1144{,}1$

Der **Vergleich mit den Randwerten** $V(0) = 0$

$V(10{,}5) = 0$

ergibt: Das lokale Maximum ist auch das **absolute (globale) Maximum.**

Die Schachtel mit maximalem Volumen von etwa 1144,1 cm³ hat folgende Maße in cm:

Höhe 4,1, Länge $30 - 2 \cdot 4{,}1 = 21{,}8$; Breite $21 - 2 \cdot 4{,}1 = 12{,}8$

Die Maße sind optimal, da die Post das Päckchen ohne Aufpreis transportiert.

Zusätzlich hat es für kleine Geschenke eine praktische Größe.

Beispiel 3

⮕ Für die Produktion von Fertigteilen stehen zwei Verfahren zur Verfügung.
Dabei gelten die Kostenfunktionen K_1 mit $K_1(x) = 0{,}4\,x^3 - 2\,x^2 + 8\,x + 80$ und K_2 mit
$K_2(x) = 0{,}6\,x^3 - 2{,}2\,x^2 + 3\,x + 80$, x in ME, $K_1(x)$, $K_2(x)$ in GE.

a) Bestimmen Sie die Produktionszahlen, für die Verfahren 2 günstiger ist.

b) Ermitteln Sie die Produktionszahl $x \leq 5$ mit dem größten Kostenunterschied.
Geben Sie diesen Maximalwert an.

Lösung

a) Schnittstelle der beiden Kostenkurven durch Gleichsetzen:

$K_1(x) = K_2(x)$ $0{,}4\,x^3 - 2\,x^2 + 8\,x + 80 = 0{,}6\,x^3 - 2{,}2\,x^2 + 3\,x + 80$

Diese Gleichung hat die Lösungen: $x_1 \approx -4{,}5$; $x_2 = 0$; $x_3 \approx 5{,}5$

Nur die positive Lösung ist relevant.

Mit $K_1(1) = 86{,}4$ und $K_2(1) = 81{,}4$ gilt:

Verfahren 2 ist günstiger für $x < 5{,}5$.

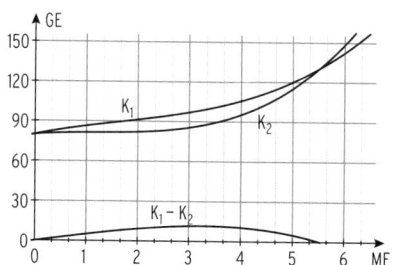

b) Differenzfunktion (Zielfunktion)

Wegen $K_1(x) > K_2(x)$ für $0 < x < 5$ gilt: $d(x) = K_1(x) - K_2(x)$

$d(x) = -0{,}2\,x^3 + 0{,}2\,x^2 + 5\,x$

Differenzfunktion mit Definitionsbereich:

$d(x) = -0{,}2\,x^3 + 0{,}2\,x^2 + 5\,x$; $0 \leq x \leq 5$

Schaubild der Differenzfunktion
für $0 < x < 5$:

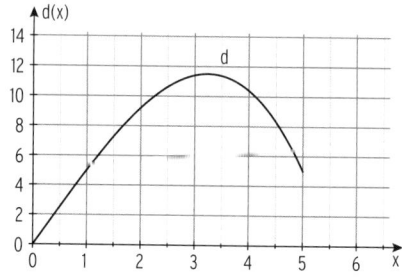

d nimmt in $x \approx 3{,}2$ ein lokales Maximum
an: $d(3{,}2) \approx 11{,}5$

Wegen $d(0) = 0$ und $d(5) = 5$ (Randwerte) nimmt d in $x \approx 3{,}2$ ein absolutes
Maximum an.

Ergebnis:

Der größte Kostenunterschied entsteht bei einer Produktion von etwa 3,2 ME.

Aufgaben

1 Gegeben ist die Funktion f mit $f(x) = \frac{1}{8}x^3 - 2x$; $x \in \mathbb{R}$, mit Schaubild K_f.

Die Punkte $P(u|f(u))$ und $Q(u|0)$ bilden zusammen mit dem Ursprung O ein Dreieck.

a) Zeichnen Sie für $u = 3$ das Dreieck in ein Koordinatensystem ein und bestimmen Sie den Flächeninhalt $A(3)$.

b) Bestimmen Sie für $0 \leq u \leq 4$ den Flächeninhalt A in Abhängigkeit von u.

Bestimmen Sie das Dreieck mit dem absolut größten Flächeninhalt.

2 Die Firma Weber Metallbau hat eine runde Glasfront über ihrem Ausstellungsraum (siehe Skizze). In diese Fläche soll eine möglichst große rechteckige Werbetafel für die Hausausstellung eingepasst werden.

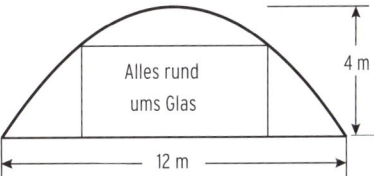

3 Für die Produktion von Fertigteilen stehen zwei Verfahren zur Verfügung.

Dabei gelten die Kostenfunktionen K_1 und K_2 mit $K_1(x) = 2x^3 - 0{,}5x^2 + 4x + 40$ und $K_2(x) = 3x^3 - 3{,}7x^2 + 1{,}5x + 40$; x in ME; $K_1(x)$ und $K_2(x)$ in GE.

a) Bestimmen Sie die Produktionszahlen, bei denen Verfahren 1 günstiger ist.

b) Ermitteln Sie die Produktionszahl $x \leq 3{,}5$ mit dem größten Kostenunterschied.

Geben Sie diese maximale Kostendifferenz an.

4 Bei einem quadratischen Karton mit der Seitenlänge 12 cm werden an den vier Ecken Quadrate mit der Seitenlänge x abgeschnitten. Der verbleibende Karton wird zu einer Schachtel (ohne Oberseite) geformt.

Stellen Sie die Volumenmaßzahl $V(x)$ der Schachtel in Abhängigkeit von x dar und geben Sie die Definitionsmenge der Funktion $V: x \mapsto V(x)$ an.

Bestimmen Sie einen Wert für x so, dass die Volumenmaßzahl $V(x)$ ihren absolut größten Wert annimmt. Geben Sie diesen größten Wert an.

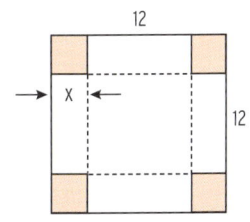

mvurl.de/7exa

5 Der Vorstand eines Unternehmens ist mit der Gewinnsituation unzufrieden. Er strebt an, diese zu verändern und diskutiert über zwei Varianten, die zu neuen Gewinnfunktionen führen:

Variante A: $G(x) = -\frac{1}{5}x^2 + \frac{24}{5}x - 27$. Die Kapazitätsgrenze liegt hier bei 19 ME vor.

Variante B: $G(x) = \frac{2}{5}x - 4$. Die Kapazitätsgrenze ist hier mit 14 ME erreicht.

a) Beide Varianten sollen jeweils nach folgenden drei Kriterien untersucht werden:

- Die Gewinnschwelle soll mit möglichst geringer Menge erreicht werden.
- Der maximale Gewinn soll möglichst hoch sein.
- Die Höhe des Grenzgewinns, der bei 3 ME vorliegt, soll höher als 2 GE/ME sein.

Überprüfen Sie die Gewinnsituation nach den festgelegten Kriterien für Variante A und Variante B und sprechen Sie begründet eine Empfehlung an das Unternehmen aus.

b) Bestimmen Sie die Produktionsmenge aus dem Intervall [10; 13,4], bei der sich die Gewinne am meisten unterscheiden.

VI Grundwissen

1 Intervalle als Teilmengen der reellen Zahlen

Beispiele

$[0; 5] = \{x \in \mathbb{R} \mid 0 \leq x \leq 5\}$	alle reellen Zahlen von 0 bis 5, einschließlich 0 und 5
$(-2; 2] = \{x \in \mathbb{R} \mid -2 < x \leq 2\}$	alle reellen Zahlen zwischen -2 bis 2, ausschließlich -2 und einschließlich 2
$(1; 6) = \{x \in \mathbb{R} \mid 1 < x < 6\}$	alle reellen Zahlen größer als 1 und kleiner als 6
$[1; \infty) = \{x \in \mathbb{R} \mid x \geq 1\}$	alle reellen Zahlen größer oder gleich 1

Geschlossenes Intervall: $[a; b] = \{x \in \mathbb{R} \mid a \leq x \leq b\}$

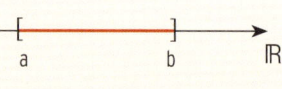

Offenes Intervall: $(a; b) = \{x \in \mathbb{R} \mid a < x < b\}$

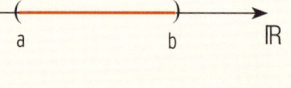

Halboffenes Intervall: $[a; b) = \{x \in \mathbb{R} \mid a \leq x < b\}$

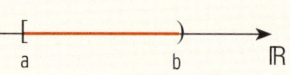

Aufgaben

1 Schreiben Sie als Intervall.

a) $\{x \in \mathbb{R} \mid 0 \leq x \leq 4\}$ b) $\{x \in \mathbb{R} \mid x \leq 2{,}5\}$ c) $\{x \in \mathbb{R} \mid -2 < x < 1\}$ d) $\{x \in \mathbb{R} \mid 1 \leq x < 7\}$

2 Stellen Sie das Intervall in Mengenschreibweise dar.

a) $[-2; 3]$ b) $(-5; 1]$ c) $(-\infty; 3]$ d) $(1; 10)$

3 Beschreiben Sie die markierten Mengen.

a)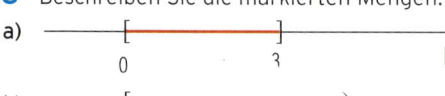

b)

c)

d)

2 Algebraische Begriffe und Vorübungen

2.1 Begriffe

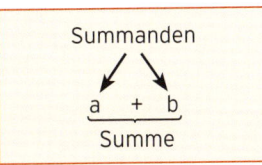

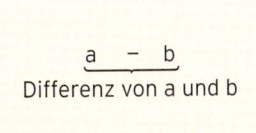

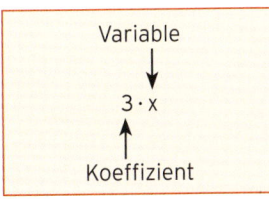

$$\underbrace{x + x + x}_{\text{Summe}} = \underbrace{3 \cdot x}_{\text{Produkt}}$$

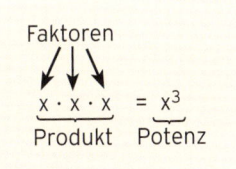

$$\underbrace{\begin{matrix} \text{Zähler} \searrow \\ \frac{a}{b} \\ \text{Nenner} \nearrow \end{matrix}}_{}\begin{matrix} \text{Quotient} \\ \text{(Bruch)} \\ b \neq 0 \end{matrix}$$

$$\frac{1}{a}; \ a \neq 0$$

Kehrwert von a

2.2 Rechnen mit Summen und Differenzen

Beispiele

$7 + (-5) = 7 - 5 = 2$

$5a + (-6a) = 5a - 6a = -1a = -a$

$5a - 3(-4a) = 5a + 12a = 17a$

$12a + 4b - (-3a - 5b) = 12a + 4b + 3a + 5b = 12a + 3a + 4b + 5b = 15a + 9b$

Minuszeichen vor der Klammer beachten.

Aufgaben

1 Lösen Sie die Klammern auf und fassen Sie zusammen.

a) $5a - 5b - (8a + 2b) + (6a - 7b)$

b) $(6x - 4) - (-8x + 12) + 20x$

c) $(12x + 6y) + (-3x - 4y) - (-2x - 4y)$

d) $15x + 7y + (-4x - 12y) - (9x - 7y)$

2 Fassen Sie zusammen.

a) $-3 \cdot (-3) \cdot a + 2a$

b) $2ab - 5ab$

c) $-18x - 7x \cdot (-2)$

d) $-(3x \cdot (-2) - (-x + 5))$

e) $20a - (7a - (2a + 3))$

f) $3ax - (5x - 2ax) + 9x$

Multiplikation von Summen

Beispiele

$$5 \cdot (2a - 4b) \qquad = 5 \cdot 2a - 5 \cdot 4b = 10a - 20b$$

$$(4x + 3) \cdot 2x \qquad = 4x \cdot 2x + 3 \cdot 2x = 8x^2 + 6x$$

$$(x - 2)(x - 5) \qquad = x^2 - 2x - 5x + 10 = x^2 - 7x + 10$$

> **Ausmultiplizieren** heißt, jeden Summanden der einen Summe mit jedem Summanden der anderen Summe multiplizieren.

Sonderfall Binom

$$(x - 4)(x - 4) = x^2 - 4x - 4x + 16 = x^2 - 8x + 16 \quad (x - 4)^2 = x^2 - 8x + 16$$

$$(x + 3)(x + 3) = x^2 + 3x + 3x + 9 = x^2 + 6x + 9 \qquad (x + 3)^2 = x^2 + 6x + 9$$

$$(x + 5)(x - 5) = x^2 + 5x - 5x - 25 = x^2 - 25 \qquad (x + 5)(x - 5) = x^2 - 25$$

Diese drei **Sonderfälle** treten in vielen Umformungen auf. Deshalb ist es sinnvoll, diese drei Sonderfälle zu verallgemeinern.

> **Binomische Formeln:** $(a + b)^2 = a^2 + 2ab + b^2$
>
> $\qquad\qquad\qquad (a - b)^2 = a^2 - 2ab + b^2$
>
> $\qquad\qquad\qquad (a - b)(a + b) = a^2 - b^2$

Aufgaben

1 Multiplizieren Sie aus und fassen Sie gegebenenfalls zusammen.

a) $-3(5 - 2a)$

b) $(4x - 2y)(-5)$

c) $2b(-4 - 5b)$

d) $(7a - 2)(-a)$

e) $-5a(-a + 3b)$

f) $-3a(5a - 6) - 17a$

g) $4(2a - 3b) - 2(-3a + 5b)$

h) $6(3u - 5v) + (-2u - 7v)$

2 Füllen Sie die Lücken aus.

a) $(2x - 4) \cdot \blacksquare = 3x - 6$

b) $\blacksquare \cdot (4 - 0,5x) = \blacksquare - 1,5x$

c) $(\blacksquare - 6) \cdot 2a = 8a^2 + \blacksquare$

d) $\blacksquare \cdot (7b - 2) = 10 - 35b$

3 Multiplizieren Sie aus und fassen Sie wenn möglich zusammen.

a) $\frac{3}{2}(x + 4)(x + 4)$

b) $(x - 8)\left(\frac{1}{4}x + 1\right)$

c) $(x + 3)^2 + 2(x + 3)$

d) $4x(x - 4) + x$

e) $3 - (3 - 2x)(-2x + 3)$

f) $4(x - 4)(x + 1) - 2(x - 4)$

4 Schreiben Sie in Produktform.

a) $x^2 + 14x + 49$

b) $x^2 - 10x + 25$

c) $x^2 - 1$

d) $-x^2 - 2x - 1$

2.3 Rechnen mit Brüchen

Beispiele

a) $\frac{3}{5} + \frac{4}{5} = \frac{3+4}{5} = \frac{7}{5}$

b) $\frac{x}{3} - \frac{2x}{3} = \frac{x-2x}{3} = -\frac{x}{3}$

> **Gleichnamige Brüche addieren, heißt Zähler addieren und Nenner beibehalten.**

a) $\frac{1}{2} + \frac{3}{5} = \frac{5}{10} + \frac{6}{10} = \frac{11}{10}$

b) $\frac{x}{4} + \frac{3x}{2} = \frac{x}{4} + \frac{6x}{4} = \frac{7x}{4} = \frac{7}{4}x$

> **Ungleichnamige Brüche werden gleichnamig gemacht und dann addiert.**

a) $\frac{5}{8} \cdot \frac{3}{4} = \frac{5 \cdot 3}{8 \cdot 4} = \frac{15}{32}$

b) $\frac{3}{4} \cdot \frac{x}{5} = \frac{3 \cdot x}{4 \cdot 5} = \frac{3}{20}x = \frac{3x}{20}$

> **Brüche werden multipliziert, indem man Zähler mit Zähler und Nenner mit Nenner multipliziert.**

a) $\frac{\frac{3}{8}}{\frac{9}{4}} = \frac{3}{8} \cdot \frac{4}{9} = \frac{1}{2} \cdot \frac{1}{3} = \frac{1}{6}$

b) $\frac{\frac{3a}{8b}}{\frac{9c}{2b}} = \frac{3a}{8b} \cdot \frac{2b}{9c} = \frac{a}{4 \cdot 3c} = \frac{a}{12c}$

> **Man dividiert durch einen Bruch, indem man mit dessen Kehrwert multipliziert.**

> Beachten Sie $\frac{0}{4} = 0$, aber $\frac{4}{0}$ ist nicht definiert.

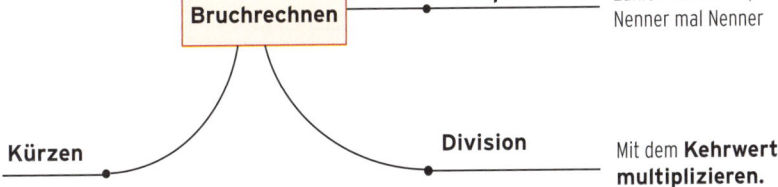

Mind Map zur Bruchrechnung

Erweitern

Addition — gleichnamige Brüche Zähler addieren bzw. subtrahieren

Subtraktion — ungleichnamige **Brüche** gleichnamig machen

Bruchrechnen

Multiplikation — Zähler mal Zähler, Nenner mal Nenner

Kürzen

Division — Mit dem **Kehrwert multiplizieren.**

Aufgaben

1 Fassen Sie zusammen und vereinfachen Sie soweit wie möglich (ohne Hilfsmittel).

a) $2 - 2 \cdot \left(-\frac{3}{5}\right)^2$

b) $\frac{4}{9}\left(-\frac{27}{8}\right) + \frac{4}{9}$

c) $4 - \frac{4}{5 - 5^2}$

d) $\frac{a}{5} + \frac{a}{5}$

e) $\frac{x}{\frac{3}{5}}$

f) $\frac{3}{2} \cdot \frac{7}{2} \cdot \frac{x}{2}$

2 Vereinfachen Sie.

a) $\frac{a}{8} : \frac{a}{4}$

b) $-\frac{x}{7} - \frac{9x}{7}$

c) $\frac{x}{2} + \frac{x}{3} - 3x$

d) $\frac{1}{2}(x-1) + \frac{x-3}{4}$

e) $3 \cdot \frac{x}{4} + \frac{x}{-2} - \frac{1}{2}x$

2.4 Vereinfachung durch Ausklammern

Beispiele

$27x - 9 = 9 \cdot 3x - 9 \cdot 1 = 9(3x - 1)$

$7x^2 + 42x = 7x \cdot x + 7 \cdot 6x$

$\qquad = 7x(x + 6)$

$-10a - 12b = -2(5a + 6b)$

$-\frac{3}{5} + x - \frac{8}{5}y = -\frac{3}{5} + \frac{5}{5}x - \frac{8}{5}y$

$\qquad = -\frac{1}{5}(3 - 5x + 8y)$

$\frac{3x + 6}{6} = \frac{3(x + 2)}{6} = \frac{x + 2}{2} = \frac{1}{2}(x + 2)$

> **Gemeinsamen Faktor ausklammern.**
> **Probe durch Ausmultiplizieren.**
>
> **Die Zeichen + und − in der Klammer beachten.**
>
> **Nur Faktoren kürzen.**

Aufgaben

1 Klammern Sie einen gemeinsamen Faktor aus.

a) $8a + 16$

b) $2a - 6$

c) $9x + 9$

d) $16a - 12b$

e) $21r - 7s$

f) $24n - 8m$

g) $\frac{4}{5} - \frac{6}{5}x$

h) $\frac{x^2}{2} + \frac{x}{2} + \frac{5}{2}$

i) $3x^2 + x$

2 Vereinfachen Sie.

a) $\frac{5}{2}(x + 4) - 3(x + 4)$

b) $\frac{4 - 2x}{2}$

c) $\frac{3x - 12y + 9}{3}$

d) $3x(x + 2) - 3x$

e) $-x^2 - 2x(x + 1)$

f) $-\frac{5}{2}(x + 1) - \frac{3}{2}(x + 2)$

g) $1 - x - \frac{5}{3}(4x - 3)$

h) $x - \frac{10x - 5}{5}$

i) $2 - 3 \cdot \frac{2x - 5}{6}$

3 Klammern Sie den Faktor (−1) aus.

a) $-6 + a$

b) $-4a - 5$

c) $-x^2 + 2x + 1$

d) $-7 - 5a$

e) $-x^2 - 3x + 7$

f) $4 - 9a + b$

4 Bestimmen Sie den Klammerinhalt.

a) $a^2 - 5a = a(\,\blacksquare\,)$

b) $8x^2 - 8xy = 8x(\,\blacksquare\,)$

c) $24(\,\blacksquare\,) = 24x - 24y$

d) $-(\,\blacksquare\,) = 4 - 3x$

e) $3a^2 + 6a = 3a(\,\blacksquare\,)$

f) $6a^2b + ab - ab(\,\blacksquare\,)$

5 Welche Terme sind gleichwertig?

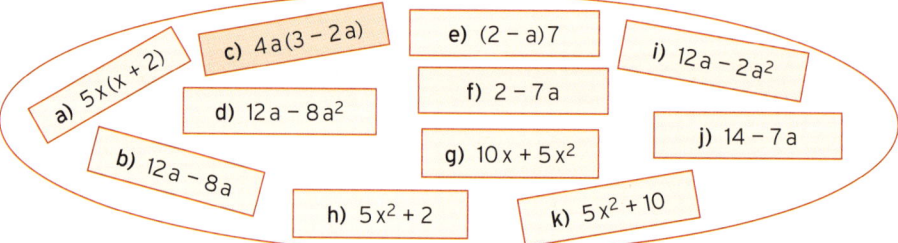

2.5 Rechnen mit Potenzen

Potenz zur Basis a mit Hochzahl x: a^x

a: Grundzahl oder Basis   **x: Hochzahl oder Exponent**

Potenzgesetze

- Potenzen mit **gleicher Basis:** $a^n \cdot a^m = a^{n+m}$ Hochzahlen addieren

  $a^n : a^m = a^{n-m}$ Hochzahlen subtrahieren

- Potenzen mit **gleichem Exponent:** $a^n \cdot b^n = (ab)^n$ Grundzahlen multiplizieren

  $a^n : b^n = \left(\frac{a}{b}\right)^n$ Grundzahlen dividieren

- **Potenzieren** $(a^n)^m = a^{n \cdot m}$ Hochzahlen multiplizieren

---

Beispiele für Exponenten aus $\mathbb{N}$

1) $3^4 \cdot 3^7 = 3^{4+7} = 3^{11}$

2) $x^4 \cdot x = x^4 \cdot x^1 = x^{4+1} = x^5$

3) $2^x \cdot 2 = 2^x \cdot 2^1 = 2^{x+1}$

4) $2^7 : 2^x = 2^{7-x}$

5) $2^4 \cdot 5^4 = (2 \cdot 5)^4 = 10^4$

6) $\left(\frac{x}{3}\right)^3 = \frac{x^3}{3^3} = \frac{x^3}{27}$

7) $(-3^2)^2 = (-3^2) \cdot (-3^2) = 3^4$ oder $(-3^2)^2 = 3^{2 \cdot 2} = 3^4$

8) $(3^x)^2 = 3^x \cdot 3^x = 3^{2x}$ oder $(3^x)^2 = 3^{2 \cdot x} = 3^{2x}$

$$x^2 \cdot x = x^3$$
$$x^2 \cdot x^2 = x^4$$
$$x^3 \cdot x = x^4$$

Beispiele für weitere Exponenten

1) $2^5 : 2^5 = 2^{5-5} = 2^0 = 1$

2) $2^2 : 2^3 = 2^{2-3} = 2^{-1}$ $\frac{2^2}{2^3} = \frac{1}{2^1} = \frac{1}{2}$

3) $3^2 \cdot 3^{-4} = 3^{2-4} = 3^{-2}$ $\frac{3^2}{3^4} = \frac{1}{3^2} = 3^{-2}$

4) $(5^{0,5})^2 = 5^{0,5 \cdot 2} = 5^1 = 5$ $(\sqrt{5})^2 = 5$

5) $\left(6^{\frac{1}{3}}\right)^3 = 6^{\frac{1}{3} \cdot 3} = 6^1 = 6$ $\left(\sqrt[3]{6}\right)^3 = 6$

6) $\left(9^{\frac{1}{4}}\right)^4 = 9^{\frac{1}{4} \cdot 4} = 9^1 = 9$ $\left(\sqrt[4]{9}\right)^4 = 9$

$$2^0 = 1$$
$$2^{-1} = \frac{1}{2}$$
$$3^{-2} = \frac{1}{3^2} = \frac{1}{9}$$
$$\sqrt{5} = 5^{0,5}$$
$$\sqrt[3]{6} = 6^{\frac{1}{3}}$$
$$\sqrt[4]{9} = 9^{\frac{1}{4}}$$

Beachten Sie

$a^0 = 1$ $a^{-1} = \frac{1}{a}$ $(a \neq 0)$ $a^{-2} = \frac{1}{a^2}$ $(a \neq 0)$

$\sqrt{a} = a^{\frac{1}{2}}$ $(a \geq 0)$ $\sqrt[3]{a} = a^{\frac{1}{3}}$ $\sqrt[4]{a} = a^{\frac{1}{4}}$ $(a \geq 0)$

Aufgaben

1 Vereinfachen Sie.

a) $7^2 \cdot 7^2$

b) $4\,x^2 \cdot x$

c) $\frac{x^3 \cdot x^2}{4}$

d) $3^{2x} \cdot 3^x$

e) $5\,e^x \cdot e^x$

f) $3^{-x} \cdot 3^x$

g) $3 \cdot 4^{2x} \cdot 4^{-x}$

h) $1{,}5 \cdot 2^x \cdot 2^{-3x}$

i) $\left(-\frac{2}{3}\right)^2$

j) $\left(\frac{x}{3}\right)^2$

k) $\frac{10^6}{2^6}$

l) $(3^{-x})^2$

2 Wenden sie ein geeignetes Potenzgesetz an.

a) $(x^2)^2 + 2\,x^4$

b) $(5\,x)^2 \cdot x$

c) $8^{-2x} \cdot 8^{-2x}$

d) $(0{,}5\,x^2)^2$

e) $-0{,}5\,(x^2)^2$

f) $\frac{x^5}{3\,x^2}$

g) $(2^x)^2 : 2^6$

h) $e^{-x} \cdot e^{2x}$

i) $(6 \cdot 2^x)^2$

j) $\left(\frac{2^{-2x}}{4}\right)^2$

k) $(3^{-0{,}5x})^2 \cdot 3$

l) $(2^{-1})^3$

3 Berichtigen Sie die Rechnung.

a) $x^2 \cdot (x + 1) = x^3 + 1$

b) $7\,e^{2x} \cdot e^{-x} = 8\,e^{2x-1}$

4 Schreiben Sie als Potenz mit negativer Hochzahl.

a) $\frac{1}{2}$

b) $\frac{1}{2^3}$

c) $\frac{4}{4^3}$

5 Schreiben Sie mit einer positiven Hochzahl.

a) 3^{-2}

b) 5^{-3}

c) e^{-1}

6 Schreiben Sie mit einem Wurzelzeichen.

a) $7^{0{,}5}$

b) $2^{\frac{1}{5}}$

c) $5 \cdot 4^{\frac{1}{3}}$

7 Schreiben Sie ohne Hochzahl.

a) 10^4

b) $5 \cdot 10^{-2}$

c) $\frac{1}{2} \cdot 10^{-4}$

d) $3{,}2 \cdot 10^6$

8 Vereinfachen Sie.

a) $(3^{-1})^3$

b) $(2^x)^3 + 5 \cdot 2^{3x}$

c) $(2^{-x})^2 \cdot 2^{2x}$

d) $2^{-x} \cdot 2^x - 2$

e) $2^x \cdot 5^x$

f) $3^{2x} \cdot 3^{-2}$

g) $(4 \cdot 5)^{0{,}5}$

h) $\frac{3}{2^3}$

i) $3^{2x} : 3^{-2x}$

9 Ein Drucker gibt 100 Zeichen pro Sekunde aus. Bestimmen Sie die Zeit, die er braucht, um $(10^5)^2$ mal den Buchstaben A zu drucken. Schätzen Sie zuerst.

10 Gegeben ist der Term $f(x)$. Berechnen Sie $f(x)$ für den gegebenen x-Wert.

a) $f(x) = \frac{1}{2}x^4 - x^2 + 1$; $x = -1$; $x = \sqrt{2}$

b) $f(x) = x^3 - 3x$; $x = -2$; $x = \sqrt{5}$

3 Gleichungen und Gleichungssysteme

3.1 Lineare Gleichungen

Beispiel 1

➲ Gegeben ist die Gleichung $4x - 2 = 8$.
Bestimmen Sie die Lösungsmenge für $x \in \mathbb{R}$.

Lösung

Umformung der Gleichung zur Bestimmung der Lösungsmenge L.

Auf beiden Seiten 2 addieren	$4x - 2 = 8$	$\mid + 2$
	$4x - 2 + 2 = 8 + 2$	
Beide Seiten durch 4 teilen	$4x = 10$	$\mid :4$
	$\frac{4x}{4} = \frac{10}{4}$	
Lösung:	$x = 2{,}5$	
Lösungsmenge:	$L = \{2{,}5\}$	
Probe: $x = 2{,}5$ einsetzen ergibt	$4 \cdot 2{,}5 - 2 = 8$	
	$8 = 8$ wahre Aussage	

Alle Elemente, die zu einer **wahren Aussage** führen, gehören zur Lösungsmenge L.

> **Eine Gleichung (äquivalent) umformen heißt,**
> – **beide Seiten der Gleichung mit der gleichen Zahl** ($\neq 0$) **multiplizieren,**
> – **beide Seiten durch die gleiche Zahl** ($\neq 0$) **dividieren,**
> – **auf beiden Seiten die gleiche Zahl addieren oder subtrahieren.**

Beispiel 2

➲ Bestimmen Sie die Lösung der Gleichung: $\frac{1}{2}x - \frac{3}{2}(x + 1) = 2x - 5$ $(x \in \mathbb{R})$

Lösung

Beide Seiten mit 2 multiplizieren: (Brüche eliminieren)	$\frac{1}{2}x - \frac{3}{2}(x + 1) = 2x - 5$	$\mid \cdot 2$
Klammer ausmultiplizieren:	$x - 3(x + 1) = 4x - 10$	
	$x - 3x - 3 = 4x - 10$	
Auf beiden Seiten $(4x)$ subtrahieren:	$-2x - 3 = 4x - 10$	$\mid -4x$
Auf beiden Seiten 3 addieren:	$-6x - 3 = -10$	$\mid + 3$
Beide Seiten durch (-6) teilen:	$-6x = -7$	$\mid :(-6)$
Lösung:	$x = \frac{7}{6}$	

Aufgaben

1 Prüfen Sie, ob der gegebene x-Wert eine Lösung der Gleichung ist.

a) $6x - 5 = x$; $x = -1; 0; 1$

b) $-2(x - 2) = x + 2$; $x = \frac{2}{3}; 2$

2 Lösen Sie die Gleichung.

a) $2x - 7 = 1$

b) $4(2 - 2x) = 0$

c) $6x + 5 = -3$

d) $\frac{3}{2}x + \frac{4}{5} = 0$

e) $-\frac{2}{13}(x - 9) = 0$

f) $\frac{15}{2} - 4x = 0$

3 Bestimmen Sie die Lösung.

a) $2 - 3x = 5x + 4$

b) $3 - \frac{1}{2}x = x + 1$

c) $-\frac{1}{3}(x + 5) - 3 = 5$

d) $2(1 - x) = 5(x + 1)$

e) $-2(x - 1) = 0,5x - 3$

f) $1 - 4x = \frac{5}{2}x + 1$

4 Bestimmen Sie die Lösungsmenge ($x \in \mathbb{R}$).

a) $20x - 3(5x + 7) = -2(3 - x)$

b) $5x - (8 + 9x) = 12$

c) $6(x - 4) - 2(x - 4) = 0$

d) $3(6x - 14) = 12x + 6(x - 3)$

e) $\frac{1}{2}x - \frac{3}{2} = 4x - 1$

f) $\frac{1}{4}x + \frac{3}{4} = x + 4$

g) $\frac{4}{5}x + 1 = \frac{2}{5}(x + 1)$

h) $-(2x + 3) - \frac{1}{2}x = \frac{7}{2}$

i) $\frac{1}{2}x - \frac{3}{4} = \frac{1}{4}x + \frac{2}{3}$

j) $\frac{2}{3}x + 2 = \frac{7}{6} - \frac{1}{6}x$

k) $\frac{3x - 1}{6} = 6 - \frac{x - 1}{3}$

l) $\frac{2x - 5}{2} = 3 + \frac{2 - x}{3}$

m) $3x - 2(5x - 8) = 9 - 4(7 + 3x)$

n) $-x - (3 + 4x) = 3 - 3\left(\frac{16}{3} - 2x\right)$

o) $\frac{x}{3} - 5 = \frac{x}{5} - 3$

p) $\frac{x}{16} - \frac{5}{2} = \frac{3x + 5}{8} - 6$

5 Vereinfachen Sie und bestimmen Sie die Lösung.

a) $16x - 9 - (13 - 9x) + 17 = 15x - 22 - (7 - 4x)$

b) $2x - 3 - (5x - 3) - (4x - 1)(x - 3) = -(2x - 3)(2x + 5)$

c) $(x + 3)^2 - (x - 4)^2 - = -(x - 1)^2 + (x + 2)^2$

6 Untersuchen Sie die Gleichung auf Lösbarkeit. Geben Sie, wenn möglich, eine Lösung an.

a) $\frac{1}{4}x - 3 = \frac{1}{2}(x + 2)$

b) $3x + 2 - 3(x + 1) = 0$

c) $5x + 2 = 2(x + 1) + 3x$

3.2 Lineare Gleichungssysteme

Beispiel 1

➲ Lösen Sie das lineare Gleichungssystem (LGS).

a) $y = -2x - 4$
   $y = -x + 1$

b) $y = -8x - 6$
   $3x + y = 4$

c) $3x - 2y = 14$
   $x + y = -2$

a) Lösung mit dem Gleichsetzungsverfahren

Gleichsetzen:	$-2x - 4 = -x + 1 \qquad \mid +4$
	$-2x = -x + 5 \qquad \mid +x$
x auf eine Seite bringen:	$-x = 5 \qquad \mid \cdot(-1)$
x-Wert:	$x = -5$
Einsetzen von $x = -5$ in z.B. $y = -x + 1$:	$y = -(-5) + 1$
ergibt	$y = 6$
Lösung des LGS:	$x = -5;\ y = 6$

Hinweis: Das LGS hat genau eine Lösung.

b) Lösung mit dem Einsetzungsverfahren

Den y-Wert der Gleichung $y = -8x - 6$

setzt man in die Gleichung $3x + y = 4$ **ein**:	$3x + (-8x - 6) = 4$

Dadurch erhält man eine Gleichung mit der Unbekannten x.

Klammer auflösen:	$3x - 8x - 6 = 4$
	$-5x - 6 = 4 \qquad \mid +6$
	$-5x = 10 \qquad \mid :(-5)$
x-Wert:	$x = -2$
Einsetzen von $x = -2$ z.B. in $y = -8x - 6$:	$y = -8 \cdot (-2) - 6$
ergibt	$y = 10$
Lösung des LGS:	$x = -2;\ y = 10$

Hinweis: Das LGS hat genau eine Lösung.

c) Lösung mit dem Additionsverfahren

	$3x - 2y = 14$
Gleichung mit 2 multiplizieren	$x + y = -2 \qquad \mid \cdot 2$
	$3x - 2y = 14$
Addition	$2x + 2y = -4 \qquad \Big\rvert +$
ergibt **eine Gleichung** mit der Unbekannten x:	$5x = 10 \qquad \mid :5$
Nach x auflösen:	$x = 2$
Einsetzen von $x = 2$ in z. B. $x + y = -2$, ergibt:	$2 + y = -2 \quad \mid -2$
Nach y auflösen:	$y = -4$
Lösung des LGS:	$x = 2;\ y = -4$

Hinweis: Das LGS hat genau eine Lösung.

Beispiel 2

↪ Lösen Sie folgendes Gleichungssystem: $3x - 6y = 12$

$4x + 5y = 3.$

Lösung **mit dem Additionsverfahren**

Gleichung mit 4 multiplizieren:	$3x - 6y = 12$ $\quad|\cdot 4$
Gleichung mit (-3) multiplizieren:	$4x + 5y = 3$ $\quad|\cdot(-3)$
	$12x - 24y = 48$
Addition	$\underline{-12x - 15y = -9}$
ergibt eine Gleichung mit der Unbekannten y:	$-39y = 39$ $\quad|:(-39)$
Nach y auflösen:	$y = -1$
Einsetzen von $y = -1$ in z. B. $4x + 5y = 3$ ergibt:	$4x + 5(-1) = 3$ $\quad|+5$
	$4x = 8$ $\quad|:4$
Nach x auflösen:	$x = 2$
Lösung des LGS:	$x = 2; \ y = -1$

Die drei Verfahren zur Lösung von linearen Gleichungssystemen im Überblick

Beispiele

$y = -2x - 4$	$y = -2x - 4$	$3x - 2y = 14$
$y = -0,5x + 0,5$	$x + 2y = 1$	$x + y = -2$
Lösung mit dem	Lösung mit dem	Lösung mit dem
Gleichsetzungsverfahren	**Einsetzungsverfahren**	**Additionsverfahren**

Hinweis: Grundsätzlich kann das Lösungsverfahren frei gewählt werden.

Aufgaben

1 Lösen Sie das folgende lineare Gleichungssystem.

a) $x + y = 6$

$x - y = 4$

b) $3x - 2y = 8$

$x + 2y = 4$

c) $7x + 3y = 8$

$-7x + 2y = 2$

d) $-4y - 5x = 8$

$4y + 6x = 7$

e) $5x - 3y = 13$

$x + 2y = 13$

f) $9x + 2y = -15$

$-5x + 4y = -7$

g) $3x + 3y = 0$

$-4x + 2y = 1$

h) $2x - 3y = 0$

$-5x - 4y = 0$

i) $-a + 3b = 3$

$-7a - 3b = 1$

2 Bestimmen Sie die Lösung des Gleichungssystems.

a) $\frac{x}{2} + y = 2$

$\frac{x}{4} - \frac{y}{2} = 3$

b) $\frac{x}{3} - \frac{y}{2} = 1$

$\frac{2x}{3} + \frac{y}{4} = 7$

c) $\frac{x}{4} + \frac{y}{3} = 5$

$\frac{x}{8} + \frac{y}{4} = 3$

3 Wählen Sie ein geeignetes Lösungsverfahren. Bestimmen Sie die Lösung.

a) $y = -2x - 3$

$y = 3x + 7$

b) $y + x = -7$

$x = 2y - 1$

c) $7x + y = 22$

$7x - y = 34$

3.3 Quadratische Gleichungen

Lösung durch Wurzelziehen

Beispiel 1

➲ Lösen Sie die Gleichungen.   a) $x^2 - 16 = 0$ b) $-\frac{1}{4}x^2 + \frac{3}{2} = 0$

Lösung

a) $x^2 - 16 = 0$ $| + 16$

$x^2 = 16$ $| \sqrt{}$

$x_{1|2} = \pm\sqrt{16} = \pm 4$

b) $-\frac{1}{4}x^2 + \frac{3}{2} = 0$ $| \cdot (-4)$

$x^2 - 6 = 0$ $| + 6$

$x^2 = 6$ $| \sqrt{}$

$x_{1|2} = \pm\sqrt{6}$

Die Gleichungen haben jeweils **zwei Lösungen.**

Bemerkung: $\sqrt{6}$ ist die reelle Zahl, die mit sich selbst multipliziert, 6 ergibt: $\left(\sqrt{6}\right)^2 = 6$.

$\sqrt{6}$ ist die **Quadratwurzel** aus 6.

Es gilt: $\sqrt{a}$ ist für $a \geq 0$ die **positive Zahl** mit $\left(\sqrt{a}\right)^2 = a$.

Beispiel 2

➲ Lösen Sie die Gleichungen.   a) $3x^2 = 0$ b) $x^2 + 4 = 0$

Lösung

a) $3x^2 = 0$

$x^2 = 0$

$x_{1|2} = 0$

Die Gleichung hat

eine (doppelte) Lösung.

b) $x^2 + 4 = 0$

$x^2 = -4$

Da $x^2 \geq 0$ für alle $x \in \mathbb{R}$ ist,

hat die Gleichung

keine Lösung.

Beachten Sie

Die Gleichung $x^2 = d$ hat für $d > 0$ **zwei** Lösungen: $x_{1|2} = \pm\sqrt{d}$

für $d = 0$ **eine** Lösung: $x_{1|2} = 0$

für $d < 0$ **keine** Lösung.

Aufgaben

1 Lösen Sie die quadratischen Gleichungen.

a) $\frac{1}{2}x^2 - 9 = 0$

b) $4 - 4x^2 = 0$

c) $\frac{4}{5}x^2 = x^2$

d) $6x^2 = 0$

e) $3x^2 + 5 = -x^2 + 1$

f) $7(x - 8)^2 = 0$

2 Bestimmen Sie a $(a \in \mathbb{R})$ so, dass die Gleichung $x^2 + a = 0$ zwei Lösungen besitzt.

Lösung mit der pq-Formel

Beachten Sie

Lösung der Gleichung $\qquad x^2 + px + q = 0$

mithilfe der **pq-Lösungsformel:** $x_{1|2} = -\frac{p}{2} \pm \sqrt{\left(\frac{p}{2}\right)^2 - q}$

$D = \left(\frac{p}{2}\right)^2 - q \quad$ heißt **Diskriminante.**

Die Anzahl der Lösungen hängt von der **Diskriminante D** ab.

Beispiel

➲ Lösen Sie die Gleichungen.

a) $x^2 + 4x - 12 = 0$ \qquad b) $-0{,}5\,x^2 + 5x - 12{,}5 = 0$ \qquad c) $\frac{3}{2}\,x^2 - 3x + 6 = 0$

Lösung

a) Für die Formel $p = 4$, $q = -12$: \qquad $x_{1|2} = -2 \pm \sqrt{2^2 + 12} = 2 \pm \sqrt{16}$

D = 16 $>$ 0 \qquad\qquad\qquad\qquad\qquad $x_{1|2} = -2 \pm 4$

zwei Lösungen: \qquad\qquad\qquad\qquad $x_1 = -2 + 4 = 2$; $x_2 = -2 - 4 = -6$

Die quadratische Gleichung hat zwei Lösungen $x_1 = 2$ und $x_2 = -6$.

b) Mit (-2) multiplizieren: \qquad\qquad $-0{,}5\,x^2 + 5x - 12{,}5 = 0 \quad | \cdot (-2)$

$\qquad\qquad\qquad\qquad\qquad\qquad\qquad\quad x^2 - 10x + 25 = 0$

Für die Formel $p = -10$, $q = 25$: \qquad $x_{1|2} = 5 \pm \sqrt{(-5)^2 - 25} = 5 \pm \sqrt{0}$

D = 0 \qquad\qquad\qquad\qquad\qquad\qquad\quad $x_{1|2} = 5$

Die quadratische Gleichung hat **eine** (doppelte) Lösung: $x_{1|2} = 5$

c) Mit $\frac{2}{3}$ multiplizieren: \qquad\qquad\qquad $\frac{3}{2}\,x^2 - 3x + 6 = 0 \quad | \cdot \frac{2}{3}$

$\qquad\qquad\qquad\qquad\qquad\qquad\qquad\quad x^2 - 2x + 4 = 0$

Für die Formel $p = -2$, $q = 4$: \qquad $x_{1|2} = 1 \pm \sqrt{(-1)^2 - 4} = 1 \pm \sqrt{-3}$

D = −3 $<$ 0

Die Gleichung hat **keine** Lösung, da die Wurzel aus einer negativen Zahl nicht gezogen werden kann.

Beachten Sie

Lösung der Gleichung $a\,x^2 + bx + c = 0$; $a \neq 0$

mithilfe der **abc-Lösungsformel:** $x_{1|2} = \dfrac{-b \pm \sqrt{b^2 - 4ac}}{2a}$

Aufgaben

1 Lösen Sie die quadratischen Gleichungen.

a) $x^2 + x - 12 = 0$ \qquad b) $\frac{1}{2}\,x^2 - 4x + 8 = 0$ \qquad c) $3 - 2x + \frac{1}{3}\,x^2 = 0$

2 Ermitteln Sie alle Lösungen.

a) $x^2 + 2x + 6 = -2x + 1$ \qquad b) $2\,x^2 = -x + 5$ \qquad c) $-x^2 - 1{,}5\,x = 1{,}25$

d) $(x - 3)^2 - 4 = 0$ \qquad e) $0{,}5\,x^2 + x = 1{,}5\,x(x + 2) - 3$ \quad f) $\frac{1}{2}(x^2 - 5) = 0$

Lösung durch Ausklammern und Anwendung des Satzes vom Nullprodukt.

Beispiel 1

⮕ Lösen Sie die Gleichung. a) $x^2 + 3x = 0$ b) $2x^2 = 3x$

Lösung

a) Quadratische Gleichung: $x^2 + 3x = 0$

Ausklammern: $x(x + 3) = 0$

Satz vom Nullprodukt: $x = 0$ $x + 3 = 0$

Lösungen der Gleichung: $x_1 = 0$; $x_2 = -3$

b) Quadratische Gleichung: $2x^2 = 3x$ $| -3x$

Gleichung in Nullform: $2x^2 - 3x = 0$

Ausklammern: $x(2x - 3) = 0$

Satz vom Nullprodukt: $x = 0$ oder $2x - 3 = 0$

Lösungen der Gleichung: $x_1 = 0$; $x_2 = 1{,}5$

Beachten Sie

Bei quadratischen Gleichungen der Form $ax^2 + bx = 0$ $(a, b \neq 0)$ erhält man die Lösungen **durch Ausklammern** von x:

$$x(ax + b) = 0$$

Man setzt jeden einzelnen Faktor null **(Satz vom Nullprodukt).**

$$x = 0 \quad \text{oder} \quad x(ax + b) = 0$$

Daraus ergeben sich **zwei Lösungen:** 1. Lösung: $x_1 = 0$

aus $ax + b = 0$: 2. Lösung: $x_2 = -\dfrac{b}{a}$

Satz vom Nullprodukt: Ein Produkt ist null, wenn mindestens ein Faktor null ist:

$$u \cdot v = 0 \Leftrightarrow u = 0 \quad \text{oder} \quad v = 0$$

Beispiel 2

⮕ Lösen Sie die Gleichung. a) $(x + 3)(x - 2) = 0$ b) $\frac{1}{4}(2x - 3)(5 - x) = 0$

Lösung

a) **Die Gleichung ist in Faktorform gegeben:** $(x + 3)(x - 2) = 0$

Satz vom Nullprodukt anwenden: $x + 3 = 0$ oder $x - 2 = 0$

Lösungen: $x_1 = -3$; $x_2 = 2$

b) Gleichung **in Faktorform:** $\frac{1}{4}(2x - 3)(5 - x) = 0$

Satz vom Nullprodukt anwenden: $2x - 3 = 0$ oder $5 - x = 0$

Lösungen: $x_1 = 1{,}5$; $x_2 = 5$

Hinweis: $(x + 3)$, $(x - 2)$, $(2x - 3)$, $(5 - x)$ sind **Linearfaktoren.**

Lösung durch Anwendung einer binomischen Formel

Beispiel

⟳ Lösen Sie die Gleichung. a) $x^2 + 6x + 9 = 0$ b) $x^2 - 8x + 16 = 0$

Lösung

Man erkennt eine **binomische Formel:** a) $(x + 3)^2 = 0$ b) $(x - 4)^2 = 0$

Satz vom Nullprodukt: $(x + 3)(x + 3) = 0$ $(x - 4)(x - 4) = 0$

Die Gleichung hat **eine** doppelte Lösung: $x_{1|2} = -3$ $x_{1|2} = 4$

Beachten Sie

$$a^2 \pm 2ab + b^2 = (a \pm b)^2 \qquad x^2 \pm 2ax + a^2 = (x \pm a)^2$$

Aufgaben

1 Lösen Sie die quadratische Gleichung.

a) $8x^2 + 3x = 0$

b) $x^2 = x$

c) $1{,}5x - 0{,}5x^2 = 0$

d) $-\frac{1}{5}x - \frac{1}{2}x^2 = 0$

e) $x^2 + 7x = -2x^2 + \frac{3}{2}x$

f) $x(2x - 3) = \frac{x^2 - 5x}{2}$

g) $-6x + 4x^2 = 0$

h) $3x(x - 6) = 0$

i) $x(x + 1) = x$

2 Lösen Sie mithilfe einer binomischen Formel.

a) $x^2 - 4x + 4 = 0$

b) $x^2 = -2x - 1$

c) $x^2 - 12x + 36 = 0$

3 Geben Sie zwei verschiedene Gleichungen mit den Lösungen 0 und -8 an.

4 Lösen Sie ohne Lösungsformel.

a) $2x^2 - 5x = 0$

b) $x^2 = -2x$

c) $x^2 - 2x + 1 = 0$

d) $x^2 + 8x + 16 = 0$

e) $x^2 - 24x + 144 = 0$

f) $\frac{1}{4}x^2 - 3x = 2x$

g) $\frac{1}{7}(x + 4)(x - 5) = 0$

h) $(1 - 3x)^2 = 0$

i) $(2x + 7)(x - a) = 0$

5 Lösen Sie mit der Lösungsformel.

a) $2x^2 - 5x + 1 = 0$

b) $-2x + 6 - x^2 = 0$

c) $7x^2 - x - 2 = 0$

6 Lösen Sie folgende quadratische Gleichungen auf zwei verschiedene Arten und vergleichen Sie die Verfahrensweise.

a) $5x^2 + 5 = 10x$

b) $3x = x^2$

c) $-3x(3x - 8) = 0$

7 Bestimmen Sie a so, dass $x^2 - ax = 0$

a) genau eine Lösung hat,

b) die Lösung $x = 4{,}5$ hat.

8 Zeigen Sie, die quadratische Gleichung hat keine Lösung.

a) $x^2 + 4 = 0$

b) $x^2 - x + 3 = 0$

c) $\frac{1}{4}x^2 - x = x - 6$

Anhang

1 Operatoren für das Fach Mathematik

Operatoren, die für das Fach Mathematik besondere Bedeutung haben, werden in der unten stehenden Tabelle erläutert. Diese Operatoren werden im Unterricht eingeführt und in schriftlichen Arbeiten verwendet.

Operatoren können durch Zusätze (z. B. „rechnerisch" oder „grafisch") konkretisiert werden. Zusammensetzungen aus mehreren Operatoren („Beschreiben Sie ... und begründen Sie ...") sind möglich.

Zugelassene Hilfsmittel dürfen zur Bearbeitung verwendet werden, sofern dem kein entsprechender Zusatz entgegensteht.

Die Verwendung eines Operators, der im Folgenden nicht genannt wird, ist möglich, wenn aufgrund der standardsprachlichen Bedeutung dieses Operators in Verbindung mit der Aufgabenstellung davon auszugehen ist, dass die jeweilige Aufgabe im Sinne der Aufgabenstellung bearbeitet werden kann.

Operator	Erläuterung
angeben, nennen	Für die Angabe bzw. Nennung ist keine Begründung notwendig.
entscheiden	Für die Entscheidung ist keine Begründung notwendig.
beurteilen	Das zu fällende Urteil ist zu begründen.
beschreiben	Bei einer Beschreibung kommt einer sprachlich angemessenen Formulierung und ggf. einer korrekten Verwendung der Fachsprache besondere Bedeutung zu. Eine Begründung für die Beschreibung ist nicht notwendig.
erläutern	Die Erläuterung liefert Informationen, mithilfe derer sich z.B. das Zustandekommen einer grafischen Darstellung oder ein mathematisches Vorgehen nachvollziehen lassen.
deuten, interpretieren	Die Deutung bzw. Interpretation stellt einen Zusammenhang her z.B. zwischen einer grafischen Darstellung, einem Term oder dem Ergebnis einer Rechnung und einem vorgegebenen Sachzusammenhang.
begründen, nachweisen, zeigen	Aussagen oder Sachverhalte sind durch logisches Schließen zu bestätigen. Die Art des Vorgehens kann − sofern nicht durch einen Zusatz anders angegeben − frei gewählt werden (z.B. Anwendung rechnerischer oder grafischer Verfahren). Das Vorgehen ist darzustellen.
herleiten	Aus bekannten Sachverhalten oder Aussagen muss nach gültigen Schlussregeln mit Berechnungen oder logischen Begründungen die Entstehung eines neuen Sachverhaltes dargelegt werden.\n\nIn einer mehrstufigen Argumentationskette können Zwischenschritte mit digitalen Mathematikwerkzeugen durchgeführt werden − sofern nicht durch einen Zusatz anders angegeben.

Operator	Erläuterung
berechnen	Die Berechnung ist ausgehend von einem Ansatz darzustellen. Für die Berechnung der Extrempunkte einer Funktion f ist es beispielsweise nicht zulässig, diese direkt aus dem Graphen von f abzulesen.
bestimmen, ermitteln	Eine möglicher Lösungsweg muss dargestellt und das Ergebnis formuliert werden. Die Art der Vorgehens kann – sofern nicht durch einen Zusatz anders angegeben – frei gewählt werden (z. B. Anwenden rechnerischer und grafischer Verfahren). Das Vorgehen ist darzustellen.
klassifizieren	Eine Menge von Objekten muss nach vorgegebenen oder selbstständig zu wählenden Kriterien in Klassen erzielt werden. Eine Begründung der vorgegebenen bzw. selbstgewählten Kriterien wird ggf. gesondert gefordert.
vergleichen	Sachverhalte, Objekte oder Verfahren müssen gegenübergestellt und Gemeinsamkeiten, Ähnlichkeiten und Unterschiede müssen festgelegt werden. Ggf. müssen Vergleichskriterien festgelegt werden. Eine Bewertung wird ggf. gesondert gefordert.
untersuchen	Eigenschaften von oder Beziehungen zwischen Objekten müssen herausgefunden und dargelegt werden. Je nach Sachverhalt kann zum Beispiel ein Strukturieren, Ordnen oder Klassifizieren notwendig sein. Die Art des Vorgehens kann – sofern nicht durch einen Zusatz anders angegeben – frei gewählt werden (z. B. Anwenden rechnerischer oder grafischer Verfahren). Das Vorgehen ist darzustellen.
grafisch darstellen, zeichnen	Die grafische Darstellung bzw. Zeichnung ist möglichst genau anzufertigen.
skizzieren	Die Skizze ist so anzufertigen, dass sie das im betrachtenden Zusammenhang Wesentliche grafisch bescheibt.

2 Fachbegriffe aus der Wirtschaft

Bezeichnung	Symbol; Formel	Hinweise und Schaubilder
Ausbringungsmenge Ökonomisch sinnvoller Definitionsbereich	x $D_{ök}$	Stückzahl, Herstellungsmenge
Gesamtkosten K Gesamtkostenkurve	$K(x) = K_f + K_v(x)$ $K(x) = a\,x^3 + b\,x^2 + c\,x + d;$ $x \geq 0; a \neq 0$	Gesamte fixe und variable Kosten S-förmig, ertragsgesetzlich
K degressiv wachsend K progressiv wachsend	$K'(x) > 0 \wedge K''(x) < 0$ $K'(x) > 0 \wedge K''(x) > 0$	steigend und Rechtskurve steigend und Linkskurve
Grenzkosten K'	$K'(x)$	Kostenzuwachs pro ME, Differenzialkosten
Variable Stückkosten k_v Betriebsminimum x_{BM} $\left(k_v''(x) > 0 \text{ gilt stets}\right)$ Minimale variable Stückkosten	$k_v(x) = \dfrac{K_v(x)}{x}; \; x > 0$ Bed.: $k_v'(x) = 0$ $k_v(x_{BM})$	Variable Gesamtkosten $K_v(x) = K(x) - K_f$ Ausbringung, bei der die variablen Stückkosten minimal sind. kurzfristige Preisuntergrenze

Bezeichnung	Symbol; Formel	Hinweise und Schaubilder
Stückkosten k	$k(x) = \dfrac{K(x)}{x}$; $x > 0$	Gesamtkosten pro ME
Betriebsoptimum x_{BO} $(k''(x) > 0$ gilt stets$)$ Minimale Stückkosten	Bed.: $k'(x) = 0$ $k(x_{BO})$	Ausbringung, bei der die Stückkosten minimal sind. langfristige Preisuntergrenze
Stückpreis Erlösfunktion E	p $E(x) = p \cdot x$ Erlösgerade	konstanter Stückpreis (Stückerlös) bei vollständiger Konkurrenz
Preis-Absatz-Funktion Erlösfunktion E	$p_N(x) = -a\,x + b$; $a > 0$ $E(x) = p_N(x) \cdot x$	stückzahlabhängiger Stückpreis Erlösparabel, bei Monopol

Bezeichnung	Symbol; Formel	Hinweise und Schaubilder
Gewinnfunktion G	$G(x) = E(x) - K(x)$	Schaubild: Gewinnkurve
Gewinnschwelle x_{GS}	$G(x) = 0$	kleinere positive Nullstelle von G
Gewinngrenze x_{GG}	$G(x) = 0$	größere positive Nullstelle von G
Gewinnzone	$x_{GS} < x < x_{GG}$	Bereich, in dem Gewinn erzielt wird
Gewinnmaximum	$G'(x) = 0 \wedge G''(x) < 0$	gewinnmaximale Stückzahl x_{max}
Maximaler Gewinn	$G(x_{max})$	Gewinnmaximum
Cournot'scher Punkt	$C(x_{max} \mid p_N(x_{max}))$	x_{max} gewinnmaximale Menge
		$p_N(x_{max})$ gewinnmaximaler Preis
		bei Monopol
Nachfragefunktion p_N	$p_N(x)$	
Sättigungsmenge $x_{Sätt}$	$p_N(x) = 0$	Nullstelle von p_N
Höchstpreis	$p_N(0)$	

Bezeichnung	Symbol; Formel	Hinweise
Angebotsfunktion p_A Mindestangebotspreis	$p_A(x)$ $p_A(0)$	
Gleichgewichtsmenge Gleichgewichtspreis Marktgleichgewicht	x_G $p_G = p_N(x_G) = p_A(x_G)$ $MG(x_G \mid p_G)$	Schnittstelle von p_N und p_A
Angebotsüberschuss	$x_A - x_N$	
Nachfrageüberschuss	$x_N - x_A$	

3 Einführung in Geogebra und Geogebralisten

Einführung in die Geogebra

www.geogebra.org
oder
https://www.geogebra.org/m/U6BVhW53

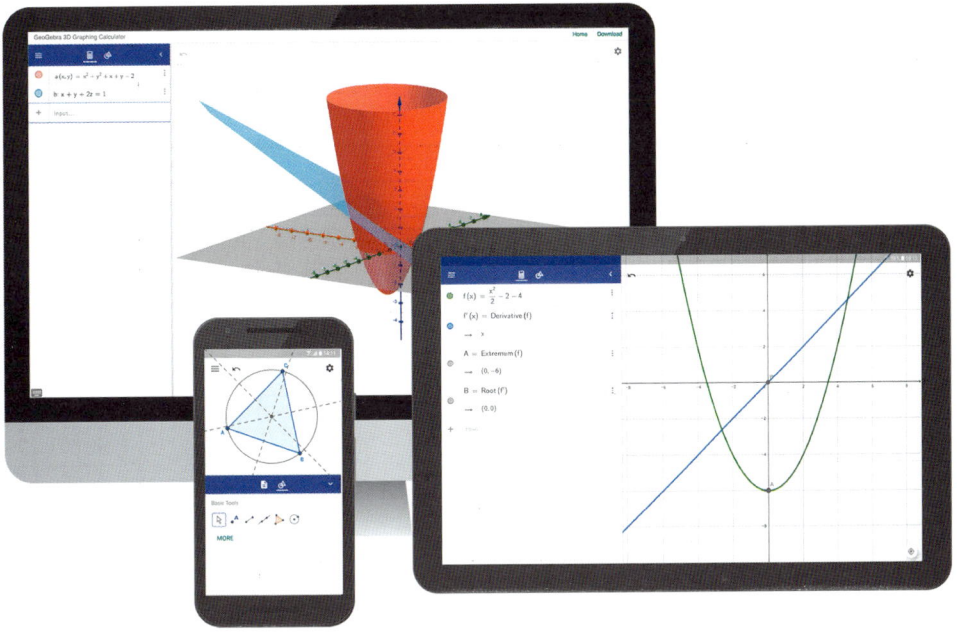

Liste der Geogebra-Arbeitsblätter

Thema	Adresse	QR-Code	Seitenzahl
Motivation: Funktionen	mvurl.de/vajt		37
Darstellungsmöglichkeiten einer Funktion	mvurl.de/lb1i		39
Gerade mit Steigungsdreieck	mvurl.de/rk4c		43
Übung: Geradengleichung	mvurl.de/8ysk		48
Gemeinsame Punkte von Geraden	mvurl.de/qbpa		56
Transformation: $y = ax^2 + c$	mvurl.de/y6qd		70
Verschiebung	mvurl.de/gxfs		70
Transformation: $y = a(x - b)^2 + c$	mvurl.de/ptk4		71
Gemeinsame Punkte von 2 Graphen	mvurl.de/bare		85
Potenzfunktion	mvurl.de/ubmw		95
Übung zu Potenzfunktionen	mvurl.de/1vc5		96
Motivation: Polynomfunktion	mvurl.de/1ftc		97
Polynomfunktion: Symmetrie	mvurl.de/h7f3		101
Gemeinsame Punkte von 2 Graphen	mvurl.de/bare		110
Zusammenhang: Kosten, Erlös und Gewinn	mvurl.de/wf28		112
Motivation: Exponentialfunktion	mvurl.de/npis		125
Exponentialfunktion	mvurl.de/kqgb		128

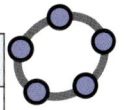

Thema	Adresse	QR-Code	Seitenzahl
Halbwertszeit	mvurl.de/p3jo		136
Motivation: Trigonometrische Funktionen	mvurl.de/mab9		142
sin und cos am Einheitskreis	mvurl.de/bnq2		146
Trigonometrische Funktionen mit a,c	mvurl.de/67th		147
Trigonometrische Funktionen mit a,b,c	mvurl.de/b247		151
Motivation: Änderungsrate	mvurl.de/tdm8		162
Differenzenquotient	mvurl.de/habn		162
Potenz-, Faktor-, Summenregel	mvurl.de/ix5s		170
Grafisches Ableiten	mvurl.de/dwnh		184
Grafisches Ableiten an Beispielen	mvurl.de/ubet		184
Krümmung intuitiv	mvurl.de/l5e1		193
Einbeschriebenes Dreieck	mvurl.de/ndy5		214
Karton falten (Aufgabe 4)	mvurl.de/7exa		217

4 Lösungen der Lernsituationen

Lernsituation Lineare Funktionen
Lehrbuch Seite 41

Gesamtkostenfunktion $K(x) = 1,85x + 25; 0 \leq x \leq 40$

Gewinn ab $x = 0,6 \cdot 30 = 18 = x_{GS}$

$K(18) = E(18) = 58,3 \Rightarrow p = \frac{58,3}{18} \approx 3,24$

$E(x) = 3,24 x$;

$G(x) = 3,24 x - (1,85x + 25) = 1,39x - 25$

Verlustzone: $[0; 18)$; $\qquad G_{max} = G(40) = 30,6$ (GE)

Preisnachlass 20 %: $p_{neu} = 2,59$

$G_{neu}(x) = 2,59x - (1,85x + 25) = 0,74x - 25$

Verlustzone: $[0; 33,8)$; $\qquad G_{max} = G(40) = 4,6$ (GE)

Der Gewinn hat sich „sehr stark" verringert.

Die Gewinnschwelle hat sich auf 33,8 erhöht.

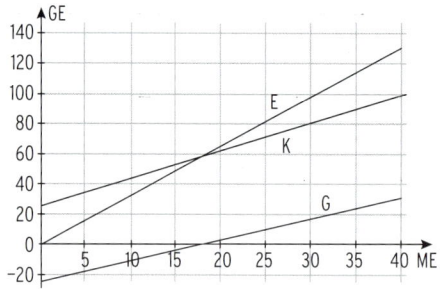

Lernsituation Quadratische Funktionen
Lehrbuch Seite 67

Linearer Zusammenhang: $p_A(x) = 0{,}25x + 8{,}5$

Quadratischer Zusammenhang: $p_N(x) = -0{,}0025x^2 - 0{,}175x + 32$

Höchstpreis: $p_N(0) = 32$

Mindestangebotspreis: $p_A(0) = 8{,}5$

Gleichgewichtspreis: $p_N(43{,}9) = 19{,}5$

Gleichgewichtsmenge:

$p_A(x) = p_N(x)$ für $x_G = 43{,}9$

Sättigungsmenge: $p_N(x) = 0$ für $x_{Sätt} = 83{,}4$

Grafik:

$p = 10$: $x_A = 6$; $x_N = 65{,}1$ $\Rightarrow$
Nachfrageüberhang von 59,1 ME

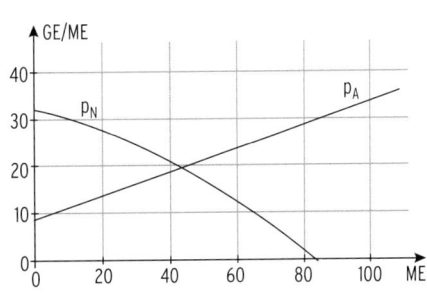

$p_A(x) = 0{,}02x^2 + 8{,}5$; $p_N(x) = -0{,}015x^2 + 40$; $x \geq 0$

Sättigungsmenge: $p_N(x) = 0$ für $x_{Sätt} = 51{,}6$

Marktsituation für Tischfeuerwerk: $MG(30 \mid 26{,}5)$

ökonomisch relevanter Definitionsbereich: $D_{ök}(p_N) = [0; x_{Sätt}] = [0; 51{,}6] = D_{ök}(p_A)$

Wertebereiche: $W_{ök}(p_N) = [0; 40]$; $W_{ök}(p_A) = [8{,}5; 61{,}75]$

Für die Gesamtsituation: $D_{ök} = [0; 51{,}6]$; $W_{ök} = [0; p_A(51{,}6)] = [0; 61{,}75]$

Lernsituation Quadratische Funktionen
Lehrbuch Seite 68
Anlage 1

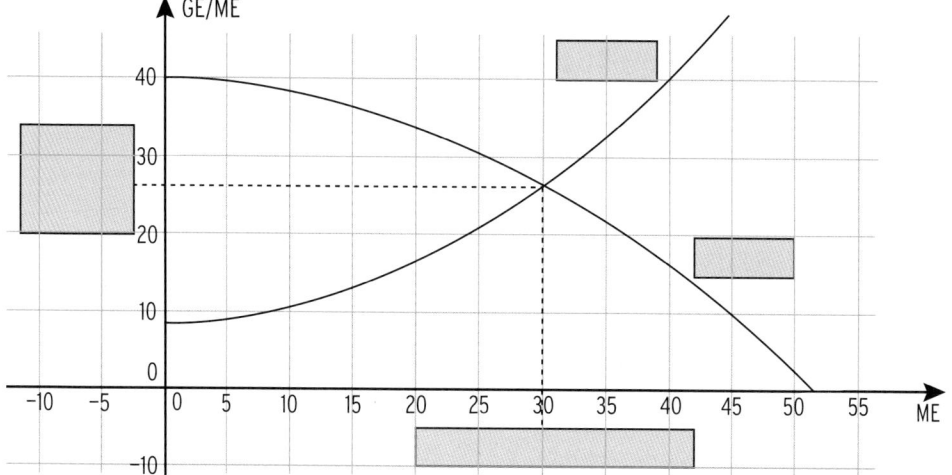

Lernsituation Ganzrationale Funktionen 3.Grades
Lehrbuch Seite 97/98

Datenbrille L-Look: $K(x) = 2,5x + 120$; $E(x) = 5,8x$

Gewinnfunktion: $G(x) = 3,3x - 120$; $x \geq 0$

Datenbrille X-Look: $K(x) = 0,06x^3 - 1,8x^2 + 25x + 200$; $E(x) = -2,25x^2 + 64x$

$x_{Kap} = 40$ ME ; Gewinnfunktion: $G(x) = -0,06x^3 - 0,45x^2 + 39x - 200$; $0 \leq x \leq 40$

Datenbrille X-Look nach Verbesserung:

Preis-Absatzfunktion $p_N(x) = -\frac{1}{20}x^2 - \frac{7}{10}x + 92$; $x_{Sätt} = 36,5$

$K(x) = 0,06x^3 - 1,8x^2 + 25x + 200$; $E(x) = -\frac{1}{20}x^3 - \frac{7}{10}x^2 + 92x$

Gewinnfunktion: $G(x) = -0,11x^3 + 1,1 x^2 + 67x - 200$; $0 \leq x \leq 36,5$

Datenbrille	Wirtschaftliche Situation	K ist eine .... Funktion	E ist eine .... Funktion
L-Look	vollständige Konkurrenz	lineare	lineare
X-Look	Monopol	ganzrationale Funktion 3. Grades	quadratische
X-Look nach Verbesserung	Monopol	ganzrationale Funktion 3. Grades	ganzrationale Funktion 3. Grades

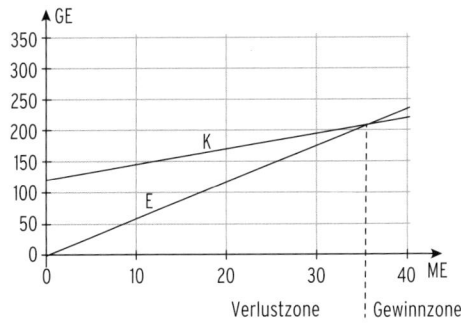

Verlustzone | Gewinnzone

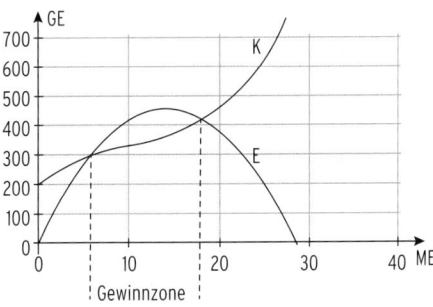

Gewinnzone

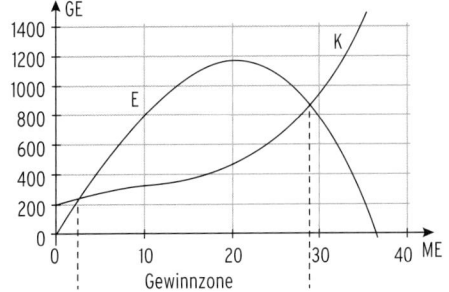

Gewinnzone

Lernsituation Exponentialfunktionen
Lehrbuch Seite 125

1) • Koordinatensystem

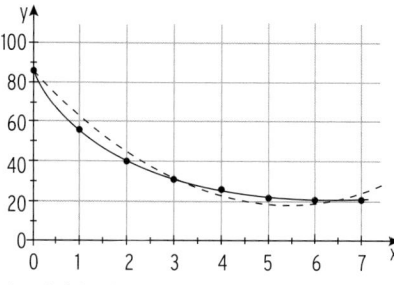

• Abnahme auf [0;1]: $58 - 90 = -32$

Abnahme auf [1; 2]: $40 - 58 = -18$

$\frac{\triangle y}{\triangle x}$ nicht konstant, die Daten verhalten

sich nicht linear.

• Probe mit einigen Koordinaten ergibt eine

Übereinstimmung: $y = 2{,}30t^2 - 24{,}68\,t + 84{,}92$ (gestrichelt gezeichnet)

• Da sich die Temperatur langsam der Zimmertemperatur angleicht,

liegt mit $y = 20$ eine waagrechte Asymptote vor.

Ansatz: $y = a \cdot b^t + 20$

Punktprobe mit (0 | 90) ergibt $a = 70$

Punktprobe mit (1 | 58) ergibt $58 = 70 \cdot b + 20$ und damit $b \approx 0{,}54$

Damit erhält man $y = 70 \cdot 0{,}54^t + 20$ (durchgezogen gezeichnet).

Vergleich: Eine Parabel gibt den Verlauf eines Abkühlvorgangs nicht sinnvoll wieder,

weil die Parabel im betrachteten Zeitraum wieder steigt. Das würde einer Wieder-

erwärmung entsprechen.

Das Schaubild der Exponentialfunktion stellt den Verlauf des Abkühlvorgangs gut dar.

Hinweis: Exponentielle Regression liefert $a = 68{,}23$; $b = 0{,}54$

2) $h(t) = 20 + 70 \cdot 0{,}8^{\,t}$

• Bedingung: $h(t) = 50$ $\qquad\qquad 50 = 20 + 70 \cdot 0{,}8^{\,t}$

$\qquad\qquad\qquad\qquad\qquad\qquad\qquad t \approx 3{,}8$

Der Tee benötigt etwas weniger als 4 Minuten, um auf Trinktemperatur abzukühlen.

• Durchschnittliche Abkühlung in den ersten 10 Minuten:

$\frac{h(10) - h(0)}{10} \approx \frac{27{,}5 - 90}{10} = -6{,}25$

d.h. die durchschnittliche Abkühlung beträgt ca. 6,25 °C pro Minute.

Durchschnittliche Abkühlung in den folgenden 10 Minuten:

$\frac{h(20) - h(10)}{10} \approx \frac{20{,}8 - 27{,}5}{10} = -0{,}67$

d.h. die durchschnittliche Abkühlung beträgt ca. 0,67°C pro Minute

Interpretation:

Der Tee kühlt durchschnittlich in den zweiten 10 Minuten langsamer ab.

Lernsituation Trigonometrische Funktionen
Lehrbuch Seite 141

a) Vereinfachung: Eine Gondel entspricht einem Punkt.

$\frac{360°}{15} = 24°$; r = 30,5

Es gilt: $\sin(12°) = \frac{\frac{e}{2}}{30,5} \Rightarrow e = 12,68$

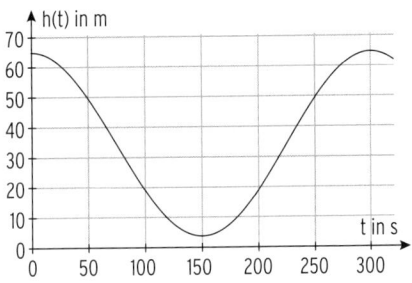

Die Gondeln haben eine Entfernung von etwa 12,7 m.

oder als Überschlag: Abstand $= \frac{\text{Umfang}}{15} \approx 12,77$

Umfang der Umdrehung in m: U $= 2\pi \cdot 30,5 = 191,64$

Geschwindigkeit von Punkt A: $v = \frac{s}{t} = \frac{191,4\,\text{m}}{300\,\text{s}} = 0,638\,\frac{\text{m}}{\text{s}} = 2,2968\,\frac{\text{km}}{\text{h}}$

Punkt A legt in einer Stunde etwa 2,3 km zurück.

b) Trigonometrische Funktion: $h(t) = a\cos(bt) + c$ wegen $h(0) = 64,75$ größter Wert

Größte Höhe: 64,75; kleinste Höhe: 3,75

also Mittellinie $y = 34,25$: $\frac{64,75 + 3,75}{2} = 34,25$

Periode 300 s ergibt aus $p = \frac{2\pi}{b}$: $b = \frac{\pi}{150}$

Amplitude: $\frac{61}{2} = 30,5 = a$

$h(t) = 30,5\cos\left(\frac{\pi}{150}t\right) + 34,25$

$h(60) = 43,675$

A ist nach einer Minute 43,675 m hoch.

c) Die ganzrationale Funktion müsste zwei
Maximalstellen und eine Minimalstelle besitzen, der Graph muss symmetrisch sein zur
Geraden mit der Gleichung x = 150.
In Frage kommt eine ganzrationale Funktion 4. Grades.

Lernsituation Einführung in die Differentialrechnung
Lehrbuch Seite 161

$K(0) = 82{,}50$; $K'(2) = 1$; $K'(1) = 2{,}75$; $K'(4) = 2$ führt auf

$K(x) = 0{,}25\,x^3 - 2\,x^2 + 6\,x + 82{,}5$

Alternative: Prüfen durch Einsetzen.

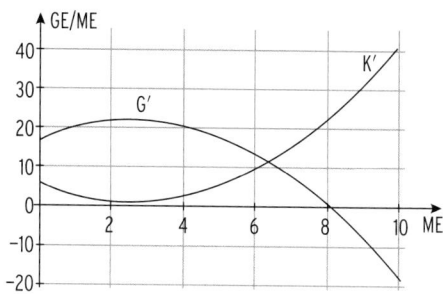

$E(x) = 22{,}625\,x$;

$G(x) = -0{,}25\,x^3 + 2\,x^2 + 16{,}625\,x - 82{,}5$

Gewinnbereich (4; 11); $G(10) > 0$;

Grenzkosten: $K'(x) = 0{,}75\,x^2 - 4x + 6$

$K'(x) > 0$

Grenzgewinn: $G'(x) = -0{,}75\,x^2 + 4x + 16{,}625$

$G'(x) > -20$ für $x \leq 10$ und

$x = 10$ liegt in der Gewinnzone.

Der Großauftrag sollte angenommen werden.

Lernsituation
Untersuchung von Graphen mithilfe der Differentialrechnung
Lehrbuch Seite 181

$K(x) = 0{,}25\,x^3 - 2{,}5\,x^2 + 22\,x + 24;\ E(x) = 30x;\ x_{Kap} = 14$ (ME)

a) $K'(x) = 0{,}75\,x^2 - 5x + 22;\quad K''(x) = 1{,}5x - 5$

Monotonie: $K'(x) = 0$ hat keine Lösung; $K'(0) = 22 > 0$, also gilt: $K'(x) > 0$ für $x \geq 0$

K ist monoton wachsend

Krümmung: $K''(x) = 1{,}5x - 5 = 0$ für $x = \frac{10}{3}$

$K'(0) = -5 < 0$

Der Graph von K ist rechtsgekrümmt

für $0 < x < \frac{10}{3}$

und linksgekrümmt für $x > \frac{10}{3}$.

Graph von G und G':

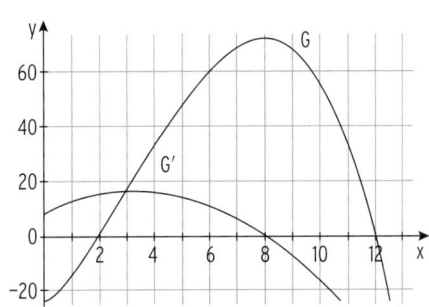

b) Der Graph der Gesamtkostenfunktion K mit $K(x) = 0{,}25\,x^3 - 2{,}5\,x^2 + 22\,x + 24$ verläuft im

ökonomisch sinnvollen Definitionsbereich $D_{ök}(K) = [0;\ 14\,]$ *wachsend* , d. h. mit

zunehmender Produktion *wachsen* die Gesamtkosten.

Der Graph von K beginnt bei $(0\,|24\,)$. Hier entstehen nur die *Fixkosten* in Höhe von

24 GE. Bis zu einer Produktionsmenge von $\frac{10}{3}$ ME steigt der Graph *degressiv* an.

Auf diesem Bereich nehmen die Gesamtkosten *zu* , aber diese Zunahme pro ME wird

geringer. Bei einer Produktion von $\frac{10}{3}$ ME sind die *Grenzkosten* am *geringsten* .

Ab einer Produktion von $\frac{10}{3}$ ME steigt der Graph *progressiv*, d. h. die Steigung nimmt

mit zunehmender Produktion *zu*.

Bei Produktion und Verkauf von ca. 8 ME wird der *maximale* *Gewinn* erzielt, das

Gewinnmaximum beträgt 72 GE. Bei Produktion und Verkauf von 12 ME stimmen

Gesamtkosten und *Erlös* überein. Die *Gewinnzone* erstreckt sich von der

Gewinnschwelle $x_{GS} = 2$ bis zur *Gewinngrenze* $x_{GG} = 12$.

5 Lösungen der Tests

Test zur Überprüfung Ihrer Grundkenntnisse
Lehrbuch Seite 31

1

a) $\bar{x} = 12{,}47°$,　　　1. Quartil: 11　　　3. Quartil: 14

b) $x_{Med} = 12$　　　Die Behauptung ist falsch.

2

a) Säulendiagramm für Autotyp A

b) Zentralwert für Typ A: $x_{med} = 8{,}2$
Zentralwert für Typ B: $x_{med} = 8{,}0$

Der Zentralwert von Typ A ist höher.

c) Durchschnittlicher Verbrauch für Typ A
und Typ B: $\bar{x} = 8{,}1$

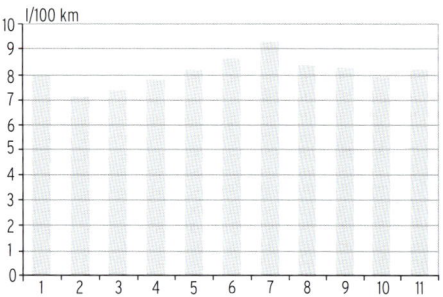

3

a) Stadt A: $\bar{x} = 8{,}5$　　　　　　Stadt B: $\bar{x} = 9{,}5$

b) Stadt A: Varianz $\sigma^2 = 15{,}25$　　　Standardabweichung $\sigma = 3{,}91$
Stadt B: Varianz $\sigma^2 = 31{,}25$　　　Standardabweichung $\sigma = 5{,}59$

c) Stadt A: gemäßigtes Klima
Stadt B: zwei Jahreszeiten; Sommer mit wenig Regen; Winter mit viel Regen

4　$\mu = \frac{1}{3000}(199 \cdot 159 + 200 \cdot 1020 + 201 \cdot 1393 + 202 \cdot 396 + 203 \cdot 32) \approx 200{,}71$
und der rel. Häufigkeiten: $\frac{159}{3000}$; ...

Mittelwert in mm: $\mu \approx 200{,}7$
Standardabweichung in mm: $\sigma \approx 0{,}80$
Die Standardabweichung von $\sigma = 0{,}45\,$mm nach der Neueinstellung der Maschine zeigt,
dass im neuen Produktionsabschnitt eine geringere Streuung der Kantenlänge auftritt.
Dies deutet darauf hin, dass die Neueinstellung erfolgreich war.

Test zur Überprüfung Ihrer Grundkenntnisse
Lehrbuch Seite 66

1 $\frac{1}{8}(x + 3) = \frac{3}{2}x - 4 \mid \cdot 8$

$x + 3 = 12x - 32$

$x = \frac{35}{11}$

b) $4x - 9 = t - 3x$

$7x = t + 9$

$x = \frac{t + 9}{7}$

2 Der Graph von g durch $(0 \mid -1)$ und $(4 \mid 2)$: $y = \frac{3}{4}x - 1$

Der Graph von h durch $(0 \mid 4)$ und $(6 \mid 2)$: $y = -\frac{1}{3}x + 4$

3

a) $f(x) = 0$ $\frac{2}{3}x + 1 = 0$ für $x = -\frac{3}{2}$

Nullstelle $x = -\frac{3}{2}$

b) $f(x) = g(x)$

$\frac{2}{3}x + 1 = -x - 1$ für $x = -\frac{6}{5}$

Schnittstelle $x = -\frac{6}{5}$

mithilfe der Zeichnung

$f(x) < g(x)$ für $x < -\frac{6}{5}$

c) $f(u) - g(u) = 3$ für $u = \frac{3}{5}$

Die Schnittpunkte der Parallelen zur
y-Achse und den Geraden K_f und K_g
haben einen Abstand von 3.

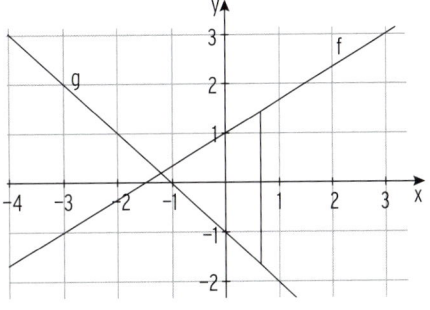

4 $K(x) = 2{,}2x + 9{,}5$; $E(x) = 3{,}5x$; $D_{ök} = [0; 12]$; $W_{ök}(K) = [0; K(12)] = [0; 35{,}9]$

Gewinnschwelle $x_{GS} \approx 7{,}3$

Gewinnzone $(7{,}3; 12)$; Verlustzone: $(0; 7{,}3)$;

Größtmöglicher Gewinn: $G(12) = 6{,}1$

5

a) $K(x) = 12x + 850$; Fixkosten 850 GE; variable Stückkosten: 12 GE/ME

b) $E(x) = 20x$; $x_{GS} = 106{,}25$

c) $G(x) = 1000$ für $x = 231{,}25$

d) $D_{ök}(p) = [0; 244]$; $W_{ök}(p) = [0; 1281]$

6

a) $p_N(x) = -2x + 16$; $p_A(x) = 0{,}25x + 1$; $D_{ök} = [0; 8]$

b) MG $(6{,}67 \mid 2{,}67)$

c) $p = 2$: Nachfrageüberschuss von $7 - 4 = 3$ (ME)

Test zur Überprüfung Ihrer Grundkenntnisse
Lehrbuch Seite 94

1

a) $x_1 = 3$; $x_2 = -5$ **b)** $x_1 = 3$; $x_2 = 0,5$

2

a) Gewinnzone: (5; 20); Verlustzonen: [0; 5); (20; 22]

$x_S = x_{max} = \frac{5+20}{2} = 12,5$; $G(12,5) = 11,25$

b) Berührpunkt B(10|70); langfristige Preisuntergrenze 7 GE

3

a) Abb. 1 zeigt eine Gesamtkostenkurve, da die Kurve steigend ist und oberhalb der Abszissenachse verläuft.

b) Variable Gesamtkosten K_v: Graph durch Verschiebung um 2 nach unten

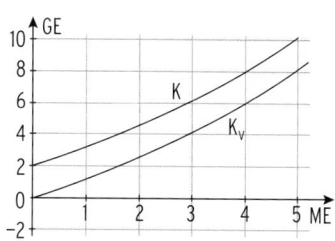

4 $p(x) = 0$ für $x = 9,6$ Sättigungsmenge

$D_{ök}(p) = [0; 9,6]$

a) $p = 12$: $x_1 = 5,6$ (ME); $E(5,6) = 12 \cdot 5,6 = 67,2$ (GE)

5 $E(0) = 0$; $E(8) = 320$; $E(16) = 0$

$E(x) = -5x^2 + 80x$

6

a) Höchstpreis: $p_N(0) = 14,5$

$p_N(x) = 0$ für $x = 11,0$ ($x > 0$)   Sättigungsmenge

$D_{ök} = [0; 11,0]$

MG (8,54 | 57,49)

b) $x = 6$: $p_A(6) = 38,8$; $p_N(6) = 101,8$ zu erzielender Preis: 101,8 GE/ME

c) $p = 50$: Nachfrageüberhang: $8,90 - 7,58 = 1,32$ (ME)

7 Die Parabel von f_t ist das Schaubild einer Gesamtkostenkurve, wenn sie nach oben geöffnet ist. Die trifft zu für $t > 0$.

Scheitelpunkt S(0 | 1) unabhängig von t.

Test zur Überprüfung Ihrer Grundkenntnisse
Lehrbuch Seite 124

1

a) $\sqrt[3]{\dfrac{16}{3}}$ **b)** $-1; \pm\sqrt{3}$ **c)** $-0,5; 0; 1$

2 $f(x) = a(x + 2)(x - 1)(x - 3)$; Punktprobe mit $(0 \mid 5)$ ergibt $a = \dfrac{5}{6}$

$f(x) = \dfrac{5}{6}(x + 2)(x - 1)(x - 3)$

3

a) $G(x) = E(x) - K(x)$; Gewinnzone: $(2; 5)$ Verlustzonen: $[0; 2); (5; 8]$

b) $G(x) = 4$; $x_1 = 3$; $x_2 = 4,37$ Zwischen 3 ME und 4,37 ME werden mindestens 4 GE
Gewinn erzielt

4 $G(4) = 0$; $G(5) = 61$; $a = -2$; $d = -204$

5

a) ja, der Kostenverlauf wechselt von degressiv
zu progressiv

b) Zeichnung
E durch 0; $(1 \mid 6)$ und $(3 \mid 10)$;
$E(x) = -\dfrac{4}{3}x^2 + \dfrac{22}{3}x$

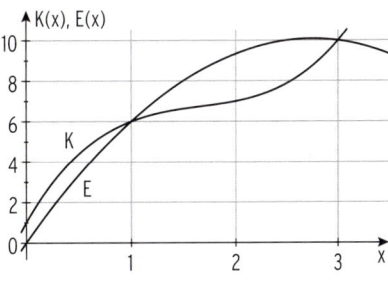

6 $p_1(x) = x^2 - 12x + 38 = p_A(x)$

$p_1(x) = 18$ für $x = 2$; Gleichgewichtsmenge: $x_G = 2$

Höchstpreis der Nachfrager: $p_1(0) = 38$

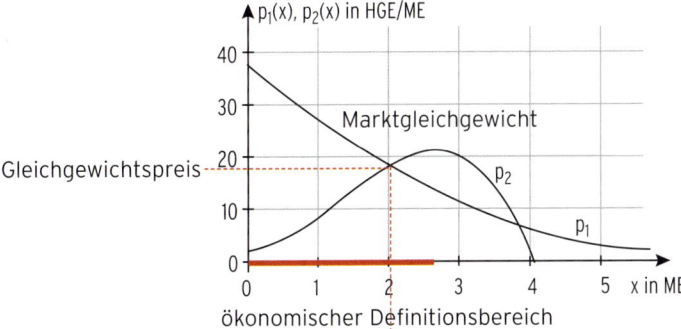

Test zur Überprüfung Ihrer Grundkenntnisse
Lehrbuch Seite 140

1 $f(x) = 2^x + 1$

a) $g(x) = 0{,}25(2^x + 1)$

b) $g(x) = 2^{x-3} + 1$

c) $f(x) = -2^x - 1 - 5 = -2^x - 6$

2 A: $a + b = 4$; B: $\frac{1}{2}a + b = 2$ ergibt $g(x) = 4 \cdot 2^{-x}$

3 Asymptote mit $y = 3$: $c = 3$
   $(0 \mid 2)$: $a + 3 = 2 \Rightarrow a = -1$
   $(1 \mid 1)$: $-1 \cdot b^1 + 3 = 1 \Rightarrow b = 2$

4 $f(x) = 3^{1-x} - x$
   Asymptote mit $y = -x$
   $S(1 \mid 0)$

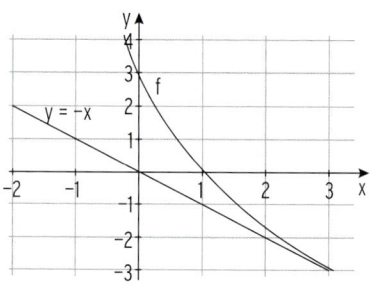

5 $f(x) = -\frac{1}{2} \cdot 4^x + 3$

a) Asymptote mit $y = 3$
   Der Graph von f ist fallend,
   für $x > 1{,}29$ verläuft der Graph von f
   unterhalb der Abszissenachse.

b) $f(2) = -5$
   $h(x) = -\frac{1}{2} \cdot 4^x + 3 + 5 = -\frac{1}{2} \cdot 4^x + 8$

c) $g(x) = 2f(x-2) = -4^{x-2} + 6$
   $S(3{,}29 \mid 0)$

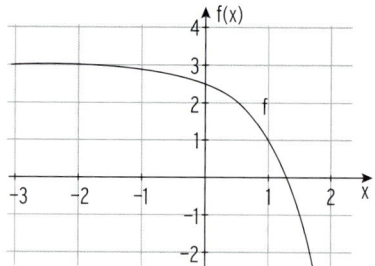

6 $f(t) = 6{,}8 \cdot 1{,}018^t = 10$ für $t = 21{,}6$
   Im Jahr 2031 wird die 10-Milliardengrenze überschritten.
   Die Berechnung der Vereinten Nationen geht von einem geringeren Wachstum aus.

7 A: $f(x)$; Parabel (Achsensymmetrie)
   B: $g(x)$; schiefe Asymptote mit $y = -x$; $c = -1$, $d = 0$
   C: $g(x)$; waagrechte Asymptote mit $y = 6$; $c = 0$, $d = 6$

Test zur Überprüfung Ihrer Grundkenntnisse
Lehrbuch Seite 160

1 x_1 ist eine Nullstelle der Funktion f.

a) $f(x) = 3\sin(2x)$; $x_1 = \frac{\pi}{2}$ Periode $p = \pi$; keine Verschiebung in Ordinatenrichtung:

$x_2 = \pi$; $x_3 = -\frac{\pi}{2}$; $x_4 = -\pi$; $x_5 = \frac{3}{2}\pi$ ...

b) $f(x) = \cos(x) - 1$; $x_1 = 0$ Periode $p = 2\pi$; Verschiebung in Ordinatenrichtung:

$x_2 = 2\pi$; $x_3 = -2\pi$

c) $f(x) = -4\cos(\pi x)$; $x_1 = 0{,}5$ Periode $p = 2$; keine Verschiebung in Ordinatenrichtung:

$x_2 = 1{,}5$; $x_3 = 2{,}5$; $x_4 = -0{,}5$...

2 $f(x) = -4\cos\left(\frac{2}{3}x\right) + 3$; $x \in \mathbb{R}$

Amplitude: 4   Periode $p = \frac{2\pi}{\frac{2}{3}} = 3\pi$ Wertebereich von f: $[-1; 7]$

Das Schaubild von f entsteht aus der Kosinuskurve durch Streckung in Abszissenrichtung mit Faktor $\frac{3}{2}$, Streckung in Ordinatenrichtung mit Faktor 4, Spiegelung an der Abszissenachse und Verschiebung um 3 nach oben.

3 $g(x) = a\sin(bx) + c$

höchster Punkt $A(1|5)$; nachfolgender tiefster Punkt $B\left(3|-2\right)$:

Periode 4 ; Amplitude 3,5; Mittellinie $y = 1{,}5$

$a = 3{,}5$; $b = \frac{\pi}{2}$ und $c = 1{,}5$

4 $f(x) = 2\cos(0{,}5x) - 1$

5 $f(x) = -2\sin(3x)$; $x \in \mathbb{R}$.

$g(x) = -4f(x) - 2 = 8\sin(3x) - 2$

Wertebereich von g: $[-6; 6]$

6

a) Die minimale Luftmenge ist 1,5 Liter.

b) Ein vollständiger Atemzug dauert 5 s.

c) $p = 5 = \frac{2\pi}{b} \Rightarrow b = \frac{2\pi}{5}$

$a = 1{,}5$: $f(x) = -1{,}5\cos(\frac{2\pi}{5}x) + 3$

d) $f(x) = 2{,}25$

$-1{,}5\cos(\frac{2\pi}{5}x) + 3 = 2{,}25$

Drei Lösungen dieser Gleichung: $x = 0{,}833$; $4{,}167$; $5{,}833$ (mit GTR/CAS)

Zeitpunkte: 0,833 s; 4,167 s; 5,833 s

Test zur Überprüfung Ihrer Grundkenntnisse
Lehrbuch Seite 180

1

a) $f'(x) = 15x^2 - 3x + 2$

b) $f'(x) = \frac{1}{8}(3x^2 - 6x)$

c) $f'(x) = 3a\,x^2 + 2bx$

d) $f'(x) = \frac{1}{4} - \frac{5}{x^2}$

2 $f(x) = x^3 - 2x^2$; $f'(x) = 3x^2 - 4x$

a) $f'(-1) = 7$

b) $f'(x) = -1$ für $x = \frac{1}{3}$ oder $x = 1$

c) Tangente an den Graphen von f im Punkt $P(2\,|\,f(2))$: $y = 4x - 8$

d) $f'(x) = 0$ für $x = \frac{4}{3}$ g: $y = -\frac{32}{27}$ berührt den Graphen von f.

e) $f'(x) = 4$ für $x_1 = 2$; $x_2 = -\frac{2}{3}$
(4 ist der negative Kehrwert von $m_{\text{Normale}} = -\frac{1}{4}$)
Aus $f(2) = 0$ folgt: $P(2\,|\,0)$ liegt auf dem Graphen von f und auf der gegebenen Geraden,
die somit die Normale ist.

3

a) $K'(x) = 0{,}75x^2 - x + 2 = K'_v(x)$; $k'(x) = 0{,}5x - 0{,}5 - \frac{9}{x^2}$; $k'_v(x) = 0{,}5x - 0{,}5$

b) $K'(x) = 0$ hat keine Lösung; $K'(0) = 2 > 0$

c) $y = 5{,}75\,x$; langfristige Preisuntergrenze 5,75 GE/ME

d) $K'(x) = 3$ für $\left(x = -\frac{2}{3} \text{ oder}\right) x = 2$, Berührpunkt $B(2\,|\,13)$

4 $G(x) = -0{,}5x^3 - 0{,}5x^2 + 17x - 16$

a) Mittlere Gewinnänderung: $\frac{G(3) - G(1)}{2} = \frac{17}{2}$
Ja, es gibt eine zur Sekante parallele Tangente mit $G'(x) = \frac{17}{2}$ für $x \approx 2{,}1$

b) $G'(x) = 0$ für $x = 3{,}05$ $(x > 0)$; $y = 17{,}0$ Gleichung der waagrechten Tangente

5 $K(x) = K_v(x) + K_f$ mit K_f = konstant, fällt beim Ableiten weg

6

a) Lösung: $E(3) = K(3)$ $3p = 300 \Rightarrow p = 100$
konstanter Verkaufspreis: $p = 100\,\text{GE/ME}$

b) $K'(x) = E'(x) = 100$
für $x = 7{,}263$ oder $x = -0{,}597$
Interpretation:
$x = -0{,}597$ ökonomisch nicht sinnvoll
Der Gewinn wird am größten für 7,263 ME.

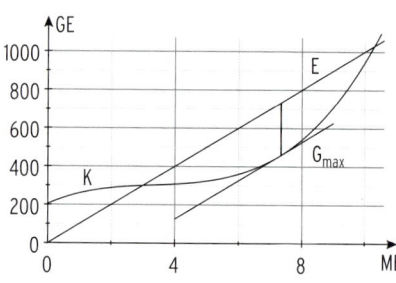

Test zur Überprüfung Ihrer Grundkenntnisse
Lehrbuch Seite 199

1

a) $f(x) = x^3 - \frac{9}{2}x^2 + 6x + 3$; $f'(x) = 3x^2 - 9x + 6$; $f''(x) = 6x - 9$

$H(1|5,5)$; $T(2|5)$

b) $f(x) = x - 3 + x^2$; $f'(x) = 1 + 2x$; $f''(x) = 2$

$f'(x) = 0$ für $x = -0,5$ Nachweis mit $f''(x) > 0$

Tiefpunkt $T(-0,5|-3,25)$

c) $f(x) = x^3 + 3x^2 + x$; $f'(x) = 3x^2 + 6x + 1$; $f''(x) = 6x + 6$

$f'(x) = 0$ für $x_1 = -0,18$; $x_2 = -1,82$

Nachweis: $f''(-0,18) > 0$ 　　$T(-0,18|-0,09)$;

　　　　　　$f''(-1,82) < 0$ 　　$H(-1,82|2,09)$

d) $f(x) = -\frac{1}{4}(x^3 - 12x^2)$; $f'(x) = -\frac{1}{4}(3x^2 - 24x)$; $f''(x) = = -\frac{1}{4}(6x - 24)$

$f'(x) = 0$ 　　　$3x^2 - 24x = 0$ für $x_1 = 0$; $x_2 = 8$

Nachweis: $f''(0) = 6 > 0$ Tiefpunkt $T(0|0)$

　　　　　$f''(8) = -6 < 0$ Hochpunkt $H(8|64)$

2 $f(x) = x^3 - 2x^2 + x$; $f'(x) = 3x^2 - 4x + 1$

$f'(x) = 0$ 　　für $x_1 = \frac{1}{3}$; $x_2 = 1$ Stellen mit VZW von $f'(x)$

$f'(0) = 1$

Monotoniebereiche: Für $x \leq \frac{1}{3}$ bzw. $x \geq 1$ ist f wachsend.

　　　　　　　　Für $\frac{1}{3} \leq x \leq 1$ ist f fallend.

3 $f(x) = -x^3 + 3x^2 - 1$; $f'(x) = -3x^2 + 6x$; $f''(x) = -6x + 6$

Wendepunkt $W(1|1)$

$f'(1) = 3$

Gleichung der Wendetangente: $y = 3x - 2$

4

a) $f(x) = \frac{3}{2}x - \frac{3}{8}x^3$; $f'(x) = \frac{3}{2} - \frac{9}{8}x^2$; $f''(x) = -\frac{9}{4}x$

Wendepunkt $W(0|0)$

Aus der Abbildung:

Der Graph von f ist linksgekrümmt für $x < 0$,

Der Graph von f ist rechtsgekrümmt für $x > 0$.

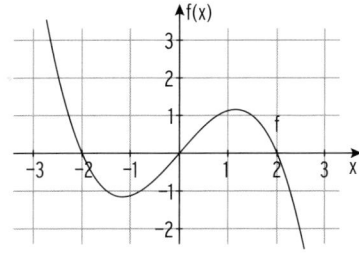

b) $f(x) = x^3 + x^2 - 2x + 2$; $f'(x) = 3x^2 + 2x - 2$;

$f''(x) = 6x + 2$

Wendestelle $x_W = -\frac{1}{3}$

Aus der Abbildung:

Der Graph von f ist rechtsgekrümmt für $x < -\frac{1}{3}$

Der Graph von f ist linksgekrümmt für $x > -\frac{1}{3}$.

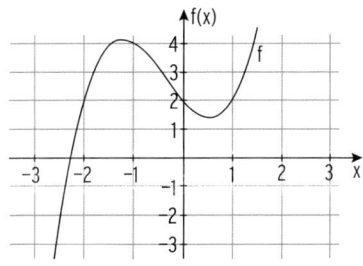

5 (1) Falsch, Der Graph von f hat nur einen Wendepunkt in $x = 4$.

(2) Falsch, die Steigung nimmt für $x \in [4; 8]$ ab.

(3) Falsch, $f''(2) > 0$ da Der Graph von f linksgekrümmt ist;

$f''(8) < 0$ da Der Graph von f rechtsgekrümmt ist.

(4) Falsch, die maximale momentane Änderungsrate von f ist die maximale Steigung

des Graphen von f. Sie liegt in $x = 4$.

6 $K(x) = \frac{1}{3}x^3 - \frac{3}{2}x^2 + 6x + 4$; $K'(x) = x^2 - 3x + 6$; $K''(x) = 2x - 3$; $E(x) = 10x$

a) $K'(x) = 0$ hat keine Lösung ($D < 0$); $K'(0) = 6 > 0$ K ist monoton wachsend

b) $K''(x) = 2x - 3 = 0$ für $x = 1,5$

$K''(2) = 1 > 0$; Der Graph von K ist linksgekrümmt für $x > 1,5$.

Bereich progressiven Wachstums: $x > 1,5$

c) $G(x) = -\frac{1}{3}x^3 + \frac{3}{2}x^2 + 4x - 4$;

maximaler Gewinn: $G(4) = 14,67$

7 (1) Der Graph von h verläuft durch $P(0 \mid 2)$

(2) Der Graph von h hat waagrechte Tangenten in $x_1 = -4$; $x_2 = 2$

(3) Der Graph von h ist fallend für $x \geq 2$

(4) Der Graph von h ist linksgekrümmt für $-5 < x < -3$

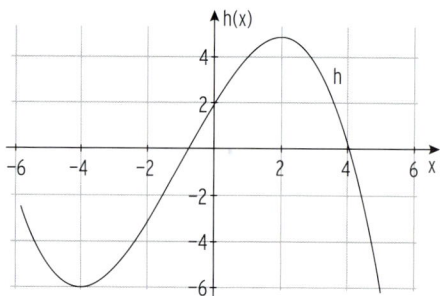

Test zur Überprüfung Ihrer Grundkenntnisse
Lehrbuch Seite 213

1 $K(x) = x^3 - 14x^2 + 100x + 600.$

a) $k(x) = x^2 - 14x + 100 + \frac{600}{x}$; $k'(x) = 2x - 14 - \frac{600}{x^2}$;

Betriebsoptimum liegt bei 10 ME: $k'(10) = 0$

langfristige Preisuntergrenze: $k(10) = 120$

b) $E(x) = 125x$; $G(x) = -x^3 + 14x^2 + 25x - 600.$

Maximaler Gewinn $G(10,15) = 50,39$

2

a)   Erlösfunktion $E(x) = -1,5x^2 + 16,8x$

Erlösschwelle: $x_1 = 0$; Erlösgrenze: $x_2 = 11,2$; $D_{ök}(E) = [0; 11,2]$

Erlösmaximum $E(5,6) = 47,04$

b) $G(x) = E(x) - K(x)$

$\qquad = -1,5x^2 + 16,8x$

$\qquad\quad - (0,4x^3 - 2,4x^2 + 4,8x + 16,8)$

$G(x) = -0,4x^3 + 0,9x^2 + 12x - 16,8$

c) $G(1) < 0$; $G(2) > 0$

Gewinnschwelle $x_{GS} = 1,3$

Gewinnmaximum $G(4) = 20$

d)   Cournot'scher Punkt: $C(4|10,8)$:

Die Koordinaten von C geben die gewinn-

maximale Ausbringungsmenge und den

dazugehörigen gewinnmaximalen Marktpreis

an.

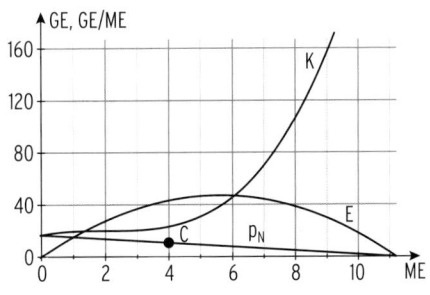

3

a) Ökonomisch sinnvoller Definitionsbereich: $D_{\text{ök}} = [0; 150]$

$K(x) = \frac{1}{30}x^3 - \frac{9}{2}x^2 + 270x + 6000$

Funktion der fixen Stückkosten: $K_{\text{fix}}(x) = \frac{K(0)}{x} = \frac{6000}{x}$

Funktion der variablen Stückkosten: $k_v(x) = \frac{1}{30}x^2 - \frac{9}{2}x + 270$

Funktion der Stückkosten: $k(x) = \frac{1}{30}x^2 - \frac{9}{2}x + 270 + \frac{6000}{x}$

Funktion der Grenzstückkosten: $k'(x) = \frac{1}{15}x - \frac{9}{2} - \frac{6000}{x^2}$

b) Betriebsminimum: $k_v'(x) = 0 \wedge k_v''(x) > 0$

$k_v'(x) = 0 \Leftrightarrow 0 = \frac{1}{15}x - \frac{9}{2} \Leftrightarrow x = 67{,}5$

$k_v''(x) = \frac{1}{15} > 0$ also Betriebsminimum $x_{\text{BM}} = 67{,}5$

Bei 67,5 ME entstehen die geringsten variablen Kosten pro ME.

Kurzfristige Preisuntergrenze: $k_v(67{,}5) = 118{,}125$

Bei einem Verkaufspreis von 118,125 GE/ME werden die fixen Kosten als Verlust in Kauf

genommen.

4 Für die Kostenfunktion K mit $K(x) = 1{,}5x^3 - 3x^2 + 40x + 15$:

$K'(x) = 4{,}5x^2 - 6x + 40$; $K''(x) = 9x - 6$

variable Stückkosten $k_v(x) = 1{,}5x^2 - 3x + 40$; $k_v'(x) = 3x - 3$

Produktionsmenge mit minimalen Grenzkosten

Bedingung: $K''(x) = 0$ $\qquad\qquad$ $9x - 6 = 0$ für $x = \frac{2}{3}$

Produktionsmenge mit minimalen variablen Stückkosten

Bedingung: $k_v'(x) = 0$ $\qquad\qquad$ $3x - 3 = 0$ für $x = 1$

Die Produktionsmengen haben das Verhältnis $\frac{2}{3} : 1 = 2 : 3$.

6 Lösungen der Aufgaben im Kapitel Grundwissen

Lehrbuch Seite 218

1 a) $[0; 4]$ b) $(-\infty; 2{,}5]$ c) $(-2; 1)$ d) $[1; 7]$

2 a) $\{x \in \mathbb{R} \mid -2 \le x \le 3\}$ b) $\{-5 < x \le 1\}$ c) $\{x \le 3\}$ d) $\{1 < x < 10\}$

3 a) $\{x \in \mathbb{R} \mid 0 \le x \le 3\}$ b) $\{1 \le x < 6\}$ c) $\{x \le 5\}$ d) $\{-2 < x < 6\}$

Lehrbuch Seite 219

1 a) $3a - 14b$ b) $34x - 16$ c) $11x + 6y$ d) $2x + 2y$

2 a) $11a$ b) $-3ab$ c) $-4x$ d) $5x + 5$ e) $15a + 3$ f) $5ax + 4x$

Lehrbuch Seite 220

1 a) $-15 + 6a$ b) $-20x + 10y$ c) $-8b - 10b^2$ d) $-7a^2 + 2a$
   e) $5a^2 - 15ab$ f) $-15a^2 + a$ g) $14a - 22b$ h) $16u - 37v$

2 a) $(2x - 4) \cdot 1{,}5 = 3x - 6$ b) $3 \cdot (4 - 0{,}5x) = 12 - 1{,}5x$
   c) $(4a - 6) \cdot 2a = 8a^2 - 12a$ d) $-5 \cdot (7b - 2) = 10 - 35b$

3 a) $\frac{3}{2}x^2 + 12x + 24$ b) $\frac{1}{4}x^2 - x - 8$ c) $x^2 + 8x + 15$
   d) $4x^2 - 15x$ e) $-4x^2 + 12x - 6$ f) $4x^2 - 14x - 8$

4 a) $(x + 7)^2$ b) $(x - 5)^2$ c) $(x - 1)(x + 1)$ d) $-(x + 1)^2$

Lehrbuch Seite 221

1 a) $\frac{32}{25}$ b) $-\frac{19}{18}$ c) $\frac{21}{5}$ d) $\frac{2a}{5}$ e) $\frac{5x}{3}$ f) $\frac{21}{8} \cdot x$

2 a) $\frac{1}{2}$ b) $-\frac{10x}{7}$ c) $-\frac{13}{6}x$ d) $\frac{3}{4}x - \frac{5}{4}$ e) $-\frac{x}{4}$

Lehrbuch Seite 222

1 a) $8(a + 2)$ b) $2(a - 3)$ c) $9(x + 1)$ d) $4(4a - 3b)$ e) $7(3r - s)$
   f) $8(3n - m)$ g) $\frac{2}{5}(2 - 3x)$ h) $\frac{1}{2}(x^2 + x + 5)$ i) $x(3x + 1)$

2 a) $-\frac{1}{2}(x + 4)$ b) $2 - x$ c) $x - 4y + 3$ d) $3x^2 + 3x$ e) $-3x^2 - 2x$
   f) $-4x - \frac{11}{2}$ g) $6 - \frac{23}{3}x$ h) $-x + 1$ i) $-x + \frac{9}{2}$

3 a) $-(6 - a)$ b) $-(4a + 5)$ c) $-(x^2 - 2x - 1)$
   d) $-(7 + 5a)$ e) $-(x^2 + 3x - 7)$ f) $-(-4 + 9a - b)$

4 a) $a(a - 5)$ b) $8x(x - y)$ c) $24(x - y)$ d) $-(3x - 4)$ e) $3a(a + 2)$ f) $ab(6a + 1)$

5 gleichwertige Terme: a) und g); c) und d); e) und j)

Lehrbuch Seite 224

1 a) 7^4 b) $4x^3$ c) $\frac{x^5}{4}$ d) 3^{3x} e) $5e^{2x}$ f) 1

   g) $3 \cdot 4^x$ h) $1,5 \cdot 2^{-2x}$ i) $\frac{4}{9}$ j) $\frac{x^2}{9}$ k) 5^6 l) 3^{-2x}

2 a) $3x^4$ b) $25x^3$ c) 8^{-4x} d) $0,25x^4$ e) $-0,5x^4$ f) $\frac{x^3}{3}$

   g) 2^{2x-6} h) e^x i) $36 \cdot 2^{2x}$ j) $\frac{2^{-4x}}{16}$ k) 3^{-x+1} l) 2^{-3}

3 a) $x^2 \cdot (x+1) = x^3 + x^2$ b) $7e^{2x} \cdot e^{-x} = 7e^x$

4 a) 2^{-1} b) 2^{-3} c) 4^{-2}

5 a) $\frac{1}{3^2} = \left(\frac{1}{3}\right)^2$ b) $\frac{1}{5^3} = \left(\frac{1}{5}\right)^3$ c) $\frac{1}{e}$

6 a) $\sqrt{7}$ b) $\sqrt[5]{2}$ c) $5 \cdot \sqrt[3]{4}$

7 a) 10000 b) $\frac{5}{100}$ c) $\frac{1}{20000}$ d) 3200000

8 a) 3^{-3} b) $6 \cdot 2^{3x}$ c) 1 d) -1 e) 10^x

   f) 3^{2x-2} g) $\sqrt{20}$ h) $\frac{3}{8}$ i) 3^{4x}

9 $(10^5)^2 = 10^{10}$; $10^{10} : 100 = 10^8$ Sekunden $\triangleq 3,21$ Jahre   (1 Jahr $\triangleq$ 360 Tage)

10 a) $f(-1) = \frac{1}{2}$; $f(\sqrt{2}) = 1$ b) $f(-2) = -2$; $f(\sqrt{5}) = 5\sqrt{5} - 3\sqrt{5} = 2\sqrt{5}$

Lehrbuch Seite 226

1 a) 1 b) $\frac{2}{3}$

2 a) 4 b) 1 c) $-\frac{4}{3}$ d) $-\frac{8}{15}$ e) 9 f) $\frac{15}{8}$

3 a) $-\frac{1}{4}$ b) $\frac{4}{3}$ c) -29 d) $-\frac{3}{7}$ e) 2 f) 0

4 a) 5; $L = \{5\}$ b) -5 c) 4 d) k.L.   e) $-\frac{1}{7}$ f) $-\frac{13}{3}$

   g) $-\frac{3}{2}$ h) $-\frac{13}{5}$ i) $\frac{17}{3}$ j) -1 k) $\frac{39}{5}$ l) $\frac{37}{8}$

   m) -7 n) $\frac{10}{11}$ o) 15 p) $\frac{46}{5}$

5 a) -4 b) $\frac{9}{7}$ c) $\frac{5}{4}$

6 a) $x = -16$ Die Gleichung ist eindeutig lösbar.

   b) Umformung ergibt z. B. $-1 = 0$, falsche Aussage. Die Gleichung ist unlösbar.

   c) Umformung ergibt z. B. $0 = 0$, wahre Aussage für alle $x \in \mathbb{R}$. Jede reelle Zahl ist Lösung, z. B. $x = 7$.

Lehrbuch Seite 228

1 a) $x = 5$; $y = 1$ $(5; 1)$ b) $\left(3; \frac{1}{2}\right)$ c) $\left(\frac{2}{7}; 2\right)$ d) $\left(15; -\frac{83}{4}\right)$

   e) $(5; 4)$ f) $(-1; -3)$ g) $\left(-\frac{1}{6}; \frac{1}{6}\right)$ h) $(0; 0)$ i) $\left(-\frac{1}{2}; \frac{5}{6}\right)$

2 a) $(8; -2)$ b) $(9; 4)$ c) $(12; 6)$

3 a) $(-2; 1)$ b) $(-5; -2)$ c) $(4; -6)$

Lehrbuch Seite 229

1 a) $\pm\sqrt{18}$ b) ± 1 c) 0 d) 0 e) k.L.   f) 8

2 $a < 0$

Lehrbuch Seite 230

1 a) $3; -4$ b) 4 c) 3

2 a) k.L.   b) $-\frac{1}{4} \pm \sqrt{\frac{41}{16}}$ c) k.L.   d) $1; 5$ e) $-3; 1$ f) $\pm\sqrt{5}$

Lehrbuch Seite 232

1 a) $0; -\frac{3}{8}$ b) $0; 1$ c) $0; 3$ d) $0; -0{,}4$ e) $0; -\frac{11}{6}$

   f) $0; \frac{1}{3}$ g) $\frac{3}{2}; 0$ h) $0; 6$ i) 0

2 a) $(x - 2)^2 = 0$; $x = 2$ b) -1 c) 6

3 $x(x + 8) = 0$; $-8x = x^2$; $x^2 + 6x + 1 = 1 - 2x$

4 a) $0; 2{,}5$ b) $0; -2$ c) 1 d) -4 e) 12

   f) $0; 20$ g) $5; -4$ h) $\frac{1}{3}$ i) $-3{,}5; a$

5 a) $\frac{5}{4} \pm \sqrt{\frac{17}{16}}$ b) $-1 \pm \sqrt{7}$ c) $\frac{1}{14} \pm \sqrt{\frac{57}{196}}$

6 a) $5(x - 1)^2 = 0$ oder mit der Formel; 1

   b) $x(x - 3) = 0$ oder mit der Formel; $0; 3$

   c) Mit dem Satz vom Nullprodukt oder mit der Formel; $0; \frac{8}{3}$

7 $x(x - a) = 0$; $x_1 = 0$; $x_2 = a$ a) für $a = 0$ b) für $a = 4{,}5$

8 a) $x^2 = -4 < 0$ unlösbar   b) $D < 0$ c) $x^2 - 8x + 24 = 0$; $D < 0$

7 Mathematische Zeichen

Vergleiche

$a = b$	a ist gleich b
$a \neq b$	a ist ungleich b
$a < b$	a ist kleiner als b
$a \leq b$	a ist kleiner oder gleich b
$a > b$	a ist größer als b
$a \geq b$	a ist größer oder gleich b
$a \approx b$	a ist ungefähr gleich b
$a \triangleq b$	entspricht, z. B. $1\,\text{LE} \triangleq 1\,\text{cm}$

Logische Zeichen

$a \wedge b$	a und b
$a \vee b$	a oder b
$a \Leftrightarrow b$	a gleichwertig (äquivalent) b
$a \Rightarrow b$	aus a folgt b

Mengen und Zahlen

$\mathbb{N}$	Menge der natürlichen Zahlen mit null
$\mathbb{N}^*$	Menge der natürlichen Zahlen ohne null
$\mathbb{Z}$	Menge der ganzen Zahlen
$\mathbb{Q}$	Menge der rationalen Zahlen
$\mathbb{R}$	Menge der reellen Zahlen
$\mathbb{R}^* = \mathbb{R} \backslash \{0\}$	Menge der reellen Zahlen ohne Null
$\mathbb{R}_+ = \mathbb{R}^{\geq 0}$	Menge der positiven reellen Zahlen mit Null
$\mathbb{R}_+^* = \mathbb{R}^{>0}$	Menge der positiven reellen Zahlen ohne Null
$x \in M$	x ist Element von M
$x \notin M$	x ist nicht Element von M
$\{x \in M \mid \ldots\}$	Menge aller x aus M, für die gilt …
$\{a, b, c, d\}$	Menge mit den Elementen a, b, c, d

$A \subseteq B$	A ist Teilmenge von B
$A \cap B$	Schnittmenge von A und B
$A \cup B$	Vereinigungsmenge von A und B
$A \backslash B$	Differenzmenge von A und B
$\varnothing$	leere Menge
∞	unendlich
$[a; b] = \{x \in \mathbb{R} \mid a \leq x \leq b\}$	
$[a ; b) = \{x \in \mathbb{R} \mid a \leq x < b\}$	
$[a; \infty) = \{x \in \mathbb{R} \mid a \leq x < \infty\}$	
$\lvert a \rvert$	Betrag von a
a^n	a hoch n; n-te Potenz von a
$\sqrt{a}$	Quadratwurzel aus a; $a \geq 0$
$\sqrt[3]{a}$	3. Wurzel aus a; $a \geq 0$
$n!$	n-Fakultät
$n!$	$= n \cdot (n-1) \cdot \ldots \cdot 2 \cdot 1$

Funktionen

f	Funktion
$f(x)$	Funktionswert an der Stelle x
D	Definitionsbereich
W	Wertebereich
$P(x \mid y)$	Punkt P mit den Koordinaten x und y

Vektoren und Matrizen

$\vec{x} = \begin{pmatrix} x_1 \\ x_2 \\ x_3 \end{pmatrix}$ Spaltenvektor

$\vec{x} = (x_1 \ x_2 \ x_3)$ Zeilenvektor

$A = \begin{pmatrix} a_{11} & a_{12} \\ a_{21} & a_{22} \end{pmatrix}$ (2; 2)-Matrix

8 Stichwortverzeichnis

Abbildungsverzeichnis

S. 12: Imaginis – Fotolia.com • **S. 20:** Photographee.eu - stock.adobe.com • **S. 23:** Martina Berg - stock.adobe.com • **S. 35:** Bertrand NICOLAS – stock.adobe.com • **S. 49:** maho - stock.adobe.com • **S. 51:** Hoffmann – www.colourbox.de • **S. 63:** ARochau – Fotolia.com • **S. 63:** www.colourbox.de • **S. 67:** Bobo– Fotolia.com • **S. 80:** lightpixel – Fotolia.com • **S. 82:** www.colourbox.de • **S. 87:** Oleksandr Chub – www.colourbox.de • **S. 97:** Jürgen Faelchle - Fotolia.com • **S. 103:** www.colourbox.de • **S. 112:** www.colourbox.de • **S. 113:** antic– Fotolia.com • **S. 114:** nordroden - stock.adobe.com • **S. 114:** industrieblick – Fotolia.com • **S. 117:** asbe24 - stock.adobe.com • **S. 125:** pitemouk – Fotolia.com • **S. 135:** beawolf – Fotolia.com • **S. 139:** Ansebach – Fotolia.com • **S. 161:** adimas – Fotolia.com • **S. 162:** photosnic – Fotolia.com • **S. 186:** www.colourbox.de • **S. 192:** CarpathianPrince – Fotolia.com • **S. 193:** Brastock Images - stock.adobe.com•

Einige Grafiken fallen unter die Wikimedia GNU Lizenz und sind somit frei verfügbar und dürfen weiter verbreitet werden. Nähere Informationen über die Verbreitungsmöglichkeit finden Sie unter dem jeweiligen Link: (1) Public Domain, (2) Public Domain, auch in den USA, (3) GNU Lizenz - freie Dokumentation (4) Creative Commons, (5) Creative Commons und GNU Lizenz

Nicht aufgeführte Abbildungen wurden vom Autor erstellt.